# Pesquisa operacional aplicada à logística

**Com** exemplos **e** exercícios resolvidos em Excel, Geogebra, LINGO e GAMS

# Pesquisa operacional aplicada à logística

Adriano Maniçoba da Silva

ALTA BOOKS
GRUPO EDITORIAL
Rio de Janeiro, 2023

## Pesquisa Operacional Aplicada à Logística

Copyright © 2023 da Starlin Alta Editora e Consultoria Eireli.
ISBN: 978-85-508-1857-3

Impresso no Brasil — 1ª Edição, 2023 — Edição revisada conforme o Acordo Ortográfico da Língua Portuguesa de 2009.

Todos os direitos estão reservados e protegidos por Lei. Nenhuma parte deste livro, sem autorização prévia por escrito da editora, poderá ser reproduzida ou transmitida. A violação dos Direitos Autorais é crime estabelecido na Lei nº 9.610/98 e com punição de acordo com o artigo 184 do Código Penal.

A editora não se responsabiliza pelo conteúdo da obra, formulada exclusivamente pelo(s) autor(es).

**Marcas Registradas:** Todos os termos mencionados e reconhecidos como Marca Registrada e/ou Comercial são de responsabilidade de seus proprietários. A editora informa não estar associada a nenhum produto e/ou fornecedor apresentado no livro.

**Erratas e arquivos de apoio:** No site da editora relatamos, com a devida correção, qualquer erro encontrado em nossos livros, bem como disponibilizamos arquivos de apoio se aplicáveis à obra em questão.

Acesse o site www.altabooks.com.br e procure pelo título do livro desejado para ter acesso às erratas, aos arquivos de apoio e/ou a outros conteúdos aplicáveis à obra.

**Suporte Técnico:** A obra é comercializada na forma em que está, sem direito a suporte técnico ou orientação pessoal/exclusiva ao leitor.

A editora não se responsabiliza pela manutenção, atualização e idioma dos sites referidos pelos autores nesta obra.

---

**Dados Internacionais de Catalogação na Publicação (CIP) de acordo com ISBD**

S586p   Silva, Adriano Maniçoba da
      Pesquisa operacional aplicada à logística: com exemplos e exercícios resolvidos em excel, geogebra, lingo e gams / Adriano Maniçoba da Silva. - Rio de Janeiro : Alta Books, 2023.
      384 p. ; 16cm x 23cm.

      Inclui índice e apêndice.
      ISBN: 978-85-508-1857-3

      1. Logística. 2. Pesquisa operacional. I. Título.

2022-2659
                        CDD 658.7
                        CDU 658.7

Elaborado por Odilio Hilario Moreira Junior - CRB-8/9949

Índice para catálogo sistemático:
1. Administração: Logística 658.7
2. Administração: Logística 658.7

---

**Produção Editorial**
Editora Alta Books

**Diretor Editorial**
Anderson Vieira
anderson.vieira@altabooks.com.br

**Editor**
José Ruggeri
j.ruggeri@altabooks.com.br

**Gerência Comercial**
Claudio Lima
claudio@altabooks.com.br

**Gerência Marketing**
Andréa Guatiello
andrea@altabooks.com.br

**Coordenação Comercial**
Thiago Biaggi

**Coordenação de Eventos**
Viviane Paiva
comercial@altabooks.com.br

**Coordenação ADM/Finc.**
Solange Souza

**Direitos Autorais**
Raquel Porto
rights@altabooks.com.br

**Assistente Editorial**
Ana Clara Tambasco

**Produtores Editoriais**
Paulo Gomes
Maria de Lourdes Borges
Illysabelle Trajano
Thales Silva
Thiê Alves

**Equipe Comercial**
Adenir Gomes
Ana Carolina Marinho
Daiana Costa
Everson Rodrigo
Fillipe Amorim
Heber Garcia
Kaique Luiz
Luana dos Santos
Maira Conceição

**Equipe Editorial**
Beatriz de Assis
Betânia Santos
Brenda Rodrigues
Caroline David
Erick Brandão
Gabriela Paiva
Henrique Waldez
Kelry Oliveira
Marcelli Ferreira
Mariana Portugal
Matheus Mello
Milena Soares

**Marketing Editorial**
Amanda Mucci
Guilherme Nunes
Jessica Nogueira
Livia Carvalho
Pedro Guimarães
Talissa Araújo
Thiago Brito

**Atuaram na edição desta obra:**

**Revisão Gramatical**
Alessandro Thomé
Leandro Menegaz

**Diagramação**
Joyce Matos

**Capa**
Marcelli Ferreira

Editora afiliada à:   ASSOCIADO

Rua Viúva Cláudio, 291 — Bairro Industrial do Jacaré
CEP: 20.970-031 — Rio de Janeiro (RJ)
Tels.: (21) 3278-8069 / 3278-8419
www.altabooks.com.br — altabooks@altabooks.com.br
**Ouvidoria:** ouvidoria@altabooks.com.br

# Dedicatória

À minha esposa e aos meus filhos, fontes constantes de inspiração.

Você encontra materiais e exercícios complementares disponíveis na página do livro no site da editora, em www.altabooks.com.br. Procure pelo ISBN do livro.

# Agradecimentos

Gostaria de agradecer a todos os estudantes de graduação e pós-graduação que cursaram minhas disciplinas. Lecionar Pesquisa Operacional Aplicada à Logística a essas turmas foi um verdadeiro laboratório experimental desta obra, em que os conceitos, a didática, os modelos, exemplos e exercícios foram expostos, criticados e aperfeiçoados, resultando na presente versão do livro. Agradeço, ainda, ao Instituto Federal de São Paulo por oferecer a infraestrutura e o regime de trabalho equilibrado em ensino, pesquisa e extensão que possibilitaram a redação desta obra.

# Sobre o autor

Doutor em Administração pela FEA/USP. Professor do Instituto Federal de Educação, Ciência e Tecnologia de São Paulo, *campus* Suzano. Leciona as disciplinas de Pesquisa Operacional, Simulação e Métodos Quantitativos Aplicados à Logística em cursos de graduação e pós-graduação. É líder do grupo de pesquisa em Simulação, Pesquisa Operacional e Análise de Dados do IFSP (IF-SPA). Tem diversas publicações em eventos e periódicos nacionais e internacionais. Foi diretor de empresa de logística.

# Sumário

| | |
|---|---|
| Apresentação | xv |
| 1. Introdução à pesquisa operacional | 1 |
|     Pesquisa operacional e resolução de problemas | 2 |
|     História da pesquisa operacional | 6 |
|     Pesquisa operacional aplicada à logística | 7 |
|     Exercício resolvido | 11 |
|     Resumo | 12 |
|     Exercícios propostos | 14 |
| 2. Modelagem de problemas | 19 |
|     Um exemplo de solução ótima de um modelo | 20 |
|     Desenvolvimento de modelos | 27 |
|     Exercícios resolvidos | 31 |
|     Resumo | 40 |
|     Exercícios propostos | 40 |

3. Solução gráfica — 45
- Um exemplo de solução ótima de um modelo — 46
- Construção do gráfico com as restrições do modelo — 47
- Encontrando a solução do problema pelo método gráfico — 56
- Solução gráfica com problema de minimização — 61
- Resolução gráfica com auxílio do Geogebra — 67
- Resumo — 77
- Exercícios propostos — 77

4. Tópicos de álgebra linear — 81
- Problema de PL na forma de matriz — 82
- Matriz aumentada — 83
- Matriz identidade — 84
- Resolução de sistemas de equações com eliminação de Gauss-Jordan — 84
- Exercício resolvido — 88
- Resumo — 91
- Exercícios propostos — 92

5. Método Simplex de solução de problemas — 95
- Intuição gráfica do método Simplex — 96
- Implementação do Simplex por meio de tabelas — 100
- Implementação matricial do método Simplex — 113
- Exercício resolvido — 124

| | Resumo | 126 |
|---|---|---|
| | Exercícios propostos | 127 |
| 6. | Solução de problemas no Excel | 129 |
| | Resolução com Solver do Excel | 130 |
| | Análise de sensibilidade | 140 |
| | Exercício resolvido | 150 |
| | Resumo | 153 |
| | Exercícios propostos | 155 |
| 7. | LINGO e GAMS para resolver problemas de programação linear | 159 |
| | Resolução no LINGO | 160 |
| | Modelagem de problemas na forma algorítmica | 165 |
| | Resolução com GAMS | 168 |
| | Exercício resolvido | 175 |
| | Resumo | 179 |
| | Exercícios propostos | 179 |
| 8. | Casos especiais de programação linear | 183 |
| | Programação linear inteira | 184 |
| | Programação linear inteira mista | 188 |
| | Programação binária | 190 |
| | Exercícios resolvidos | 194 |
| | Resumo | 201 |
| | Exercícios propostos | 202 |

| | | |
|---|---|---|
| 9. | Solução de problemas logísticos com programação linear | 205 |
| | Problema de transporte | 206 |
| | Problema de transbordo | 219 |
| | Localização de instalações | 226 |
| | Problema do menor caminho | 236 |
| | Problema do caixeiro viajante | 241 |
| | Resumo | 252 |
| | Exercícios propostos | 253 |
| 10. | Problemas logísticos avançados | 257 |
| | Localização de múltiplas instalações | 258 |
| | Localização e transporte com múltiplas instalações | 264 |
| | Problema da cadeia de suprimentos | 286 |
| | Distribuição direta e indireta | 291 |
| | Problema do roteamento de veículos | 295 |
| | Resumo | 299 |
| | Exercícios propostos | 300 |
| Considerações Finais | | 305 |
| Referências | | 307 |
| Resolução dos exercícios propostos | | 309 |
| Índice | | 359 |

# Apresentação

Este livro aborda a resolução de problemas por meio da Pesquisa Operacional. Trata-se de um conjunto de técnicas que possibilita a modelagem matemática de problemas e a apresentação de ferramentas para sua solução. A Pesquisa Operacional está presente no dia a dia, representada, por exemplo, em algoritmos de aplicativos que definem o melhor roteiro a partir da localização origem-destino, em plataformas que conectam usuários a prestadores de serviço, dentre muitas outras aplicações.

Esta obra é um livro-texto para interessados em aprender Pesquisa Operacional Aplicada à Logística de maneira descomplicada e ilustrativa. A didática e os exemplos utilizados na obra são fruto da experiência do autor ao ministrar a disciplina de Pesquisa Operacional em cursos de graduação e pós-graduação em Logística. Apesar de abordar a temática da logística, os capítulos iniciais preparam o leitor para a resolução de problemas genéricos, sendo os problemas específicos de logística abordados nos últimos capítulos. Os leitores, sejam eles estudantes ou não estudantes, poderão aprender as técnicas abordadas no livro de maneira autodidata. Este livro pode ser utilizado nas disciplinas de Introdução à Pesquisa Operacional e Pesquisa Operacional Aplicada à Logística em cursos de Administração, Gestão ou Engenharia.

O presente texto apresenta diversos diferenciais. O primeiro está relacionado à modelagem de problemas, tema pouco explorado em outros livros da área. Nesta obra, a modelagem será tema de um capítulo inteiro. Outro diferencial está na linguagem fácil e no uso de diversas abordagens para apresentar operações complexas, como o algoritmo Simplex. Desta forma, o texto possibilita que leitores aprendam as técnicas descritas no livro de forma autodidata.

Outra vantagem deste texto é a utilização de softwares para a resolução de problemas de pesquisa operacional. A solução gráfica de problemas com duas variáveis será explorada no software Geogebra, facilitando a solução de problemas por parte dos leitores. De maneira geral, a maioria dos modelos desenvolvidos apresenta a resolução detalhada no Excel, no LINGO e no GAMS. Ademais, o livro conta com diversos modelos contextualizados na área de logística e cadeia de suprimentos.

Dentre as diversas ferramentas da pesquisa operacional, o livro abordará uma de suas técnicas mais populares, que é a programação linear. Também serão apresentados exemplos que utilizam programação não linear, linear inteira, inteira mista e binária.

O livro está estruturado de forma a que o leitor adquira competências graduais que serão exigidas nos capítulos seguintes. O primeiro capítulo apresenta uma introdução à pesquisa operacional e a importância de se estruturar um problema utilizando três elementos, que são: o objetivo, as restrições e as decisões. No segundo capítulo é apresentada uma sistemática para se modelar problemas a partir de um contexto dissertativo. Assim, os leitores poderão transformar um contexto específico em um modelo matemático.

O terceiro capítulo traz a solução dos problemas modelados no capítulo anterior a partir da abordagem gráfica. Nesse capítulo é abordada, ainda, a solução de problemas com o uso do software Geogebra. No quarto capítulo revisaremos alguns conceitos e algumas técnicas importantes de álgebra linear, que visam preparar o leitor para a implementação do método Simplex, tema do quinto capítulo. Nesse capítulo, o método Simplex é apresentado de diversas formas para facilitar seu entendimento e sua sistemática.

O sexto capítulo traz a resolução de problemas com o uso do software Excel e a análise de sensibilidade. No capítulo seguinte são apresentadas resoluções nos softwares LINGO e GAMS, sendo apresentadas as vantagens de utilização deles quando comparados com o Excel.

No Capítulo 8 são apresentados os casos especiais de programação linear, e nos Capítulos 9 e 10 são desenvolvidos tanto problemas clássicos quanto avançados aplicados à logística e à cadeia de suprimentos. Por fim, são tecidas as considerações finais, e o Apêndice traz a solução de todos os exercícios propostos.

CAPÍTULO 1

# Introdução à pesquisa operacional

Neste capítulo, introduziremos os principais conceitos de pesquisa operacional, bem como sua evolução histórica. Apresentaremos, ainda, alguns exemplos de modelos de programação linear aplicada à tomada de decisão em logística.

> **Objetivos do capítulo**

Ao final deste capítulo, você será capaz de:

- Conceituar a pesquisa operacional e elencar diversas de suas ferramentas.
- Conhecer a história da pesquisa operacional.
- Entender os três componentes principais da modelagem de um problema.
- Conhecer exemplos de modelagem e a resolução de problemas com pesquisa operacional.
- Conhecer modelos de pesquisa operacional aplicada à logística.

# Pesquisa operacional e resolução de problemas

A Sociedade Brasileira de Pesquisa Operacional (SOBRAPO) conceitua a pesquisa operacional como sendo a área de conhecimento que "estuda, desenvolve e aplica métodos analíticos avançados para auxiliar na tomada de melhores decisões nas mais diversas áreas de atuação humana".

Sob a égide da pesquisa operacional, podem-se encontrar representadas técnicas como programação linear, simulação, teoria dos jogos, teoria das filas, análise de redes, aprendizado de máquina e ciência de dados. Do ponto de vista das áreas do conhecimento, a pesquisa operacional se beneficia da intersecção de pesquisas e técnicas utilizadas em Administração, Engenharia, Computação e Matemática.

Algumas técnicas de otimização, entre elas a programação linear, se prestam a analisar problemas que disponham de dados para resultar em decisões e escolhas de modo a se encontrar a melhor opção. Considere como exemplo uma decisão de produção acerca de dois produtos sobre os quais os custos, as margens de contribuição e a quantidade de recursos sejam conhecidos. Neste caso, é possível estudar esse problema com a técnica de programação linear de modo a se conhecer de maneira precisa quais quantidades devem ser produzidas.

A programação linear trata majoritariamente da solução de problemas por meio de modelagem matemática. Um modelo é uma representação simplificada da realidade. Considere, por exemplo, um problema enfrentado por uma família que precisa decidir pela melhor alocação de seu orçamento doméstico. A família precisa decidir qual complemento entre carne, ovos e peixe deve adicionar à sua dieta. Podem-se visualizar nesse problema três dimensões fundamentais que, como veremos no Capítulo 2, serão úteis para transformá-lo em um modelo matemático.

A primeira dimensão relevante em um problema é o objetivo. No problema do orçamento familiar, pode-se trabalhar com o objetivo de maximizar a satisfação dos membros da família a partir dos itens adquiridos. Assim, pode-se definir que o objetivo da resolução do problema do orçamento doméstico é a maximização da satisfação dos membros da família.

Outra dimensão importante trata das escolhas que são realizadas para alocar o orçamento disponível. Veja que essas escolhas são as diversas decisões possíveis que podem ser realizadas para atingir o objetivo de maximizar a satisfação a partir dos itens adquiridos.

Por fim, a terceira dimensão envolve a restrição de capital que deve ser atendida ao se realizar as escolhas. O orçamento restringe o campo das escolhas de modo que a soma do custo destas não ultrapasse o orçamento disponível.

Essas três dimensões apresentadas têm sua relação mostrada na Figura 1.1.

FIGURA 1.1

Relação entre as três dimensões fundamentais em um problema

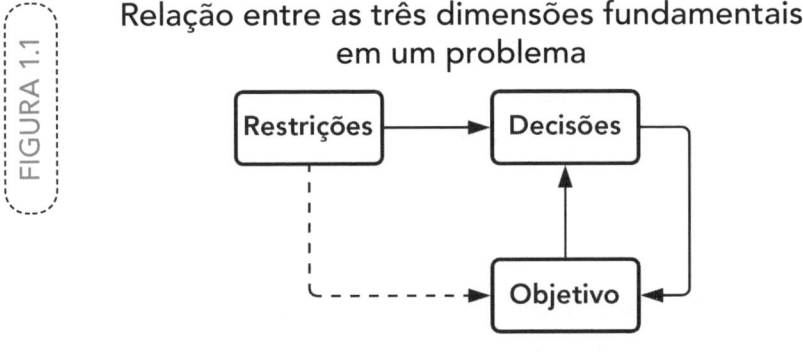

Fonte: O autor.

Veja que, na relação explicitada na Figura 1.1, as restrições têm efeito direto sobre as decisões, pois estas devem ser condicionadas àquelas. No problema do orçamento doméstico, a restrição do capital disponível condiciona as decisões que podem ser tomadas. Por sua vez, as decisões são afetadas pelo objetivo; uma vez que a finalidade é maximizar a satisfação, as decisões serão tomadas para cumprir esse objetivo. Note, ainda, que as decisões também afetam o objetivo, uma vez que o conjunto de escolhas gerará determinado nível de satisfação, que pode ser menor ou maior a partir das decisões realizadas. O objetivo é tanto condicionante das decisões como produto destas. As restrições, por sua vez, também afetam o objetivo indiretamente, uma vez que moldam, a partir dos recursos disponíveis, o nível de satisfação que pode ser obtido. Pode-se quantificar o problema do orçamento doméstico por meio de um exemplo.

**EXEMPLO 1.1.** Pode-se apresentar um exemplo numérico do problema do orçamento doméstico da seguinte forma: determinada família deve montar uma cesta de compras para consumo cujas opções obrigatórias são arroz e feijão, cabendo a ela decidir sobre a escolha do complemento dentre carne, ovos e peixe. A restrição orçamentária dessa família é de R$60. Sabe-se que o custo e a satisfação de cada opção são apresentados na Tabela 1.1.

**TABELA 1.1**

Custo e satisfação dos itens componentes do orçamento familiar

| ITEM | CUSTO (R$) | SATISFAÇÃO (0 A 10) |
|---|---|---|
| Arroz | 25 | 10 |
| Feijão | 5 | 8 |
| Carne | 40 | 10 |
| Ovos | 15 | 5 |
| Peixe | 25 | 8 |

Fonte: O autor.

Com essas informações, é possível delinear um conjunto de escolhas que representam as possíveis decisões da família em alocar o orçamento disponível de R$60. Um exemplo de três escolhas possíveis pode ser visualizado na Tabela 1.2.

TABELA 1.2

Conjunto de escolhas do orçamento familiar

| DECISÕES | Escolha 1 | Escolha 2 | Escolha 3 |
|---|---|---|---|
| ARROZ | X | X | X |
| FEIJÃO | X | X | X |
| CARNE | X | | |
| OVOS | | X | |
| PEIXE | | | X |
| CUSTO TOTAL (R$) | 70 | 45 | 55 |
| SATISFAÇÃO TOTAL | 28 | 23 | 26 |

Fonte: O autor.

Pode-se notar que as três escolhas apresentadas, representando as decisões, geram níveis de custo e satisfação diferentes. Verifica-se que, em virtude da restrição de capital de R$60, a Escolha 1 pode ser prontamente descartada, pois apresenta um custo total de R$70. Assim, resta à família escolher entre a compra da cesta com ovos, Escolha 2, que tem custo total de R$45 e satisfação de 23, ou peixe, Escolha 3, com custo de R$55 e satisfação de 26, pois ambas as escolhas atendem à restrição de capital disponível de R$60. Veja nesse exemplo como a restrição de orçamento de R$60 condicionou a tomada de decisão.

Como o objetivo é maximizar a satisfação, note que a família deve decidir pela Escolha 3, pois ela atende à restrição de capital de R$60, sendo despendidos R$55, e gera uma satisfação de 26, superior à satisfação gerada pela Escolha 2, de 23. Assim, a Escolha 3 é a decisão que maximiza o objetivo.

Nesse exemplo foi possível verificar as relações entre as dimensões objetivo, restrições e decisões. Um problema semelhante ao do orçamento familiar foi apresentado pelo economista George Stigler em 1945 na forma de escolha de dieta. A seção a seguir trata do desenvolvimento histórico da pesquisa operacional.

## História da pesquisa operacional

Partindo do conceito do uso de métodos analíticos para auxiliar o processo de tomada de decisão, a história da pesquisa operacional é difícil de ser rastreada e pode ser confundida com o desenvolvimento da matemática. Contudo, ao se enquadrar a história de sua técnica mais difundida, a programação linear, que é uma subárea da programação matemática e de uma área mais ampla, que é a otimização, pode-se dizer que seu principal desenvolvimento ocorreu no período da Segunda Guerra Mundial.

A origem do desenvolvimento da pesquisa operacional como área de estudo remonta à Inglaterra no período da Segunda Guerra Mundial. O termo "pesquisa operacional", cujo equivalente em inglês é *Operations Research*, está ligado à invenção do radar na Inglaterra na década de 1930 (ARENALES *et al.*, 2015). Um problema bastante estudado na década de 1940 era da área de logística e tinha como finalidade realizar a melhor escolha, dadas as restrições, da alocação de meios de transporte e fontes de suprimentos para pontos de consumo.

Um marco importante na área foi o trabalho de George Dantzig, que, em 1947, conseguiu desenvolver um método para otimizar um problema de programação linear. Dantzig desenvolveu o procedimento Simplex para solução de problemas logísticos enfrentados pela Força Aérea dos EUA.

Para Dantzig (1963), uma série de fatores contribuiu para a confecção de seu trabalho seminal de 1947, culminando com o desenvolvimento do método Simplex, que será abordado detalhadamente no Capítulo 5. Dentre essas influências, podem-se destacar a descentralização do planejamento de operações militares, o desenvolvimento de modelos importantes em economia, como a teoria dos jogos, e o avanço da matemática e da computação, tornando possível a resolução de problemas complexos.

## Pesquisa operacional aplicada à logística

Sob a égide da otimização, e utilizando a ferramenta da programação linear, é possível analisar e obter a escolha ótima para diversos tipos de problemas. Há no mercado diversas soluções computacionais que utilizam a programação linear como modelo analítico. Considere como exemplo softwares que operam com roteirização. Esses softwares são programados com modelos de otimização de forma a fornecer a rota que minimiza o custo total. Ainda no contexto da logística, é possível encontrar diversos problemas que podem ser resolvidos com o uso da programação linear, tal como o problema do transbordo, em que é necessário decidir a rota de distribuição com depósitos intermediários, e o problema de movimentação interna, no qual é preciso escolher uma rota de coleta e abastecimento, dentre outros.

A logística tem ganhado importância no cenário mundial, uma vez que têm aumentado consideravelmente as atividades ligadas ao comércio eletrônico que ensejam entregas realizadas no domicílio do comprador.

A atividade logística é grande beneficiária da otimização, principalmente no Brasil, uma vez que o país tem uma estrutura de transporte cuja matriz, predominantemente rodoviária, é mais cara, quando comparada a outras economias de semelhante dimensão territorial.

Esse campo de estudo tem ampla aplicação na área de logística, uma vez que diversas técnicas e ferramentas utilizadas para a redução de custos em movimentação e transporte são fundamentadas em técnicas da pesquisa operacional. Essas técnicas estão presentes no cotidiano, seja no roteiro traçado pelo navegador do aparelho de celular para reduzir o tempo de deslocamentos, seja na otimização de rotas de entregas. O problema de encontrar o menor caminho dentre as várias alternativas possíveis, tal como nos mostra o aplicativo Google Maps, pode ser modelado com uma técnica da pesquisa operacional chamada programação linear, tal como veremos no Capítulo 9.

Da mesma forma que apresentamos as características do modelo do orçamento familiar, podemos apresentar uma aplicação logística que também foi um dos primeiros problemas de programação linear a serem formulados e certamente motivou os avanços na área, que é o problema de transporte. Esse problema pode ser ilustrado por meio de um exemplo.

EXEMPLO 1.2. O problema de transporte consiste em escolher o modo pelo qual fontes de suprimento atenderão pontos de consumo. Considere, por exemplo, o contexto de três fábricas que precisam distribuir seus produtos a três mercados consumidores, como exibido na Figura 1.2.

**FIGURA 1.2**

## Exemplo de problema de distribuição

Fonte: O autor.

Note, na Figura 1.2, que as diferentes localizações das fábricas e dos mercados consumidores geram custos de distribuição diversos. Os valores dos arcos — linhas que ligam um ponto a outro — podem ser tomados como a distância do ponto de fornecimento ao ponto de consumo, sendo, assim, uma medida do custo de distribuição. Veja que a menor distância de fornecimento é a da distribuição dos itens dos fornecedores 1 e 3 ao mercado 1, com valor de 6. Assim, nesse problema, a distribuição para esse mercado deverá ser incentivada. Por outro lado, o maior custo é incorrido na distribuição do fornecedor 2, com valor de 72, para o mesmo ponto de consumo. Desse modo, a distribuição desse fornecedor para o mercado 1 deve ser evitada. Assim, escolher qual fornecedor atenderá qual mercado e com quais quantidades caracteriza o problema de transporte. As decisões, portanto, serão representadas por diferentes escolhas de fornecimento para os consumidores.

*Introdução à pesquisa operacional* 9

Pode-se, ainda, adicionar a esse problema restrições de capacidade dos fornecedores e demanda dos consumidores.

Supondo que as capacidades dos fornecedores são de 300, 150 e 100 unidades para os fornecedores 1, 2 e 3, respectivamente, e as demandas são de 200, 250 e 100 para os pontos de consumo 1, 2 e 3, a Tabela 1.3 apresenta algumas escolhas possíveis — muitas outras combinações poderiam ser formuladas.

**TABELA 1.3** — Algumas decisões para o problema de transporte

| DECISÕES | FORNECEDOR | FLUXO MERCADO 1 | FLUXO MERCADO 2 | FLUXO MERCADO 3 | CUSTO (R$) |
|---|---|---|---|---|---|
| Escolha 1 | Fornecedor 1 | 100 | 100 | 100 | 9.600 |
|  | Fornecedor 2 |  | 150 |  | 5.400 |
|  | Fornecedor 3 | 100 |  |  | 600 |
|  |  |  | Custo total |  | 15.600 |
| Escolha 2 | Fornecedor 1 | 200 | 100 |  | 7.800 |
|  | Fornecedor 2 |  | 150 |  | 5.400 |
|  | Fornecedor 3 |  |  | 100 | 6.000 |
|  |  |  | Custo total |  | 19.200 |
| Escolha 3 | Fornecedor 1 |  |  | 100 | 2.400 |
|  | Fornecedor 2 |  | 250 |  | 9.000 |
|  | Fornecedor 3 | 200 |  |  | 1.200 |
|  |  |  | Custo total |  | 12.600 |

Fonte: O autor.

Conforme pode-se verificar na Tabela 1.3, o custo total é obtido pela multiplicação da quantidade enviada do fornecedor ao cliente pelo custo de transporte, cujo valor foi apresentado na Figura 1.2. Por exemplo, o custo total do fornecedor 1 é de (100 x 6) + (100 x 66) + (100 x 24) = 600 + 6.600 + 2.400 = 9.600. O custo total de cada escolha é apresentado, sendo que o menor custo, decorrente da escolha 3, é uma alternativa inviável, uma vez que o fornecedor 3 não tem capacidade para atender ao mercado 1 com 200 unidades. Portanto, a escolha 3 não atende às restrições do problema.

O leitor pode notar que as escolhas 1 e 2 são viáveis, ou seja, atendem às restrições de demanda e capacidade. Assim, considerando o objetivo de redução de custo total, a melhor alternativa dentre as apresentadas é a escolha 1.

Por ora, foram apresentadas escolhas prontas para os exemplos abordados. Ao longo dos próximos capítulos, desenvolveremos todo um ferramental que possibilitará a solução exata de problemas como esse. A próxima seção traz um exercício resolvido aplicado à logística.

## Exercício resolvido

Um indivíduo precisa escolher a melhor forma de se deslocar de sua casa até o trabalho. A Tabela 1.4 apresenta as características dos modais disponíveis nas dimensões de custo, tempo de deslocamento e conforto.

TABELA 1.4

Características dos modais de transporte

| DESLOCAMENTO | CUSTO (R$) | TEMPO (MIN.) | CONFORTO (0 A 10) |
|---|---|---|---|
| A pé | 25 | 45 | 2 |
| Bicicleta | 50 | 13 | 4 |
| Ônibus | 90 | 18 | 7 |
| Por aplicativo | 260 | 8 | 10 |

Fonte: O autor.

Suponha que o indivíduo tem um orçamento de R$100 e que o tempo máximo que ele pode gastar no trajeto seja de 20 minutos. Nesse contexto, sabendo-se que o indivíduo deseja maximizar seu conforto, qual é a melhor decisão?

Podemos iniciar a construção desse modelo pela análise de quais escolhas podem ser descartadas em virtude das restrições. Como o orçamento disponível é de no máximo R$100, o transporte por aplicativo é inviável. Outra escolha que pode ser descartada prontamente em vista do tempo máximo do trajeto ser de 20 minutos é o deslocamento a pé. Assim, restam os tipos de deslocamento por ônibus e por bicicleta, sendo que ambos atendem às restrições de orçamento e tempo máximo de trajeto.

Como o objetivo é maximizar o conforto, dentre essas duas alternativas, escolhe-se aquela que provê maior conforto, ou seja, o trajeto por ônibus.

O modelo desse problema é exibido na Figura 1.3.

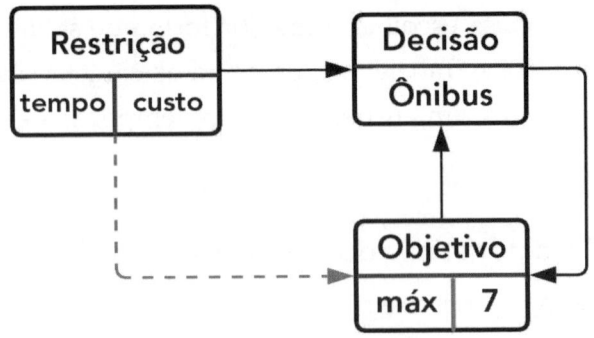

FIGURA 1.3

Modelo do problema de transporte individual

Fonte: O autor.

## ⋮⋮ Resumo

Neste capítulo, conceituamos a pesquisa operacional como a atividade que visa modelar problemas para auxiliar a tomada de decisão. Foi vista, ainda, a estrutura de um problema típico passível de ser resolvido com programação linear que contém um objetivo a ser atingido, decisões a serem tomadas e restrições a serem atendidas.

Estudamos também a história da pesquisa operacional, cujo desenvolvimento e a visibilidade tiveram um marco temporal bem específico após a Segunda Guerra Mundial.

Quanto aos exemplos práticos apresentados, no problema do orçamento doméstico, o objetivo foi maximizar a satisfação da família em virtude das escolhas disponíveis. Já no problema de transporte, o objetivo foi o de minimizar o custo total de distribuição dos pontos de fornecimento aos pontos de consumo. Cada problema apresentou um conjunto de escolhas que foram candidatas à melhor decisão. Em cada problema, as restrições tiveram papel fundamental na tomada de decisão. Note o leitor que pelo menos uma escolha foi descartada em função do não atendimento das restrições, conforme pode ser visualizado nas Figuras 1.4.a e 1.4.b, que apresentam os modelos do orçamento doméstico e de transporte, respectivamente.

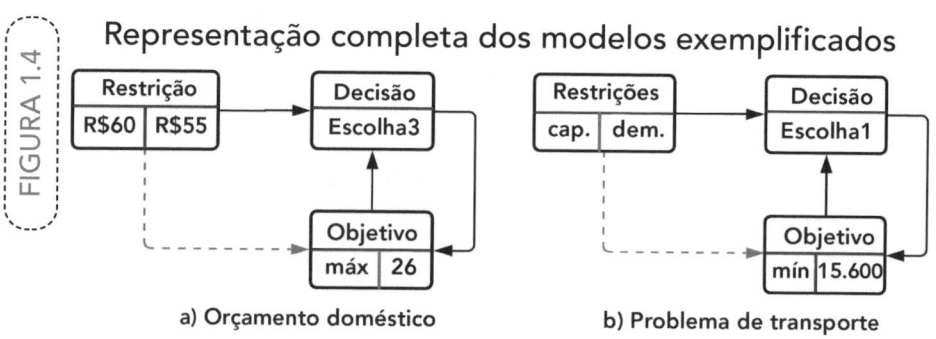

FIGURA 1.4 — Representação completa dos modelos exemplificados

a) Orçamento doméstico

b) Problema de transporte

A Figura 1.4.a mostra que, como a escolha 3 foi a melhor decisão a ser tomada dentre as alternativas apresentadas, essa decisão gerou um custo total de R$55, sendo que a restrição era de R$60. Nessa figura é apresentado também o objetivo atingido, que gerou uma satisfação de 26.

Da mesma maneira, na Figura 1.4.b é possível visualizar que o problema de transporte esteve sujeito às restrições de capacidade e demanda, sendo que a escolha 1 atendia a essas restrições e também era a que minimizava o custo total, dentre as alternativas apresentadas.

A seção a seguir apresenta os exercícios propostos do capítulo. No próximo capítulo retomaremos essa estrutura para transformarmos um contexto dissertativo em um modelo matemático.

## Exercícios propostos

1) Assinale a alternativa que não reflete corretamente o conceito de pesquisa operacional.

    a) Estudo e aplicação de métodos analíticos para auxiliar na tomada de decisões em diversas áreas.

    b) Estudo e aplicação de métodos analíticos para auxiliar na tomada de decisões na área de matemática.

    c) Estudo e aplicação de métodos analíticos avançados para auxiliar na tomada de decisões.

    d) Desenvolvimento e aplicação de métodos analíticos para auxiliar na tomada de decisões.

    e) Desenvolvimento e aplicação de métodos analíticos para auxiliar na tomada de decisões em diversas áreas.

2) Em relação à estrutura de um modelo, assinale a alternativa correta.

    a) As decisões influenciam o objetivo.

    b) As decisões são influenciadas pelo objetivo.

    c) As restrições influenciam as decisões.

d) O objetivo é influenciado pelas restrições.

e) Todas as alternativas estão corretas.

3) Qual técnica listada a seguir não é uma ferramenta de pesquisa operacional?

a) Programação linear

b) Simulação

c) Análise de conteúdo

d) Teoria das filas

e) Teoria dos jogos

4) Considerando o problema do orçamento familiar, qual é o custo total e a satisfação total de uma escolha com arroz, feijão, ovos e peixe?

a) R$70 e 31

b) R$60 e 31

c) R$70 e 30

d) R$60 e 21

e) R$65 e 27

5) Se o problema do orçamento familiar tivesse uma escolha 4, cuja opção de complemento fosse uma carne de soja que custe R$30 e tenha satisfação de 10, qual escolha maximizaria a satisfação e atenderia à restrição de um orçamento de R$60?

a) Escolha 1

b) Escolha 2

c) Escolha 3

d) Escolha 4

e) Escolha 3 ou escolha 4

6) Qual é o ano em que houve um avanço importante na programação linear?

   a) 1934

   b) 1945

   c) 1947

   d) 1948

   e) 1954

7) Considere o problema de transporte apresentado anteriormente. Qual seria o custo do fornecedor 2 se ele decidisse distribuir 50 unidades para cada um dos mercados (1, 2 e 3) utilizando toda a sua capacidade de 150?

   a) R$3.000

   b) R$3.600

   c) R$6.600

   d) R$8.100

   e) R$12.600

8) Considere o problema de transporte apresentado anteriormente. Suponha que o fornecedor 1 tenha capacidade ilimitada e seja o fornecedor exclusivo de todos os mercados. Qual é o custo total dessa possível escolha?

   a) R$1.200

   b) R$2.400

   c) R$16.500

   d) R$19.100

   e) R$20.100

9) Considere o problema de transporte apresentado anteriormente. Suponha que o fornecedor 2 tenha capacidade ilimitada e seja o for-

necedor exclusivo de todos os mercados. Qual é o custo total dessa possível decisão?

a) R$5.400

b) R$9.000

c) R$14.400

d) R$28.800

e) R$32.000

10) Considere o problema de transporte apresentado anteriormente. Suponha que o fornecedor 3 tenha capacidade ilimitada e seja o fornecedor exclusivo de todos os mercados. Qual é o custo total dessa possível decisão?

a) R$1.200

b) R$12.000

c) R$19.200

d) R$20.000

e) R$20.200

11) Considerando o contexto do Exercício Resolvido, qual escolha seria realizada caso o objetivo fosse o de minimizar o custo?

a) A pé

b) Bicicleta

c) Ônibus

d) Aplicativo

e) Nenhuma das alternativas

12) Considerando o contexto do Exercício Resolvido, represente graficamente o modelo do transporte individual, tal como feito na Figura 1.3, caso o objetivo fosse o de minimizar o custo.

CAPÍTULO 2

# Modelagem de problemas

No capítulo anterior, você viu que o desenvolvimento da pesquisa operacional possibilitou a resolução de diversos problemas que envolviam a tomada de decisão sobre recursos escassos.

Neste capítulo, o enfoque estará na modelagem de problemas de forma que se transponha um contexto de tomada de decisão para um modelo matemático.

> **Objetivos do capítulo**
>
> Ao final deste capítulo, você será capaz de:

- Transformar um contexto de um problema em um modelo matemático.
- Conhecer um exemplo de solução ótima com o método gráfico.
- Formular um problema de programação linear com três partes: variáveis de decisão, função objetivo e restrições.

## ⋮⋮ Um exemplo de solução ótima de um modelo

Nesta seção, introduziremos a modelagem matemática de um problema por meio de um contexto aplicado à produção. Será apresentada a solução completa do exemplo fazendo uso do método gráfico. Na seção seguinte, os elementos tratados aqui serão retomados detalhadamente.

**EXEMPLO 2.1.** Considere como exemplo a decisão de uma fábrica relacionada a produzir marretas e martelos. Sabendo que é necessário otimizar os recursos escassos, deseja-se maximizar a produção de ambas as ferramentas. Suponha, ainda, que os tomadores de decisão envolvidos com esse problema identificaram que cada marreta fabricada consome 5kg de aço, e o martelo, 1,5kg. A partir de uma análise histórica, sabe-se, ainda, que na fabricação da marreta são empreendidas 3 horas/homem, e na do martelo, 4 horas/homem de trabalho manual. Há restrições na quantidade de aço e horas disponíveis para fabricar ambas as ferramentas. Levantou-se um estoque de 2 toneladas de aço e 1.800 horas de trabalho disponíveis.

De posse desses dados, e assumindo que a marreta é a primeira variável de decisão $(x_1)$ e o martelo é a segunda $(x_2)$, pode-se desenvolver as seguintes equações, conforme Tabela 2.1. Observe que utilizaremos $x_1$ e $x_2$ por convenção, sendo que se poderia utilizar $x$ e $y$ para representar a marreta e o martelo, respectivamente.

## TABELA 2.1 — Equações do modelo de programação linear do problema de produção

| CONTEXTO DO PROBLEMA | EQUAÇÃO | CARACTERIZAÇÃO DA EQUAÇÃO |
|---|---|---|
| "deseja-se maximizar a produção de ambas as ferramentas" | máx. $x_1 + x_2$ | Função objetivo |
| "cada marreta fabricada consome 5kg de aço, e o martelo, 1,5kg"; "há estoque de 2 toneladas de aço" | $5x_1 + 1{,}5x_2 \leq 2.000$ | Primeira restrição de recurso |
| "na fabricação da marreta são empreendidas 3 horas/homem, e na do martelo, 4 horas/homem"; "(...) e 1.800 horas de trabalho disponíveis" | $3x_1 + 4x_2 \leq 1.800$ | Segunda restrição de recurso |
| Impossibilidade de produzir quantidade negativa | $x_1, x_2 \geq 0$ | Restrições de não negatividade |

Fonte: O autor.

É possível verificar que cada parte do problema gerou uma equação que foi modelada algebricamente para representar o contexto da tomada de decisão. A última equação foi incluída para representar a produção de quantidades positivas.

De posse do modelo, apresenta-se aqui a solução gráfica, que será estudada detalhadamente no Capítulo 3. Os capítulos posteriores apresentarão formas alternativas para resolver esse problema.

A abordagem gráfica para solucionar esse problema consiste na plotagem das restrições do problema em um plano bidimensional e posterior verificação dos pontos que maximizam a função objetivo. Antes de plotar as retas de restrições no plano cartesiano, é necessário descobrir os pontos nos eixos $x$ ($x_1$) e $y$ ($x_2$) sob os quais serão traçadas as retas. É possível descobrir os pontos algebricamente em cada equação zerando uma das variáveis e encontrando o valor da outra, conforme mostrado na Tabela 2.2.

**TABELA 2.2** — Equações do modelo de programação linear do problema de produção

| RESTRIÇÃO | COORDENADAS | |
|---|---|---|
| | $X_1$ | $X_2$ |
| $5x_1 + 1,5x_2 \leq 2.000$ | $5x_1 + 1,5x_2 = 2.000$ | $5x_1 + 1,5x_2 = 2.000$ |
| | $5x_1 + 1,5(0) = 2.000$ | $5(0) + 1,5x_2 = 2.000$ |
| | $5x_1 + 0 = 2.000$ | $0 + 1,5x_2 = 2.000$ |
| | $5x_1 = 2.000$ | $1,5x_2 = 2.000$ |
| | $x_1 = \dfrac{2.000}{5}$ | $x_2 = \dfrac{2.000}{1,5}$ |
| | $x_1 = 400$ | $x_2 = 1.333,33$ |
| $3x_1 + 4x_2 \leq 1.800$ | $3x_1 + 4x_2 = 1.800$ | $3x_1 + 4x_2 = 1.800$ |
| | $3x_1 + 4(0) = 1.800$ | $3(0) + 4x_2 = 1.800$ |
| | $3x_1 + 0 = 1.800$ | $+ 4x_2 = 1.800$ |
| | $3x_1 = 1.800$ | $4x_2 = 1.800$ |
| | $x_1 = \dfrac{1.800}{3}$ | $x_2 = \dfrac{1.800}{4}$ |
| | $x_1 = 600$ | $x_2 = 450$ |

Fonte: O autor.

Veja que as restrições foram transformadas partindo-se de uma desigualdade ($\leq$) para uma igualdade ($=$). Veremos a justificativa desse procedimento no Capítulo 5. Sendo cada restrição uma igualdade, esta pode ser resolvida anulando-se uma das variáveis e encontrando-se a solução da outra. Com os pontos obtidos na Tabela 2.2, é possível plotá-los no plano cartesiano, conforme apresentado na Figura 2.1.

**FIGURA 2.1**

**Plotagem dos pontos**

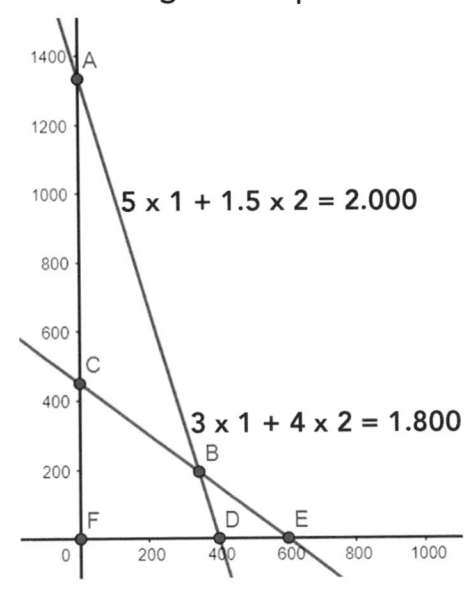

[Gráfico com eixo vertical marcado de 0 a 1400 (em intervalos de 200) e eixo horizontal de 0 a 1000 (em intervalos de 200). Reta $5x_1 + 1.5x_2 = 2.000$ passando pelos pontos A (em 1400) e D (em aproximadamente 400). Reta $3x_1 + 4x_2 = 1.800$ passando pelos pontos C (em aproximadamente 450) e E (em 600). Ponto B é a intersecção das duas retas. Ponto F está na origem.]

Fonte: O autor.

Pode-se verificar na Figura 2.1 a plotagem dos pontos das duas retas de restrições. É possível verificar que foram gerados seis pontos (A, B, C, D, E e F), em que há intersecção das retas ou das retas com os eixos. Como há restrições de menor ou igual (≤), verifica-se na Figura 2.2 que a área sombreada representa a intersecção das retas considerando-se as restrições.

*Modelagem de problemas*

**FIGURA 2.2**

Plotagem dos pontos com
a área de intersecção sombreada

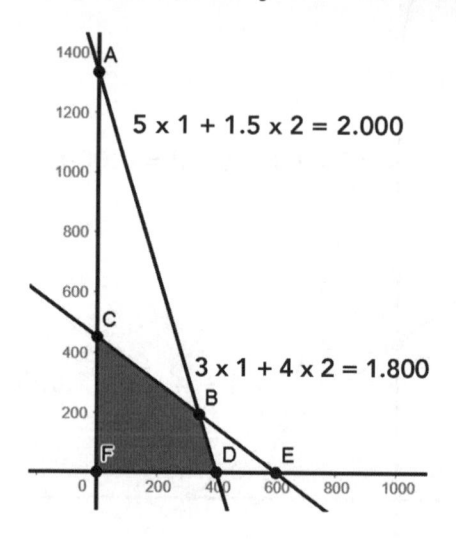

[Gráfico com eixos, mostrando as retas $5x_1 + 1{,}5x_2 = 2.000$ e $3x_1 + 4x_2 = 1.800$, com os pontos A, C, B, F, D, E marcados e a área de intersecção sombreada.]

Fonte: O autor.

A partir da análise da Figura 2.2, é possível visualizar agora que podemos considerar apenas os pontos C, B, D e F como soluções possíveis para o problema. Como o ponto B não é conhecido (o ponto F é representado pelas coordenadas (0, 0) e os pontos C e D foram obtidos na análise apresentada na Tabela 2.2), é necessário resolver o sistema de equações das duas retas para obter as coordenadas do ponto B. A resolução do sistema segue na seguinte forma:

$$\begin{cases} 5x_1 + 1{,}5x_2 = 2.000 \\ 3x_1 + 4x_2 = 1.800 \end{cases} \Rightarrow \begin{cases} 5x_1 + 1{,}5x_2 = 2.000 \quad (3) \\ 3x_1 + 4x_2 = 1.800 \quad (-5) \end{cases} \Rightarrow \begin{cases} 15x_1 + 4{,}5x_2 = 6.000 \\ -15x_1 - 20x_2 = -9.000 \end{cases} \Rightarrow \begin{cases} 15x_1 + 4{,}5x_2 = 6.000 \\ -15x_1 - 20x_2 = -9.000 \\ 0x_1 - 15{,}5x_2 = -3.000 \\ -15{,}5x_2 = -3.000 \\ x_2 = \dfrac{-3.000}{-15{,}5} \\ x_2 = 193{,}54 \end{cases}$$

$\Rightarrow 5x_1 + 1{,}5x_2 = 2.000 \Rightarrow 5x_1 + 1{,}5(193{,}54) = 2.000 \Rightarrow 5x_1 + 290{,}31 = 2.000 \Rightarrow 5x_1 = 2.000 - 290{,}31$

$\Rightarrow 5x_1 = 2.000 - 290{,}31 \Rightarrow 5x_1 = 1.709{,}69 \Rightarrow x_1 = \dfrac{1.709{,}69}{5} \Rightarrow x_1 = 341{,}93$

Com todos os pontos obtidos, é possível substituí-los na função objetivo e identificar qual ponto maximiza o resultado dessa função, conforme pode ser verificado na Tabela 2.3.

**TABELA 2.3**

## Resultado da Função objetivo

| PONTO | COORDENADAS | | RESULTADO NA FUNÇÃO OBJETIVO |
|---|---|---|---|
| | $X_1$ | $X_2$ | |
| F | 0 | 0 | $x_1 + x_2 \rightarrow 0 + 0 = 0$ |
| C | 0 | 450 | $x_1 + x_2 \rightarrow 0 + 450 = 450$ |
| B | 341,93 | 193,54 | $x_1 + x_2 \rightarrow 341,93 + 193,54 = 535,45$ |
| D | 400 | 0 | $x_1 + x_2 \rightarrow 400 + 0 = 400$ |

Fonte: O autor.

Conforme os resultados obtidos com a Tabela 2.3, verifica-se que o ponto que maximiza a quantidade produzida é o ponto B, em que se decide produzir 341,93 (~342) marretas e 193,54 (~194) martelos, gerando uma produção total de 535,47 (~536) ferramentas.

É possível, ainda, verificar quantos quilos de aço serão utilizados nessas quantidades de decisão e também quantas horas serão necessárias para a produção. Substituindo os valores de decisão nas equações de restrição, pode-se calcular a quantidade de recursos que serão despendidos para maximizar a quantidade produzida. Essa análise pode ser visualizada na Tabela 2.4.

**TABELA 2.4**

## Análise dos recursos consumidos na produção da quantidade ótima

| EQUAÇÃO DE RESTRIÇÃO | TOTAL CONSUMIDO |
|---|---|
| $5x_1 + 1,5x_2 \leq 2.000$ | $5(341,93) + 1,5(193,54) = 1.999,96$ |
| $3x_1 + 4x_2 \leq 1.800$ | $3(341,93) + 4(193,54) = 1.799,95$ |

Fonte: O autor.

Pelo exame da Tabela 2.4, verifica-se que os recursos consumidos de aço e de quantidade de horas, 1.999,96 e 1.799,95, respectivamente, atendem às restrições de 2.000 quilos de aço e 1.800 horas.

A eficácia da programação linear em obter soluções ótimas e que satisfaçam as restrições fica evidente quando se compara a utilização dos recursos disponíveis na escolha ótima com as outras escolhas. Considere, por exemplo, que se decida produzir as quantidades representadas pelo ponto C, nenhuma marreta e 450 martelos. Substituindo essas quantidades nas equações de restrição, verifica-se que serão utilizados apenas 675 quilos de aço (5(0) + 1,5(450) = 675). Dessa forma, pode-se verificar que, nesse exemplo, qualquer solução que não seja a ótima implicará em subutilização de recursos.

Diferentemente das escolhas e soluções apresentadas no Capítulo 1, aqui obteve-se a solução ótima do problema pelo método gráfico. A representação desse problema no modelo apresentado no primeiro capítulo é exibida na Figura 2.3.

FIGURA 2.3 **Representação do modelo do Exemplo 2.1**

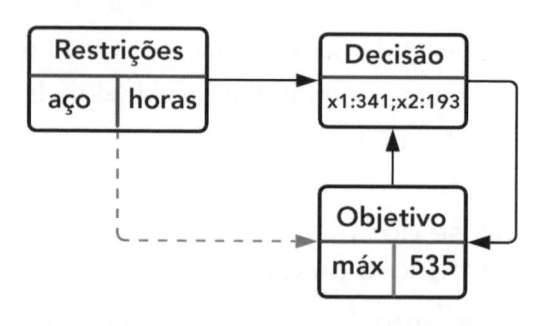

| Restrições | | Decisão |
|---|---|---|
| aço | horas | x1:341;x2:193 |

| Objetivo | |
|---|---|
| máx | 535 |

Fonte: O autor.

A seção a seguir detalha a formulação das equações de um modelo conforme exibidas na Tabela 2.1.

# Desenvolvimento de modelos

Apesar de muitas vezes ser negligenciada, a modelagem é a parte mais difícil e importante na resolução de um problema de programação linear. Com o modelo de programação linear devidamente formulado, sua solução pode ser facilitada com a utilização de softwares, conforme veremos nos Capítulos 6 e 7. Modelos matemáticos formulados erroneamente podem induzir a graves erros na tomada de decisão ou, ainda, inviabilizar o alcance de uma solução ótima.

## VARIÁVEIS DE DECISÃO

Ao modelar um problema a ser solucionado por meio da programação linear, é importante identificar inicialmente as variáveis de decisão. Conforme visto no primeiro capítulo, pode-se dividir um modelo de programação linear em três partes: decisão, objetivo e restrições. As duas primeiras partes serão doravante chamadas de variáveis de decisão e função objetivo, respectivamente.

A correta identificação das variáveis de decisão é crucial para a formulação da função objetivo e das restrições. Veja que, no Exemplo 2.1, as variáveis de decisão identificadas foram as quantidades a se produzir de marretas ($x_1$) e de martelos ($x_2$). A identificação dessas variáveis em um dado contexto é facilitada pela seguinte questão: quais decisões devem ser tomadas para resolver o problema proposto? No Exemplo 2.1, é possível verificar que as decisões de quantidades a se produzir de marretas e de martelos resolvem o problema cujo objetivo explicitado no contexto é: "deseja-se maximizar a produção de ambas as ferramentas". Dessa forma, as variáveis de decisão serão os meios pelos quais os objetivos serão atingidos ou o problema será resolvido.

## FUNÇÃO OBJETIVO

A segunda parte do modelo de um problema de programação linear é a função objetivo. A função objetivo é a expressão pela qual as variáveis de decisão serão valoradas a fim de quantificar o objetivo que resolverá o problema. No Exemplo 2.1, como o objetivo do problema era "maximizar a produção de ambas as ferramentas", desenvolveu-se a expressão que quantifica a produção de ambas, representada por (máx. $x_1 + x_2$). É possível verificar que essa expressão permite fornecer a produção total de marretas e martelos. Caso o contexto do Exemplo 2.1 fornecesse a informação de que o lucro da marreta é de R$2 e o do martelo é de R$1, a função objetivo poderia ser reescrita da seguinte forma: (máx. $2x_1 + x_2$). Por outro lado, se fosse fornecida a informação de que o custo da marreta fosse de R$3 e o do martelo, R$2, a função objetivo assumiria a seguinte forma: (mín. $3x_1 + x_2$).

Além da expressão que valora o objetivo do problema, é necessário indicar ao seu lado qual será o objetivo pretendido. Veja que o objetivo pretendido no caso do Exemplo 2.1 era maximizar a produção. Com isso, a função objetivo foi acompanhada da expressão (máx.). Pode-se também encontrar problemas cujo objetivo seja minimizar determinada expressão (mín.). Nesse caso, quando o problema envolve a minimização de custos, é comum encontrar esse tipo de expressão.

## RESTRIÇÕES

As restrições, em muitos casos, podem ser as mais difíceis de modelar. Essas equações envolvem recursos que são utilizados na tomada de decisão, ou condicionantes das variáveis de decisão, e geralmente são limitadoras quando o problema é de maximização, ou têm um mínimo a ser utilizado quando o problema é de minimização. Também pode haver restrições de igualdade quando se deseja utilizar uma quantidade exata de recursos. É importante, ainda, atentar para as restrições de não negatividade, quando o problema tratar de variáveis de decisão não negativas, como produtos, estoques, horas de trabalho, dentre outros. É útil pensar nas restrições segundo o esquema apresentado na Tabela 2.5.

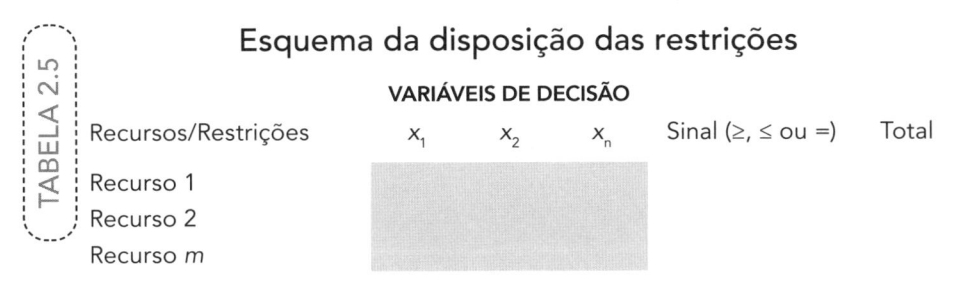

**TABELA 2.5** — Esquema da disposição das restrições

| Recursos/Restrições | VARIÁVEIS DE DECISÃO | | | Sinal (≥, ≤ ou =) | Total |
|---|---|---|---|---|---|
| | $x_1$ | $x_2$ | $x_n$ | | |
| Recurso 1 | | | | | |
| Recurso 2 | | | | | |
| Recurso $m$ | | | | | |

Fonte: O autor.

O esquema apresentado na Tabela 2.5 dispõe as variáveis de decisão nas colunas e os recursos ou restrições nas linhas. As células sombreadas localizadas na intersecção das variáveis de decisão e dos recursos representam as quantidades de recursos que cada variável de decisão consome, ou a restrição associada. A coluna do Sinal indica se a restrição corresponde um recurso limitado (≤), uma quantidade mínima a ser utilizada (≥) ou uma quantidade precisa a ser atendida (=). A coluna do Total representa as quantidades totais de recursos ou das restrições. Com o contexto apresentado no Exemplo 2.1, é possível preencher o esquema apresentado na Tabela 2.5, resultando na Tabela 2.6.

**TABELA 2.6** — Esquema das restrições do Exemplo 2.1

| Restrições | VARIÁVEIS DE DECISÃO | | Sinal | Total |
|---|---|---|---|---|
| | $x_1$ (marreta) | $x_2$ (martelo) | | |
| Aço | 5 | 1,5 | ≤ | 2.000 |
| Horas | 3 | 4 | ≤ | 1.800 |

Fonte: O autor.

*Modelagem de problemas*

Veja que, conforme indica o enunciado, são necessários 5kg de aço para a fabricação de marretas e 1,5kg para a fabricação de martelos, sendo que o total desse recurso totaliza 2.000kg (2 toneladas). Essa especificação corresponde à primeira linha da Tabela 2.6. É importante notar que os valores das células correspondentes aos recursos associados às variáveis de decisão devem estar na mesma unidade de medida ou de tempo do Total. Isso é evidenciado pelo fato de que todos os números da primeira linha correspondem à unidade de medida kg.

## MODELO MATEMÁTICO

Identificadas as variáveis de decisão, a função objetivo e as restrições, a enunciação completa do modelo pode ser visualizada no Modelo 2.1. Neste caso, também é importante incluir as restrições de não negatividade.

---

**MODELO 2.1**

**Variáveis de decisão**

$x_1$ Quantidade de marretas produzidas

$x_2$ Quantidade de martelos produzidos

**Função objetivo**

máx. $x_1 + x_2$

**Restrições**

$5x_1 + 1,5x_2 \leq 2.000$

$3x_1 + 4x_2 \leq 1.800$

$x_1, x_2 \geq 0$

---

Agora vamos praticar a modelagem de problemas por meio de exercícios resolvidos.

## Exercícios resolvidos

### EXERCÍCIO RESOLVIDO 2.1

Em um determinado mês, um produtor deve decidir quantas unidades produzir de dois produtos. Sabe-se que o produto 1 permite que o fabricante tenha um lucro de R$2 por unidade produzida. Suponha, ainda, que o produto 2 permita lucro de R$3. Para decidir quantas unidades produzir, o fabricante deve verificar de quanto insumo (matéria-prima) dispõe. Sabe-se que o produto 1 consome 2 unidades da matéria prima 1 (MP1), e o segundo produto, 2 unidades. Já na MP2, sabe-se que o produto 1 consome 1 unidade, e o produto 2 consome 5 unidades. Sabe-se, ainda, que há um estoque de 100 unidades da MP1 e 200 unidades da MP2.

Para transformar esse problema em um modelo de programação linear, é necessário converter as informações fornecidas em equações. Conforme o contexto apresentado, é preciso estruturar o modelo em variáveis de decisão, função objetivo e equações de restrição. Para identificar as variáveis de decisão, é necessário examinar quais serão as decisões a serem tomadas no problema. Percebe-se que o problema consiste em decidir quantas unidades produzir de dois produtos. Desta forma, enunciam-se as seguintes variáveis de decisão: $x_1$ — quantidade produzida do produto 1; $x_2$ — quantidade produzida do produto 2.

Com as variáveis de decisão definidas, parte-se para a formulação da função objetivo. A função objetivo é o resultado pelo qual o problema será avaliado de forma a ser resolvido. Como o problema é decidir as quantidades de produção para dois produtos, deve-se avaliar essa produção de forma a descobrir quais quantidades são ótimas em relação ao objetivo estabelecido. Veja que o problema relata que os produtos 1 e 2 têm lucros de R$2 e R$3, respectivamente, por unidade produzida. Como é desejável que o lucro seja maximizado, trata-se claramente de um problema de maximização. Desta forma, para avaliar o lucro total decorrente da produção de ambos os produtos, deve-se multiplicar a quantidade produzida de cada produto ($x_1$ e $x_2$) pelo lucro unitário de cada produto (R\$2 e R\$3), respectivamente, e, por fim, somar essas quantidades. Com isso, a função objetivo é definida da seguinte forma: máx. $2x_1 + 3x_2$.

Para identificar as restrições, conforme abordado na seção anterior, é útil utilizar o esquema da Tabela 2.5 para formular corretamente os coeficientes das variáveis de decisão que comporão as equações de restrição. A Tabela 2.7 apresenta o esquema preenchido aplicado a esse problema.

**TABELA 2.7** — Esquema de restrições do exercício resolvido

| Restrições | VARIÁVEIS DE DECISÃO | | Sinal | Total |
|---|---|---|---|---|
| | $x_1$ (Produto 1) | $x_2$ (Produto 2) | | |
| MP1 | 2 | 2 | ≤ | 100 |
| MP2 | 1 | 5 | ≤ | 200 |

Fonte: O autor.

Identificada a última parte do modelo, pode-se formalizá-lo da seguinte forma.

---------- MODELO 2.2 ----------

**Variáveis de decisão**

$x_1$ Quantidade produzida do produto 1
$x_2$ Quantidade produzida do produto 2

**Função objetivo**

máx. $2x_1 + 3x_2$

**Restrições**

$2x_1 + 2x_2 \leq 100$
$x_1 + 5x_2 \leq 200$
$x_1, x_2 \geq 0$

Os problemas que são modelados na forma de programação linear podem assumir diferentes estruturas. Os contextos apresentados no Exemplo 2.1 e no Exercício Resolvido 2.1 envolvem objetivos de maximização de produção e de lucro, respectivamente. As restrições desses problemas se apresentam na forma de limitações de recursos. Nos dois exemplos, as variáveis de decisão também se apresentaram na forma de quantidades de produtos a serem produzidos. O Exercício Resolvido 2.2 explorará um modelo diferente dos apresentados.

## EXERCÍCIO RESOLVIDO 2.2

Uma transportadora precisa decidir a quantidade de caixas a transportar dos produtos A e B com o objetivo de atender a um pedido do cliente ao menor custo possível. Devido às características dos produtos, sabe-se que há um custo de R$20 por caixa transportada do produto A e de R$15 por caixa transportada do produto B. Sabe-se que a caixa do produto A ocupa 3 metros cúbicos, enquanto em um caminhão com capacidade de 60 metros cúbicos é possível carregar 30 caixas do produto B. A empresa dispõe de 2 caminhões com capacidade de 60 metros cúbicos cada. Conforme especificações do pedido, a empresa deve transportar exatamente 45 caixas do produto B, e pelo menos 10 caixas do produto A. Sabe-se, ainda, que, como resultado de cálculos efetuados pelo departamento financeiro, a transportadora não deve fazer entregas cuja soma de caixas seja menor que 50.

A partir do contexto apresentado, é possível verificar que as variáveis de decisão são: $x_1$ — quantidade de caixas do produto A — e $x_2$ — quantidade de caixas do produto B. Diferentemente dos outros exemplos, neste a função objetivo envolve um problema de minimização de custos. Com isso, a função objetivo é formulada da seguinte forma: mín. $20x_1 + 15x_2$. Quanto às restrições, verifica-se que a primeira limitação se refere à cubagem dos produtos e a frota disponível. A Tabela 2.8 apresenta a análise das restrições.

**TABELA 2.8**

### Restrições do problema

| Restrição | VARIÁVEIS DE DECISÃO | | Sinal | Total |
|---|---|---|---|---|
| | $x_1$ (Produto A) | $x_2$ (Produto B) | | |
| 1. Metros cúbicos | 3 | 2 | ≤ | 120 |
| 2. Quantidade de B | 0 | 1 | = | 45 |
| 3. Quantidade de A | 1 | 0 | ≥ | 10 |
| 4. Quantidade total | 1 | 1 | ≥ | 50 |

Fonte: O autor.

Conforme apresentado na Tabela 2.8, quanto ao recurso denominado metros cúbicos, verifica-se que cada caixa do produto A ocupa 3 metros cúbicos, conforme explícito na célula correspondente da tabela. Entretanto, não há informação explícita sobre a cubagem do produto B. É informado apenas que em um caminhão de 60 metros cúbicos pode-se acondicionar 30 caixas do produto B. Com essa informação, é possível obter a cubagem do produto B com a divisão de 60 metros cúbicos por 30, resultando em 2 metros cúbicos. Com isso, deve-se atentar para a importância de as restrições das variáveis de decisão estarem na mesma unidade de tempo ou de medida. Como há um limite de capacidade de carga de 2 caminhões com 60 metros cúbicos cada, verifica-se o total de caixas transportadas dos produtos A e B, cada qual com sua respectiva cubagem representada pelos coeficientes, devendo resultar em, no máximo, 120 metros cúbicos.

A segunda restrição refere-se à quantidade de caixas que devem ser transportadas do produto B. Verifica-se que o problema apresenta, de forma clara, que se deve transportar exatamente 45 caixas do produto B. Com isso, representa-se essa restrição com o sinal de igualdade (=).

Observa-se, ainda, que o coeficiente de variável de decisão referente ao produto A é zero. Isso ocorre porque essa é uma restrição exclusiva do produto B. Como não há informações sobre variações do coeficiente de B, este é representado por meio de unidade, para que a variável de decisão não fique nula.

A quantidade de produto A que deve ser transportada é apresentada na terceira restrição. Veja que o problema apresenta essa restrição como uma quantidade mínima a ser transportada. Neste caso, utiliza-se o sinal de desigualdade "maior ou igual a". Como essa restrição se refere apenas ao produto A, o coeficiente da variável de decisão do produto B é nulo, e o do produto A é unitário. É útil diferenciar de forma clara quando um contexto de problema apresenta sua restrição na forma de igualdade ou de diferentes desigualdades. A Tabela 2.9 apresenta sentenças recorrentes utilizadas nos diferentes tipos de igualdades e desigualdades.

**TABELA 2.9** Sentenças recorrentes e sinais da restrição

| SENTENÇAS | SINAL | DESCRIÇÃO |
|---|---|---|
| "no máximo"; "até"; "disponível" | ≤ | Desigualdade — "menor ou igual a" |
| "quantidade exata" | = | Igualdade — "igual a" |
| "pelo menos"; "no mínimo" | ≥ | Desigualdade — "maior ou igual a" |

Fonte: O autor.

Por fim, a quarta restrição apresenta uma questão de viabilidade econômica de forma que a empresa deva transportar, por entrega, no mínimo 50 caixas de ambos os produtos. Com isso, os coeficientes desta restrição são unitários, pois essa limitação envolve a soma dos dois produtos. A formulação completa do problema pode ser visualizada no Modelo 2.3.

## MODELO 2.3

### Variáveis de decisão

$x_1$ Quantidade de caixas transportadas do produto A

$x_1$ Quantidade de caixas transportadas do produto B

### Função objetivo

mín. $20x_1 + 15x_2$

### Restrições

$3x_1 + 2x_2 \leq 120$

$x_2 = 45$

$x_1 \geq 10$

$x_1 + x_2 \geq 50$

$x_1, x_2 \geq 0$

## EXERCÍCIO RESOLVIDO 2.3 — PROBLEMA DE TRANSPORTE

Uma rede de lojas tem 4 filiais que precisam ser abastecidas por 3 depósitos centrais. Esses depósitos fazem as entregas em caixas padronizadas para todas as lojas. A Loja 1 deve ser abastecida com 300 caixas; a Loja 2, com 400; a Loja 3, com 350; e a Loja 4, com 500. As distâncias de cada depósito são apresentadas na Tabela 2.10.

**TABELA 2.10** — Informação do problema de transporte

| DEPÓSITO (D) /LOJA (L) | L1 | L2 | L3 | L4 |
|---|---|---|---|---|
| D1 | 24 | 18 | 36 | 8 |
| D2 | 2 | 33 | 24 | 9 |
| D3 | 18 | 25 | 8 | 7 |

Fonte: O autor.

Elabore o modelo de programação linear que atenda à demanda de cada loja e que minimize a distância total percorrida. Considere que a empresa tem apenas um caminhão e este tem capacidade para 50 caixas.

Problemas de transporte geralmente tratam de distâncias percorridas. Essas distâncias são representadas no modelo pelas variáveis de decisão. Como o objetivo é minimizar a distância total percorrida, as variáveis de decisão representam todas as combinações possíveis de fornecimento dos depósitos às lojas. Com isso, as variáveis de decisão contêm dois índices. O primeiro índice diz respeito ao ponto de origem, e o segundo, ao ponto de destino. Percebe-se que o problema contém 3 origens e 4 destinos. Portanto, esse problema de programação linear terá 12 variáveis de decisão (3 origens x 4 destinos): $x_{11}$ — quantidade de entregas do Depósito 1 para a Loja 1; $x_{12}$ — quantidade de entregas do Depósito 1 para a Loja 2; $x_{13}$ — quantidade de entregas do Depósito 1 para a Loja 3; $x_{14}$ — quantidade de entregas do Depósito 1 para a Loja 4; $x_{21}$ — quantidade de entregas do Depósito 2 para a Loja 1; $x_{22}$ — quantidade de entregas do Depósito 2 para a Loja 2; $x_{23}$ — quantidade de entregas do Depósito 2 para a Loja 3; $x_{24}$ — quantidade de entregas do Depósito 2 para a Loja 4; $x_{31}$ — quantidade de entregas do Depósito 3 para a Loja 1; $x_{32}$ — quantidade de entregas do Depósito 3 para a Loja 2; $x_{33}$ — quantidade de entregas do Depósito 3 para a Loja 3; $x_{34}$ — quantidade de entregas do Depósito 3 para a Loja 4.

É possível inferir a formulação da função objetivo a partir da finalidade apresentada no problema e das variáveis de decisão. Como o objetivo é minimizar a distância total percorrida, e as variáveis de decisão representam todas as combinações possíveis de fornecimento, a função objetivo deve valorar essas distâncias a fim de minimizar a distância total percorrida. A valoração é feita a partir das distâncias de cada trajeto. Com isso, a função objetivo será minimizar a soma das distâncias dos 12 trajetos: mín. $24x_{11} + 18x_{12} + 36x_{13} + 8x_{14} + 2x_{21} + 33x_{22} + 24x_{23} + 9x_{24} + 18x_{31} + 25x_{32} + 8x_{33} + 7x_{34}$.

Nesse problema, as restrições devem ser pensadas em termos de caixas que devem ser remetidas às lojas. Conforme apresentado, cada loja deve ser abastecida com uma quantidade específica de caixas. Para tanto, é necessário formular essas restrições a partir da consolidação de destinos concentrados em cada loja. Como exemplo, a restrição referente à Loja 1 deve somar as quantidades enviadas a essa localização a partir de todas as fontes possíveis. Portanto, as variáveis de decisão relacionadas à Loja 1 são: $x_{11}$, $x_{21}$, $x_{31}$. As entregas feitas à Loja 1 devem totalizar 300 caixas, contudo, cada caminhão tem capacidade para 50 caixas. Com isso, será necessário realizar 6 viagens para esse destino (300 / 50 = 6). Seguindo esse raciocínio, é possível elaborar a Tabela 2.11 com as restrições desse problema.

TABELA 2.11

### Restrições do problema

| Quantidade enviada | VARIÁVEIS DE DECISÃO | | | | | | | | | | | | Sinal | Total |
|---|---|---|---|---|---|---|---|---|---|---|---|---|---|---|
| | $x_{11}$ | $x_{12}$ | $x_{13}$ | $x_{14}$ | $x_{21}$ | $x_{22}$ | $x_{23}$ | $x_{24}$ | $x_{31}$ | $x_{32}$ | $x_{33}$ | $x_{34}$ | | |
| Loja 1 | 1 | 0 | 0 | 0 | 1 | 0 | 0 | 0 | 1 | 0 | 0 | 0 | = | 6 |
| Loja 2 | 0 | 1 | 0 | 0 | 0 | 1 | 0 | 0 | 0 | 1 | 0 | 0 | = | 8 |
| Loja 3 | 0 | 0 | 1 | 0 | 0 | 0 | 1 | 0 | 0 | 0 | 1 | 0 | = | 7 |
| Loja 4 | 0 | 0 | 0 | 1 | 0 | 0 | 0 | 1 | 0 | 0 | 0 | 1 | = | 10 |

Fonte: O autor.

Com isso, a formulação completa do problema é exibida no Modelo 2.4

―――― MODELO 2.4 ――――

### Variáveis de decisão

$x_{11}$ quantidade de entregas do Depósito 1 para a Loja 1
$x_{12}$ quantidade de entregas do Depósito 1 para a Loja 2
$x_{13}$ quantidade de entregas do Depósito 1 para a Loja 3
$x_{14}$ quantidade de entregas do Depósito 1 para a Loja 4
$x_{21}$ quantidade de entregas do Depósito 2 para a Loja 1
$x_{22}$ quantidade de entregas do Depósito 2 para a Loja 2
$x_{23}$ quantidade de entregas do Depósito 2 para a Loja 3
$x_{24}$ quantidade de entregas do Depósito 2 para a Loja 4
$x_{31}$ quantidade de entregas do Depósito 3 para a Loja 1
$x_{32}$ quantidade de entregas do Depósito 3 para a Loja 2
$x_{33}$ quantidade de entregas do Depósito 3 para a Loja 3
$x_{34}$ quantidade de entregas do Depósito 3 para a Loja 4

### Função objetivo

$$\min.\ 24x_{11} + 18x_{12} + 36x_{13} + 8x_{14} + 2x_{21} + 33x_{22} + 24x_{23} + 9x_{24} + 18x_{31} + 25x_{32} + 8x_{33} + 7x_{34}$$

### Restrições

$$x_{11} + x_{21} + x_{31} = 6$$
$$x_{12} + x_{22} + x_{32} = 8$$
$$x_{13} + x_{23} + x_{33} = 7$$
$$x_{14} + x_{24} + x_{34} = 10$$
$$x_{11},\ x_{12},\ x_{13},\ x_{14},\ x_{21},\ x_{22},\ x_{23},\ x_{24},\ x_{31},\ x_{32},\ x_{33},\ x_{34} \geq 0$$

## Resumo

Nesse capítulo, estudamos de forma detalhada a modelagem de problemas. Vimos que a modelagem de problemas é uma das tarefas mais importantes da solução de um problema de programação linear. Veja que as três dimensões fundamentais de um problema vistas no Capítulo 1 continuam sendo relevantes. Nesse capítulo foi possível especificar melhor essas dimensões na forma de variáveis de decisão, função objetivo e restrições.

Na dimensão das decisões, é necessário especificar e enunciar as variáveis de decisão, que, por tradição, são modeladas na forma $x_1$, $x_2$, ..., $x_n$, a depender da quantidade de variáveis ($n$). Foi, ainda, visto que na dimensão da função objetivo é necessário especificar seu tipo, maximização ou minimização e sua equação. Por fim, foi visto que as restrições são, em muitos casos, as mais difíceis de serem modeladas, sendo que este capítulo apresentou uma tabela útil para sua formulação.

A seção a seguir apresenta os exercícios propostos do capítulo. O próximo capítulo detalhará a solução de problemas por meio do método gráfico.

## Exercícios propostos

1) Uma empresa produtora de dois itens precisa decidir quais quantidades produzir de cada produto. O lucro do produto A é de R$3 por unidade produzida, e o lucro do produto B é de R$3,5. A quantidade de recursos empregados na produção dos itens foi levantada pelo departamento responsável. Sabe-se que o produto A emprega 6 horas na sua fabricação, enquanto o produto B emprega 8 horas. Há um total de 220 horas disponíveis para a fabricação dos itens. Após a produção, é necessário embalar os produtos. O item A consome 3 metros de embalagem, e o item B, 5 metros. Há disponíveis 300 metros de embalagem. Elabore o

modelo de programação linear deste problema destacando as três dimensões: variáveis de decisão, função objetivo e restrições.

2) Uma transportadora precisa efetuar o carregamento de um caminhão a partir do pedido de um cliente que demanda 3 produtos acondicionados em caixas de tamanhos diferentes. O Produto 1 tem um custo de frete de R$34 por caixa carregada. O Produto 2 tem custo de R$54. O último produto, 3, tem custo de R$88. Sabe-se que as caixas dos produtos 1, 2 e 3 têm volume de 10, 15 e 20 metros cúbicos, respectivamente. O caminhão da empresa tem capacidade para acondicionar 800 metros cúbicos. Sabe-se que o pedido do cliente totaliza exatamente 50 caixas dos 3 produtos somados. O cliente espera, ainda, que sejam entregues pelo menos 10 caixas do Produto 1 e que a soma dos produtos 2 e 3 entregues totalize, no mínimo, 30 caixas. Elabore o modelo de programação linear que aponte a quantidade de caixas de cada produto a carregar no caminhão de forma a reduzir o custo total.

3) Uma indústria química localizada no Sudeste do país distribui seus produtos exclusivamente por uma rede própria a partir de 2 depósitos centrais a 4 centros de distribuição. Sabe-se que a quantidade necessária para distribuir ao Centro 1 é de 10 toneladas; ao Centro 2, de 15; ao Centro 3, de 20; e ao Centro 4, de 30. Cada caminhão pode carregar 1 tonelada. A tabela a seguir apresenta as distâncias de cada depósito central a cada centro de distribuição. Elabore um modelo de programação linear que identifique quais depósitos centrais atenderão cada um dos centros de distribuição de forma a minimizar o custo total da distância percorrida pelos caminhões.

| Depósito (D) /Centro (C) | C1 | C2 | C3 | C4 |
|---|---|---|---|---|
| D1 | 12 | 9 | 18 | 4 |
| D2 | 1 | 16 | 12 | 5 |

4) Uma fábrica de vidro pretende elaborar um plano de produção que especifique as quantidades de copos e de jarras a produzir. A empresa vende o copo por R$4, sendo que seu custo de produção é de R$1,5. A jarra é vendida por R$8, e seu custo é de R$3. Um operário trabalhando

um turno completo de 8 horas consegue produzir 16 copos ou 8 jarras. A empresa dispõe de 20 operários trabalhando em turno completo. Cada jarra produzida consome 1kg de vidro, sendo que, com o material disponível para produzir uma jarra, é possível produzir 5 copos. Atualmente, há disponíveis em estoque 2 toneladas de vidro para serem usadas na produção de 1 dia. Elabore o modelo de programação linear que defina a quantidade a ser produzida pela empresa objetivando maximizar o lucro.

5) No gerenciamento de um armazém, a atividade de recebimento é responsável por destinar os itens que chegam aos seus respectivos destinos. Da mesma forma, também é preciso coletar os produtos que serão despachados. Determinada empresa precisa elaborar um plano de coleta de itens no armazém, de modo a atender aos pedidos recebidos. Devido à localização dos itens no armazém, cada produto apresenta um custo de coleta que varia proporcionalmente com a distância do item em relação ao local de coleta. Para atender aos pedidos recebidos, é necessário coletar 30 unidades do Produto A, pelo menos 10 do Produto B e não mais que 50 do produto C. Os custos de coletar os itens são: R$0,50 para o Produto A, R$0,70 para o Produto B e R$0,80 para o Produto C. Elabore um modelo de programação linear que retorne a quantidade a coletar de cada item.

6) Uma indústria de descartáveis precisa programar a produção para o próximo mês e dispõe das seguintes informações acerca de seus três produtos.

| Produto | Guardanapo | Copo | Pote |
| --- | --- | --- | --- |
| Horas necessárias para a fabricação | 2 | 1,5 | 4 |
| Necessidade de papel (em g) | 300 | 100 | 200 |
| Necessidade de plástico (em g) | 50 | 40 | 45 |
| Lucro por unidade produzida (em R$) | 8 | 3 | 4 |

Sabendo que a empresa dispõe de 300 horas, 100 quilos de papel e 50 quilos de plástico, formule o problema de programação linear que maximize o lucro da empresa.

7) Elabore o modelo de programação linear completo do Exemplo 1.1, Capítulo 1, de forma a maximizar a satisfação.

8) Elabore o modelo de programação linear do Exemplo 1.1, Capítulo 1, somente com as variáveis de decisão representando o complemento carne, ovos e peixe.

9) Elabore o modelo completo de programação linear do Exemplo 1.1, do Capítulo 1, considerando a minimização de custo, utilizando uma satisfação total de no mínimo 23, sem restrição orçamentária.

10) Elabore o modelo de programação linear do Exemplo 1.2, do Capítulo 1.

11) Elabore o modelo de programação linear do Exercício resolvido, do Capítulo 1, de forma a maximizar o conforto do indivíduo.

12) Elabore o modelo de programação linear do Exercício resolvido, do Capítulo 1, de forma a minimizar o custo, sabendo que o conforto mínimo esperado é de 5 e que não há restrição de orçamento.

CAPÍTULO 3

# Solução gráfica

No capítulo anterior, exercitamos a modelagem de problemas, em que foi possível transpor os dados de um problema na forma de contexto dissertativo para um modelo matemático. Neste capítulo, trabalharemos na solução gráfica tal como apresentamos na seção "Um exemplo de solução ótima de um modelo", do Capítulo 2.

> **Objetivos do capítulo**
>
> Ao final deste capítulo, você será capaz de:
>
> - Plotar as restrições de um modelo de programação linear em um gráfico.
> - Identificar a região de solução.
> - Encontrar a solução ótima de um modelo de programação linear com duas variáveis de decisão.

No capítulo anterior, desenvolvemos uma forma de modelar problemas transformando um contexto em um modelo matemático, conforme mostra o Modelo 3.1.

## Um exemplo de solução ótima de um modelo

——— MODELO 3.1 ———

**Variáveis de decisão**

$x_1$ Quantidade produzida do produto 1
$x_2$ Quantidade produzida do produto 2

**Função objetivo**

máx. $2x_1 + 3x_2$

**Restrições**

$2x_1 + x_2 \leq 100$
$2x_1 + 5x_2 \leq 200$
$x_1, x_2 \geq 0$

Como vimos, o modelo é dividido em partes delimitadas para auxiliar em sua construção, que são: Variáveis de decisão, Função objetivo e Restrições. Costuma-se representar o modelo em sua forma simplificada:

$$\text{máx. } 2x_1 + 3x_2 \quad (3.1)$$

Sujeito a:

$$2x_1 + x_2 \leq 100 \quad (3.2)$$
$$2x_1 + 5x_2 \leq 200 \quad (3.3)$$
$$x_1, x_2 \geq 0 \quad (3.4)$$

As próximas seções definirão os passos necessários para que esse modelo seja representado graficamente e resolvido.

## ⁝ Construção do gráfico com as restrições do modelo

Como o Modelo 3.1 tem duas variáveis de decisão, pode-se representar essas variáveis em um plano cartesiano bidimensional, conforme mostra a Figura 3.1. Veja que é possível definir os quadrantes, sendo que o eixo das ordenadas é representado pela variável de decisão $x_2$, e o eixo das abcissas representa a variável de decisão $x_1$.

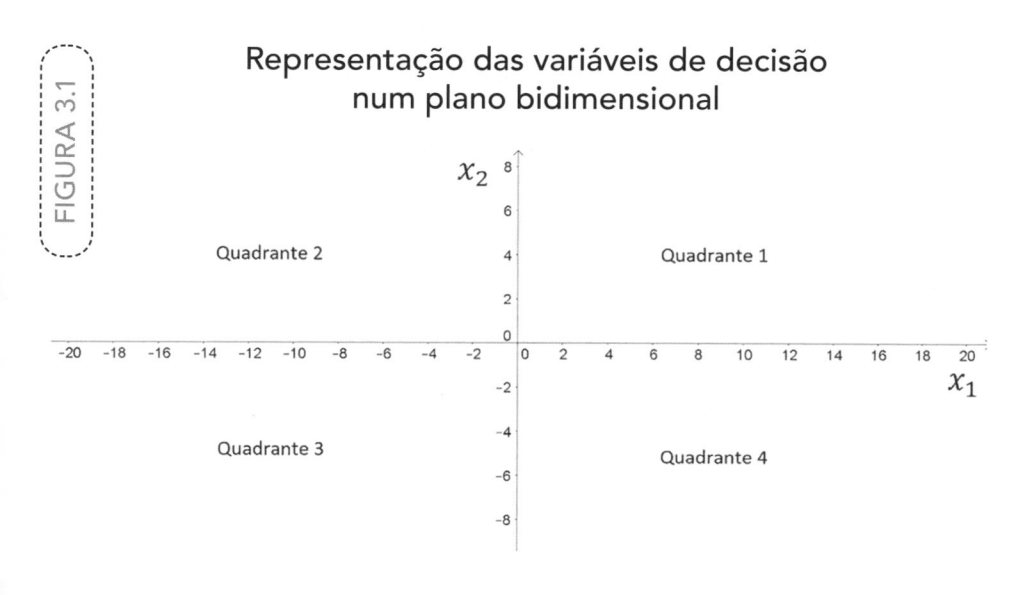

**FIGURA 3.1**

**Representação das variáveis de decisão num plano bidimensional**

[Gráfico cartesiano mostrando os quatro quadrantes, com eixo $x_1$ variando de -20 a 20 e eixo $x_2$ variando de -8 a 8. Quadrante 1 (superior direito), Quadrante 2 (superior esquerdo), Quadrante 3 (inferior esquerdo), Quadrante 4 (inferior direito).]

Fonte: O autor.

Agora começaremos a representar as restrições do Modelo 3.1 no gráfico mostrado na Figura 3.1. Iniciaremos a plotagem das restrições pelas últimas, as de não negatividade, $x_2, x_1 \geq 0$ (Equação 3.4), para facilitar a compreensão dos quadrantes a serem utilizados em cada restrição. Inicialmente podemos plotar no gráfico a restrição $x_1 \geq 0$, conforme mostra a Figura 3.2. Observe que a região sombreada, que representa essa restrição, engloba os quadrantes 1 e 4.

**FIGURA 3.2**     **Representação da restrição $x_1 \geq 0$**

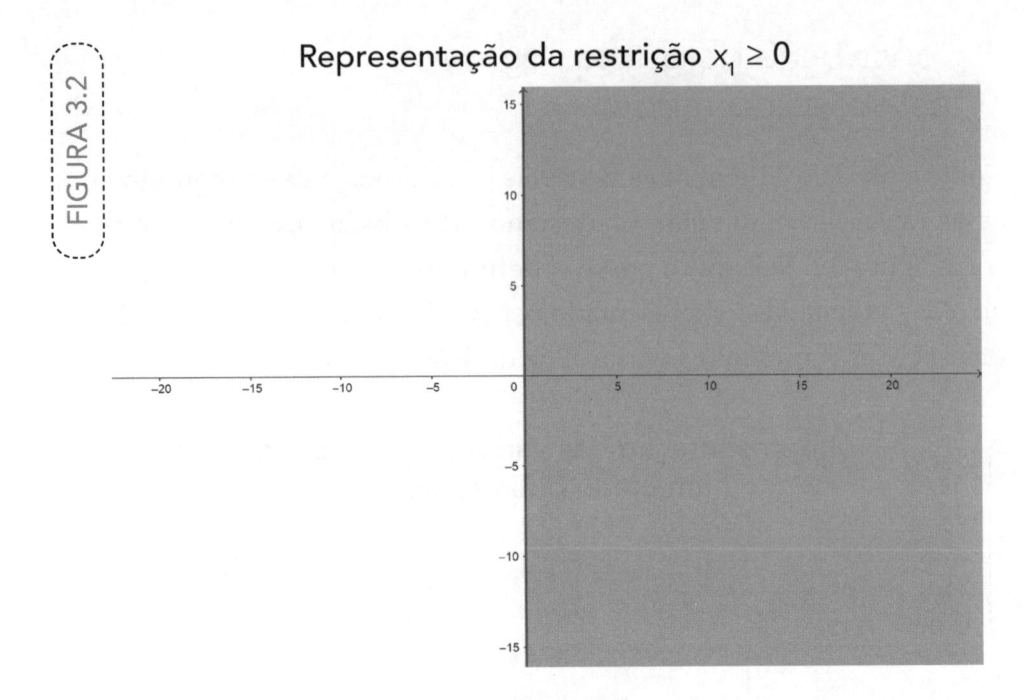

Fonte: O autor.

Da mesma forma, também podemos representar de forma isolada a restrição $x_2 \geq 0$, que delimitará os quadrantes 1 e 2, como pode ser observado na Figura 3.3.

**FIGURA 3.3** Representação da restrição $x_2 \geq 0$

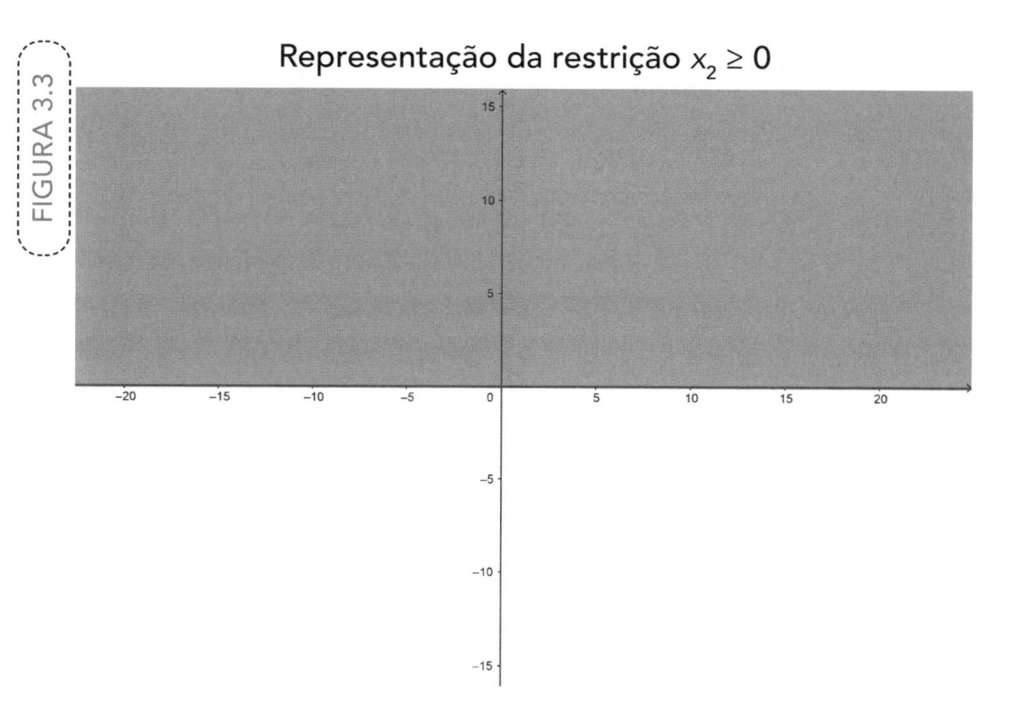

Fonte: O autor.

Agora podemos verificar qual é o quadrante que representa a região que compreende a plotagem das duas restrições de forma concomitante, $x_1, x_2 \geq 0$. Essa área está plotada na Figura 3.4. Observe que a área resultante, quadrante 1, é a intersecção das restrições $x_1 \geq 0$, quadrantes 1 e 4, e $x_2 \geq 0$, quadrantes 1 e 2. Veja que apenas o quadrante 1 resulta dessa operação.

**FIGURA 3.4** Representação das restrições $x_1$, $x_2 \geq 0$

Fonte: O autor.

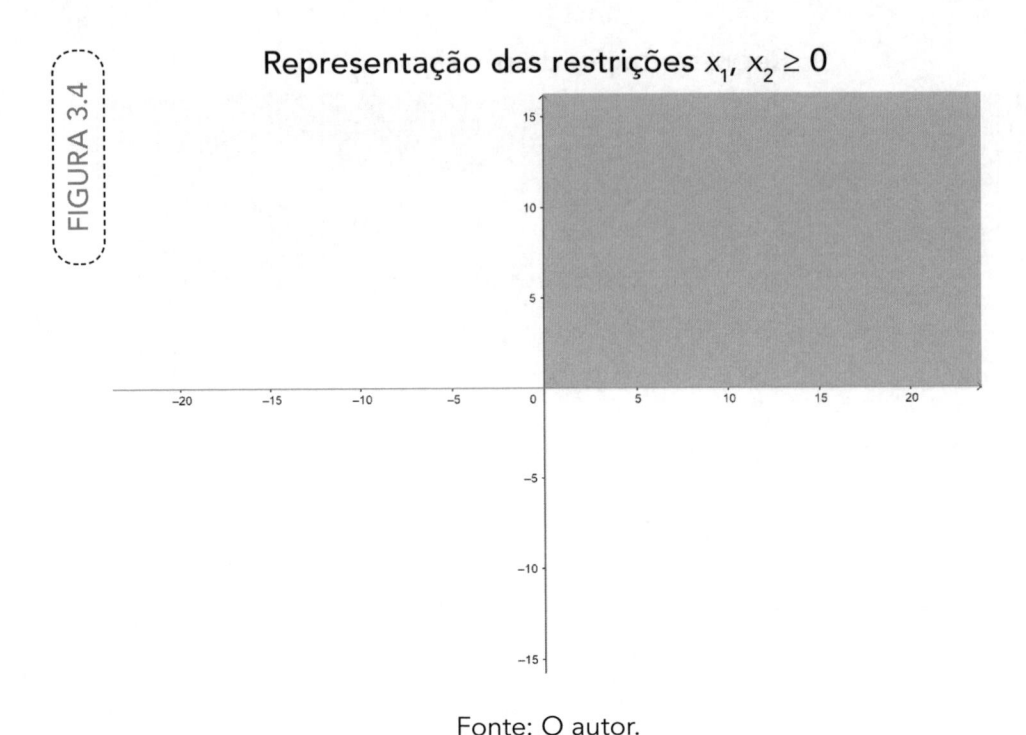

Agora que definimos o quadrante exclusivo sobre o qual o problema deve ser desenvolvido, encontraremos nele a região de solução. Observe que apenas o quadrante 1 atende às restrições de não negatividade, sendo então a região de solução inicial. Essa delimitação é útil, pois analisaremos as outras restrições somente nesse quadrante, uma vez que os outros não atendem às restrições de não negatividade.

Agora, em procedimento similar ao apresentado na seção "Um exemplo de solução ótima de um modelo", do Capítulo 2, cada restrição deve ser desenvolvida de modo que se encontrem os pontos da reta de restrição que cruzam os eixos $x_1$ e $x_2$. Veja como é feito o procedimento na primeira restrição (Equação 3.2), conforme mostrado nos passos 1 e 2:

Passo 1: $2x_1 + x_2 \leq 100 \Rightarrow 2x_1 + x_2 = 100$
$\Rightarrow 2(0) + x_2 = 100 \Rightarrow x_2 = 100$

Passo 2: $2x_1 + x_2 = 100 \Rightarrow 2x_1 + (0) = 100$
$2x_1 = 100 \Rightarrow x_1 = \dfrac{100}{2} \Rightarrow x_1 = 50$

Veja que no passo 1, a primeira restrição, $2x_1 + x_2 \leq 100$, foi transformada em igualdade, $2x_1 + x_2 = 100$, em que o $x_1$ foi substituído por zero para que pudéssemos encontrar o valor de $x_2$. No passo seguinte, $x_2$ foi anulada, para que encontrássemos o valor de $x_1$. Com a descoberta dos valores de $x_1$ e $x_2$, cujos valores são de 50 e 100, respectivamente, é possível plotar essa reta no gráfico utilizando apenas o quadrante 1, conforme mostrado na Figura 3.5.

**FIGURA 3.5**

**Plotagem da primeira restrição**

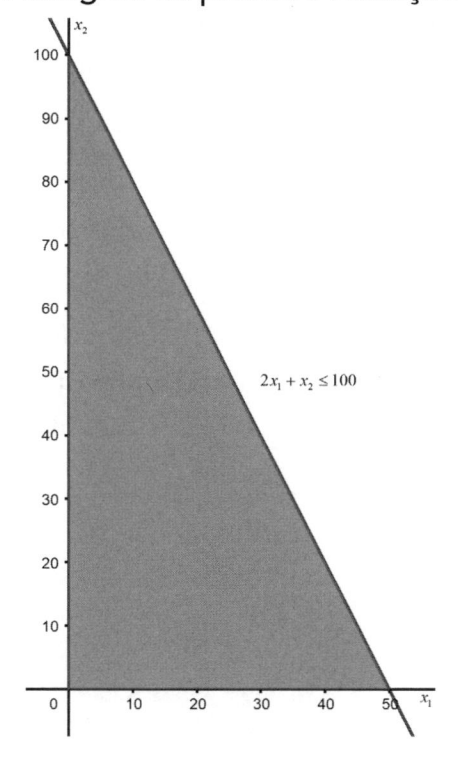

Fonte: O autor.

*Solução gráfica* 51

Veja na Figura 3.5 que a primeira restrição foi plotada e que se delimitou novamente a região de solução. A região de solução passou de todo o primeiro quadrante para a região à esquerda da primeira restrição. Isso ocorreu porque a primeira restrição é menor ou igual (≤). Caso a restrição fosse maior ou igual (≥), a região de solução estaria à direita da reta. É útil indicar em cada reta de restrição a direção da região de solução. Observe que isso foi feito nas extremidades da reta da primeira restrição.

Agora, tal como foi feito para encontrar os pontos da primeira restrição, encontraremos os pontos da segunda restrição (Equação 3.3), conforme os passos 1 e 2:

Passo 1:

$$2x_1 + 5x_2 \leq 200 \Rightarrow 2x_1 + 5x_2 = 200$$
$$\Rightarrow 2(0) + 5x_2 = 200 \Rightarrow x_2 = \frac{200}{5} \Rightarrow x_2 = 40$$

Passo 2:

$$2x_1 + 5x_2 = 200 \Rightarrow 2x_1 + 5(0) = 200$$
$$2x_1 = 200 \Rightarrow x_1 = \frac{200}{2} \Rightarrow x_1 = 100$$

Veja que agora os valores de $x_1$ e $x_2$ foram de 100 e 40, respectivamente. Plotando a segunda restrição no gráfico, pode-se verificar como fica a região de solução com todas as restrições identificadas, conforme apresentada na Figura 3.6.

**FIGURA 3.6** Região de solução com todas as restrições

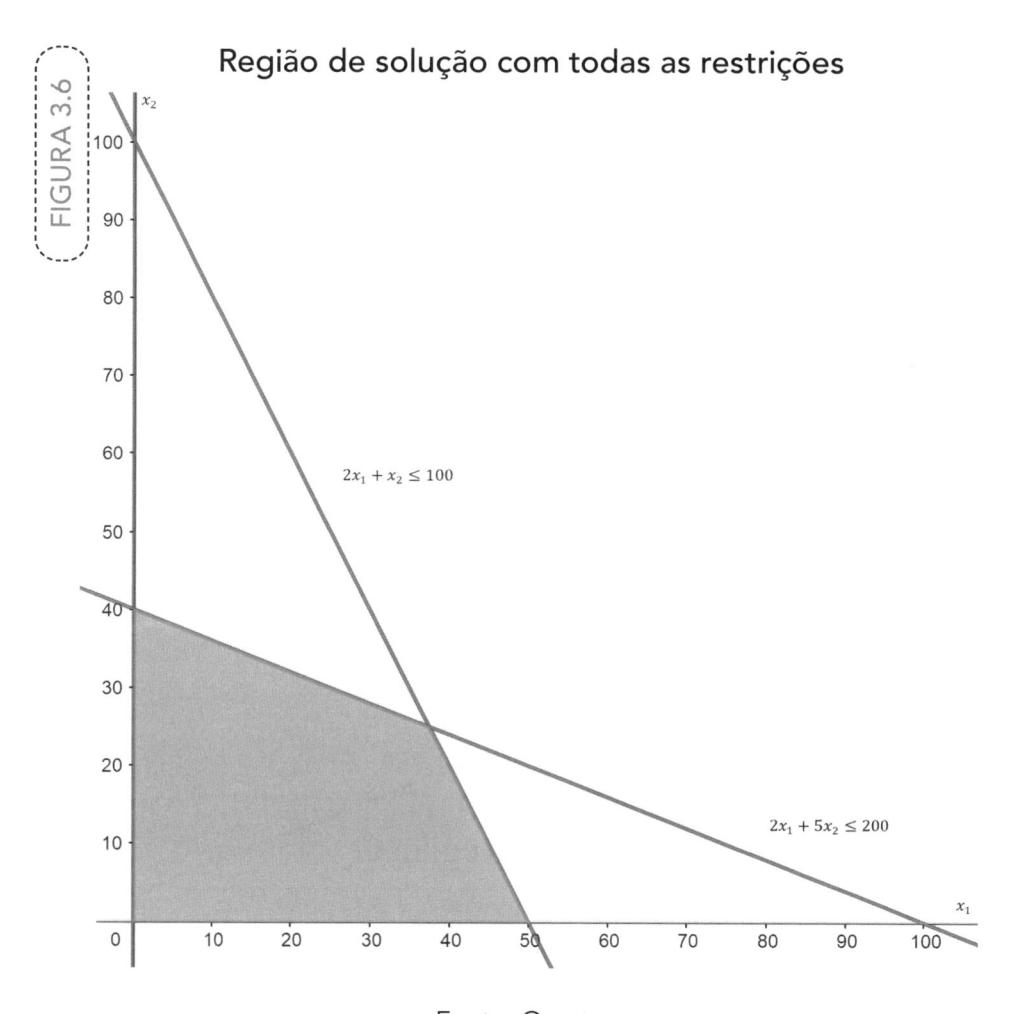

$2x_1 + x_2 \leq 100$

$2x_1 + 5x_2 \leq 200$

Fonte: O autor.

Veja que a região de solução sombreada na Figura 3.6 é a única que atende a todas restrições do problema, ou seja, todas as orientações representadas pelas inequações estão sendo atendidas. É um erro comum atribuir a região de solução de forma equivocada. Considere, por exemplo, as diferentes regiões, A, B, C e D representadas na Figura 3.7.

**FIGURA 3.7**

**Diferentes regiões do modelo**

[Gráfico mostrando as restrições $2x_1 + x_2 \leq 100$ e $2x_1 + 5x_2 \leq 200$, com as Regiões A, B, C e D identificadas. A Região D é a região sombreada factível.]

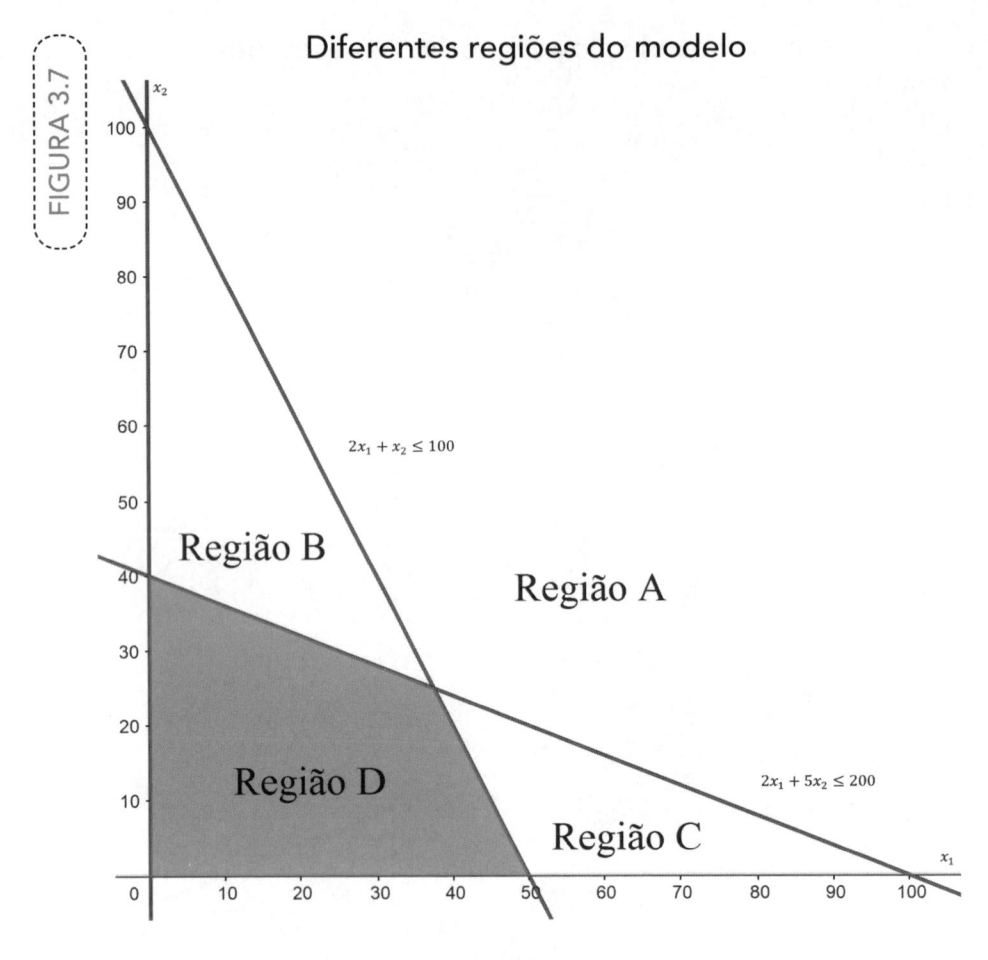

Fonte: O autor.

Veja na Figura 3.7 que a região D é única que atende a todas as restrições. As regiões C e B atendem apenas a uma das restrições, e a região A atende apenas à restrição de não negatividade.

Há casos de problemas em que as restrições não cruzam os eixos $x_1$ e $x_2$ simultaneamente. Tratam-se de problemas em que as restrições são relativas a apenas uma variável. Considere, por exemplo, no Modelo 3.2, que a máquina que fabrica o produto 2 tem um alto custo de parametrização e que a quantidade desse item deve ser de, no mínimo, 10 peças. Com essa nova restrição, o problema será modelado da seguinte forma:

**MODELO 3.2**

máx. $2x_1 + 3x_2$

**Sujeito a:**

$2x_1 + x_2 \leq 100$
$2x_1 + 5x_2 \leq 200$
$x_2 \geq 10$
$x_1, x_2 \geq 0$

Veja que foi adicionada uma nova restrição, $x_2 \geq 10$, ao problema. Essa restrição é representada isoladamente no gráfico conforme a Figura 3.8.

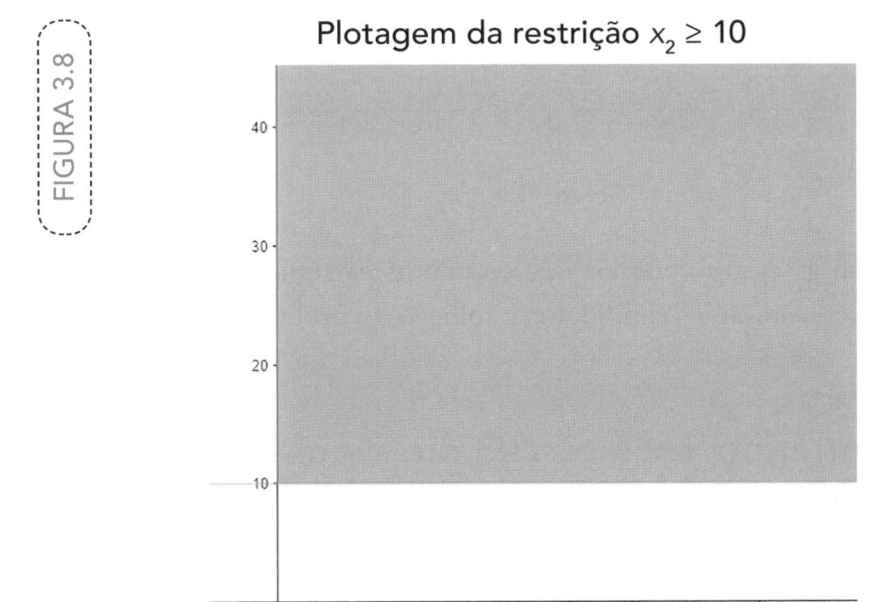

**FIGURA 3.8**

Plotagem da restrição $x_2 \geq 10$

Fonte: O autor.

*Solução gráfica* 55

A área sombreada da Figura 3.8 representa a área da restrição, sendo que a região de solução deve ser acima do valor 10 para $x_2$. A plotagem de todas as restrições pode ser visualizada na Figura 3.9.

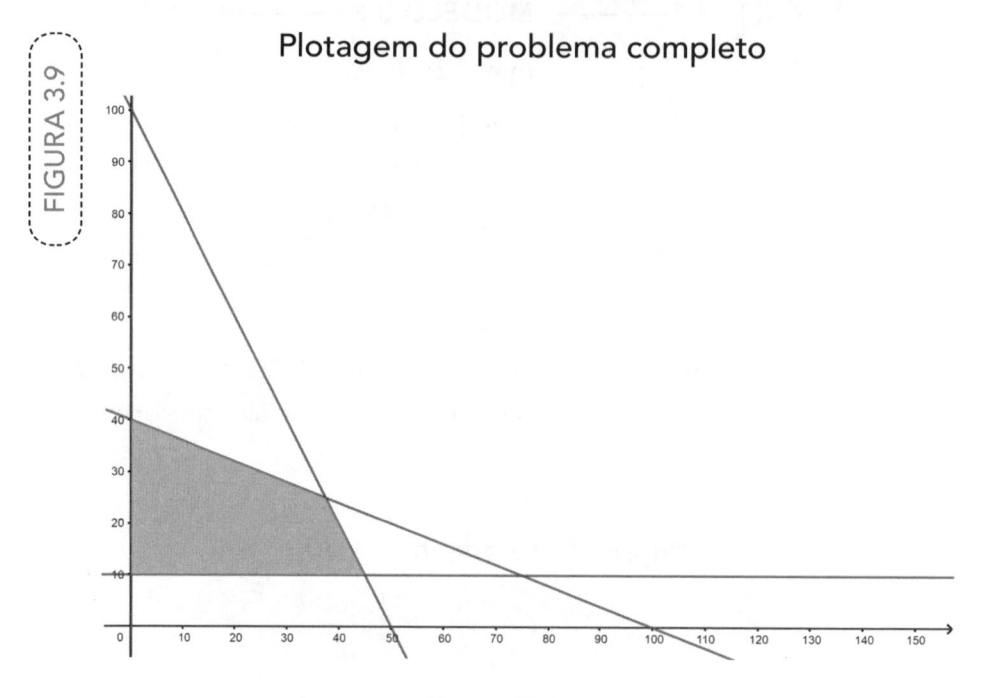

**FIGURA 3.9** — Plotagem do problema completo

Fonte: O autor.

Na seção a seguir, veremos que os pontos extremos gerados pela região de solução são os candidatos à solução do problema.

## Encontrando a solução do problema pelo método gráfico

Na seção anterior, delimitamos a região de solução do problema de programação linear. Note que as restrições de um problema de programação linear podem ser representadas na forma matricial, conforme mostra o sistema de equações:

$$\begin{cases} 2x_1 + x_2 \leq 100 \\ 2x_1 + 5x_2 \leq 200 \end{cases} \rightarrow \begin{bmatrix} 2 & 1 \\ 2 & 5 \end{bmatrix} \times \begin{bmatrix} x_1 \\ x_2 \end{bmatrix} \leq \begin{bmatrix} 100 \\ 200 \end{bmatrix} \rightarrow \begin{bmatrix} 2 & 1 \\ 2 & 5 \end{bmatrix} \times \begin{bmatrix} x_1 \\ x_2 \end{bmatrix} = \begin{bmatrix} 100 \\ 200 \end{bmatrix}$$

Veja que as restrições podem ser representadas pela multiplicação da matriz de coeficientes, que estão à esquerda da desigualdade, que denotaremos por A, com o vetor de variáveis de decisão, representado por $x$, resultando no lado direito da desigualdade em um vetor que chamaremos de b. Note que, utilizando essa representação, podemos dizer que as restrições indicadas equivalem a um sistema $Ax = b$. Para encontrar a solução do problema, recorremos a três teoremas cujas provas podem ser encontradas em Puccini (1972, p. 58–62), conforme mostra a Tabela 3.1.

**TABELA 3.1** Teoremas fundamentais para encontrar a solução de um problema de programação linear

| TEOREMA | ENUNCIADO |
|---|---|
| I | "O conjunto de todas as soluções compatíveis do modelo de programação linear é um conjunto convexo." |
| II | "Toda solução compatível básica do sistema $Ax = b$ é um ponto extremo do conjunto das soluções compatíveis, isto é, do conjunto convexo do Teorema I." |
| III | "Se a função objetiva tem um máximo (mínimo) finito, então pelo menos uma solução ótima é um ponto extremo do conjunto convexo do Teorema I." |

Fonte: Adaptado de Puccini (1972, p. 58–62).

O leitor pode notar que a figura resultante da delimitação da região de solução obtida na Figura 3.6 é um polígono que atende ao Teorema I, conforme mostra a Figura 3.10.

**FIGURA 3.10** Região de solução do problema de programação linear

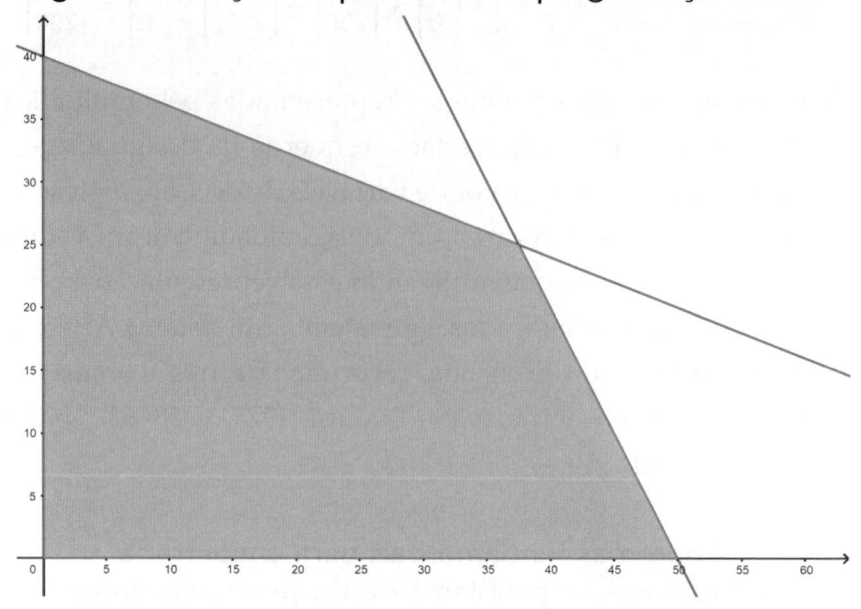

Fonte: O autor.

É possível, ainda, verificar que as soluções compatíveis do problema estão situadas nos pontos extremos, que são as intersecções das retas de restrições com os eixos $x_1$ e $x_2$, pontos B e D da Figura 3.11, das retas de restrições entre si, ponto A, e da origem dos eixos, ponto C.

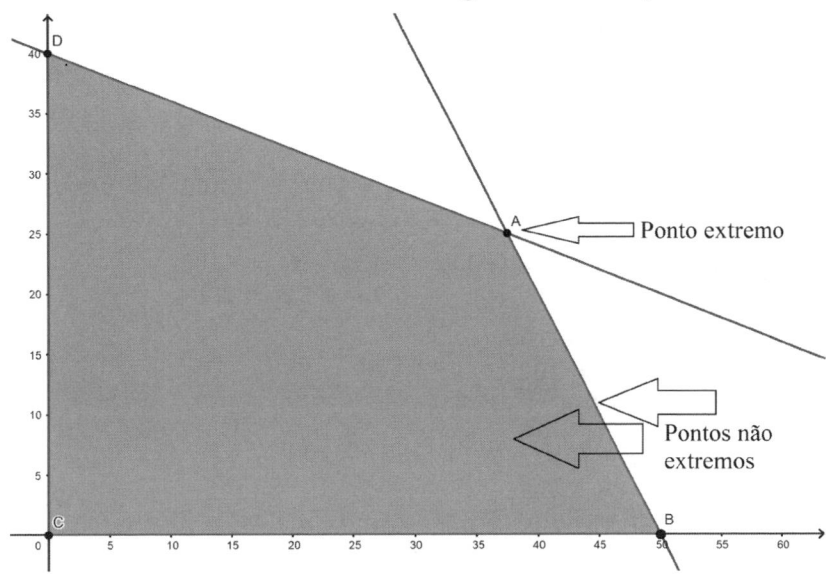

**FIGURA 3.11**

### Pontos extremos da região de solução

[Gráfico mostrando a região de solução com pontos extremos D (0,40), A (37,5, 25), B (50, 0) e C (0, 0). Ponto A indicado como "Ponto extremo" e pontos ao longo das retas indicados como "Pontos não extremos".]

Fonte: O autor.

Note que os pontos localizados no interior da região de solução e ao longo das retas não se configuram como pontos extremos.

Agora que os pontos extremos A, B, C, e D da região de solução foram identificados na Figura 3.11, deve-se proceder à avaliação da função objetivo. Cada ponto será valorado com respeito às suas coordenadas nos eixos $x_1$ e $x_2$. A avaliação pode ser observada na Tabela 3.2.

**TABELA 3.2**

### Avaliação dos pontos na função objetivo

| PONTO | COORDENADAS | | RESULTADO NA FUNÇÃO OBJETIVO |
|---|---|---|---|
| | $X_1$ | $X_2$ | |
| A | 37,5 | 25 | $2x_1 + 3x_2 \Rightarrow 75 + 75 = 150$ |
| B | 50 | 0 | $2x_1 + 3x_2 \Rightarrow 100 + 0 = 100$ |
| C | 0 | 0 | $2x_1 + 3x_2 \Rightarrow 0 + 0 = 0$ |
| D | 0 | 40 | $2x_1 + 3x_2 \Rightarrow 0 + 120 = 120$ |

Fonte: O autor.

*Solução gráfica*

Note que o ponto A é resultado da intersecção das restrições $2x_1 + x_2 \leq 100$ e $2x_1 + 5x_2 \leq 200$. Para encontrar as coordenadas do ponto A, será necessário resolver o sistema de equação composto por essas duas restrições:

$$\text{Passo 1} = \begin{cases} 2x_1 + x_2 \leq 100 \\ 2x_1 + 5x_2 \leq 200 \end{cases} \rightarrow \begin{cases} 2x_1 + x_2 = 100 \\ 2x_1 + 5x_2 = 200 \end{cases}$$

$$\text{Passo 2} = \begin{cases} 2x_1 + x_2 = 100 \times (-1) \\ 2x_1 + 5x_2 = 200 \end{cases} \rightarrow \begin{cases} -2x_1 - x_2 = -100 \\ 2x_1 + 5x_2 = 200 \end{cases}$$

$$\text{Passo 3} = \dfrac{\begin{cases} -2x_1 - x_2 = -100 \\ \phantom{-}2x_1 + 5x_2 = 200 \end{cases}}{4x_2 = 100} \rightarrow x_2 = \dfrac{100}{4} = 25$$

$\text{Passo 4} = 2x_1 + 5x_2 = 200 \rightarrow 2x_1 + 5(25) = 200$

$\text{Passo 5} = 2x_1 + 125 = 200 \rightarrow 2x_1 = 200 - 125 \rightarrow 2x_1 = 75 \rightarrow x_1 = \dfrac{75}{2} = 37{,}5$

No passo 1, as desigualdades das restrições foram transformadas em igualdades. No passo 2, buscou-se eliminar uma das variáveis. Para tanto, verificou-se que os coeficientes de $x_1$ de ambas as restrições são iguais. Com isso, é possível anular essa restrição em uma operação de soma, subtraindo-se uma da outra após transformar uma das restrições para sinal negativo. Veja que se escolhe a primeira restrição para fazer isso, pois os coeficientes da segunda restrição e do total são menores que o da segunda restrição. Portanto, multiplicou-se toda a primeira restrição por (-1).

No passo 3, com os coeficientes da primeira restrição transformados para negativo, realizou-se a soma das restrições, sendo que a primeira variável foi anulada ($-2x_1 + 2x_1 = 0$). Resolvendo a variável restante, encontrou-se o valor de $x_2$ como sendo 25. No passo 4, substituiu-se a variável encontrada no passo 3 na segunda restrição, apesar de que a primeira restrição também poderia ter sido utilizada. Por fim, no passo 5 é descrito como a primeira variável de decisão foi encontrada.

Pelo exame da Tabela 3.2, pode-se verificar que o ponto que resolve o problema de maximização é o ponto A, pois é o que retorna o maior valor da função objetivo. Assim, a solução do problema é produzir 37,5 ~ 38 unidades de $x_1$ e 25 unidades de $x_2$, resultando em um lucro total de R\$150. Veja que a solução é o ponto A, porque o problema é de maximização. A seção a seguir aborda um problema de minimização.

## Solução gráfica com problema de minimização

Na seção anterior foi mostrado o passo a passo da solução gráfica de um problema de maximização. Nesta seção construiremos a solução gráfica de um modelo de minimização.

Considere o seguinte problema de minimização:

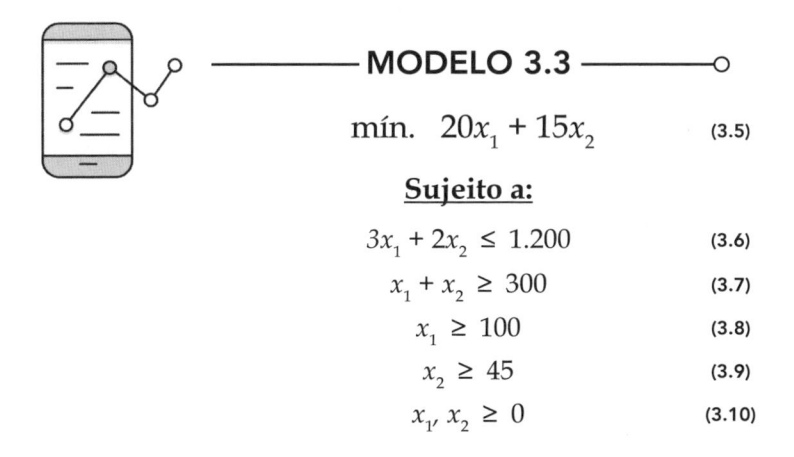

---- MODELO 3.3 ----

$$\text{mín. } 20x_1 + 15x_2 \quad (3.5)$$

**Sujeito a:**

$$3x_1 + 2x_2 \leq 1.200 \quad (3.6)$$
$$x_1 + x_2 \geq 300 \quad (3.7)$$
$$x_1 \geq 100 \quad (3.8)$$
$$x_2 \geq 45 \quad (3.9)$$
$$x_1, x_2 \geq 0 \quad (3.10)$$

Começamos pela plotagem da primeira restrição (Equação 3.6), conforme mostra a Figura 3.12.

FIGURA 3.12

**Plotagem da primeira restrição**

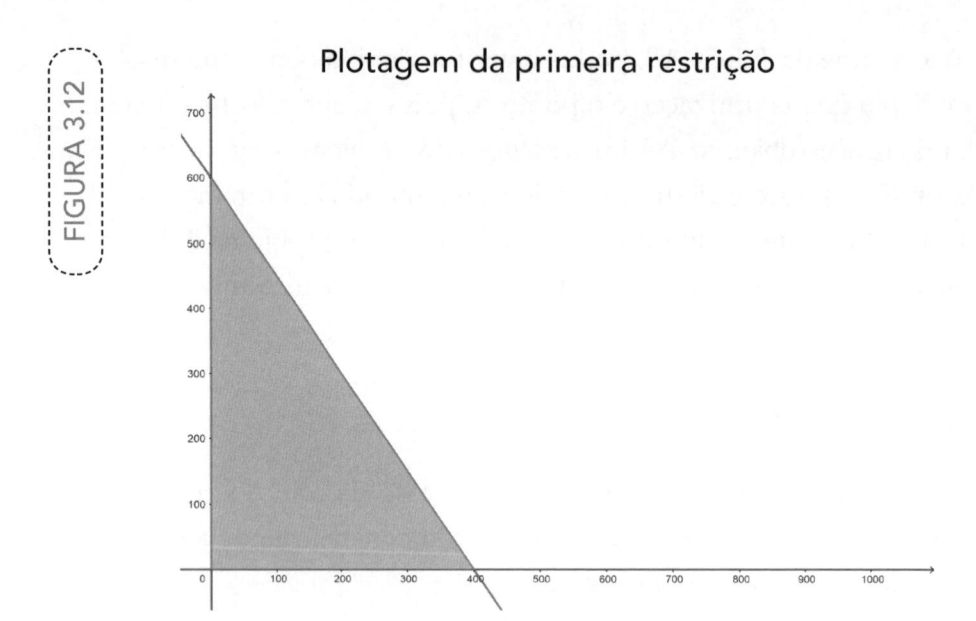

Fonte: O autor.

A Figura 3.13 adiciona a plotagem da segunda restrição (Equação 3.7).

FIGURA 3.13

**Plotagem da primeira e segunda restrição**

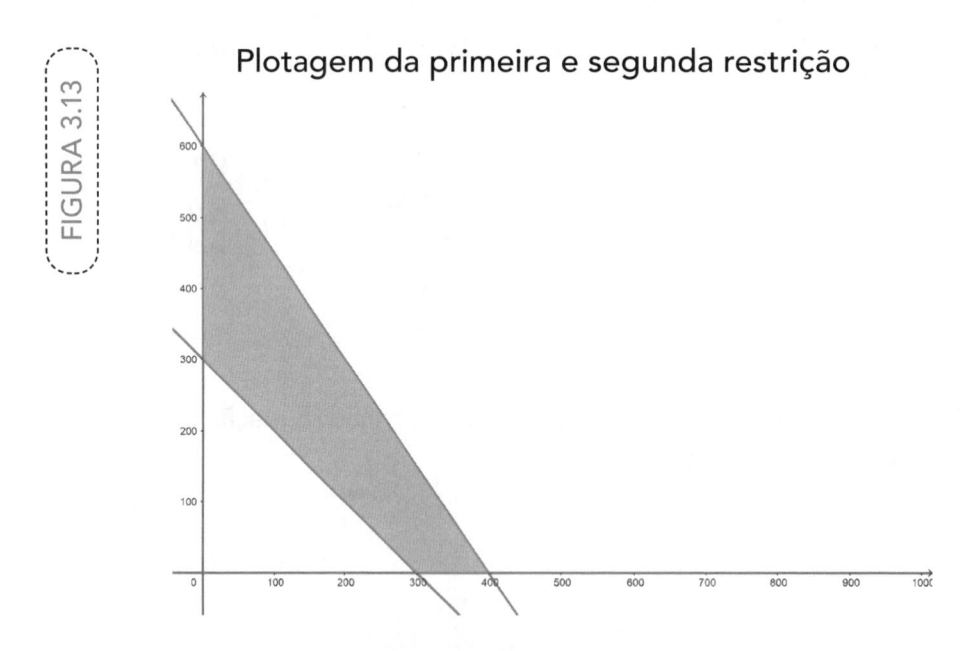

Fonte: O autor.

A Figura 3.14 mostra a plotagem das outras duas restrições (Equações 3.8 e 3.9).

**FIGURA 3.14**

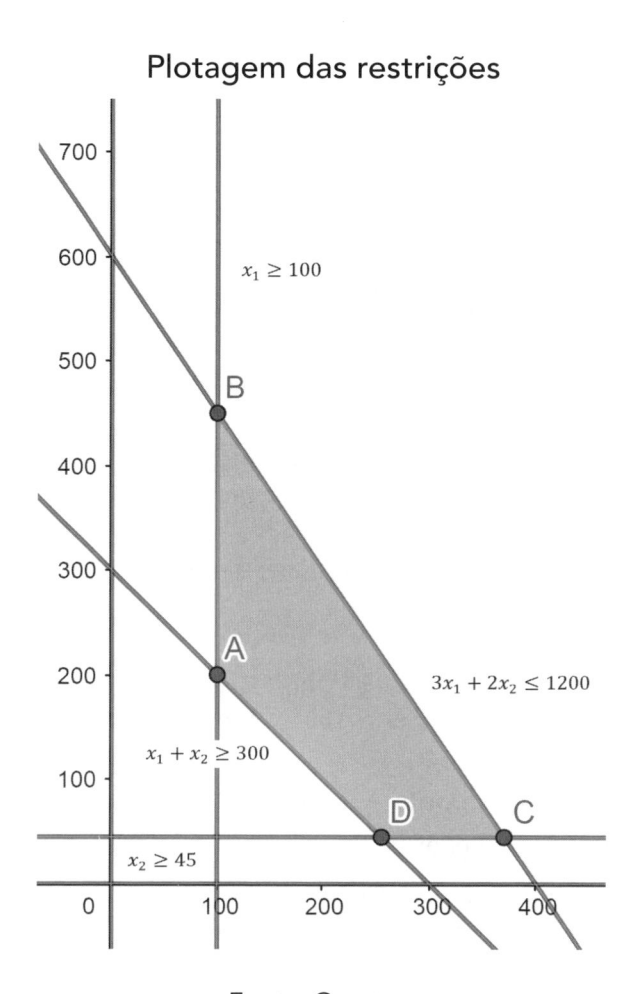

Plotagem das restrições

[Gráfico mostrando região de solução delimitada pelos pontos A, B, C e D, com as restrições $x_1 \geq 100$, $x_1 + x_2 \geq 300$, $3x_1 + 2x_2 \leq 1200$ e $x_2 \geq 45$.]

Fonte: O autor.

Com a plotagem de todas as restrições, a região de solução ficou delimitada pelos pontos A, B, C e D, conforme mostra a Figura 3.14. Agora é possível identificar as coordenadas dos pontos analisando as restrições que os compõem. Assim, as coordenadas do ponto A podem ser obtidas pela solução do sistema:

$$\begin{cases} x_1 + x_2 \geq 300 \\ x_1 \geq 100 \end{cases}$$

Tal solução pode ser obtida com os seguintes passos:

Passo 1 $\begin{cases} x_1 + x_2 \geq 300 & \text{Equação 3.7} \\ x_1 \geq 100 & \text{Equação 3.8} \end{cases} \rightarrow \begin{cases} x_1 + x_2 = 300 \\ x_1 = 100 \end{cases}$

Passo 2 $\{100 + x_2 = 300 \Rightarrow x_2 = 300 - 100 = 200$

Veja que no passo 1 as restrições foram transformadas em igualdades. No passo 2, como já se tinha que o valor de $x_1$, que era 100, fez-se a substituição desse valor na Equação 3.7, obtendo-se um valor de 200 para $x_2$.

Continuando, verifica-se que o ponto B pode ser obtido pela solução do seguinte sistema:

$$\begin{cases} 3x_1 + 2x_2 \leq 1.200 & \text{Equação 3.6} \\ x_1 \geq 100 & \text{Equação 3.8} \end{cases}$$

Assim como feito no ponto A, os seguintes passos serão necessários para se encontrar a solução:

Passo 1 $\begin{cases} 3x_1 + 2x_2 \leq 1.200 \\ x_1 \geq 100 \end{cases} \rightarrow \begin{cases} 3x_1 + 2x_2 = 1.200 \\ x_1 = 100 \end{cases}$

Passo 2 $\{3(100) + 2x_2 = 1.200 \Rightarrow 2x_2 = 1.200 - 300 \Rightarrow x_2 = \dfrac{900}{2} = 450$

Com isso, as coordenadas do ponto B são $x_1 = 100$ e $x_2 = 450$. Agora parte-se para a solução do ponto C, cuja resolução pode ser realizada pelo sistema:

$$\begin{cases} 3x_1 + 2x_2 \leq 1.200 & \text{Equação 3.6} \\ x_2 \geq 45 & \text{Equação 3.9} \end{cases}$$

A solução pode ser verificada conforme os passos 1 e 2:

Passo 1 $\begin{cases} 3x_1 + 2x_2 \leq 1.200 \\ x_2 \geq 45 \end{cases} \rightarrow \begin{cases} 3x_1 + 2x_2 = 1.200 \\ x_2 = 45 \end{cases}$

Passo 2 $\{3x_1 + 2(45) = 1200 \Rightarrow 3x_1 = 1200 - 90 \Rightarrow x_1 = \dfrac{1.110}{3} = 370$

Assim, as coordenadas do ponto C são $x_1 = 370$ e $x_2 = 45$. O último ponto, D, é obtido a partir da intersecção do seguinte sistema:

$\begin{cases} x_1 + x_2 \geq 300 & \text{Equação 3.7} \\ x_2 \geq 45 & \text{Equação 3.9} \end{cases}$

A solução pode ser obtida pelos seguintes passos:

Passo 1 $\begin{cases} x_1 + x_2 \geq 300 \\ x_2 \geq 45 \end{cases} \rightarrow \begin{cases} x_1 + x_2 = 300 \\ x_2 = 45 \end{cases}$

Passo 2 $\{x_1 + 45 = 300 \Rightarrow x_1 = 300 - 45 = 255$

Com isso, a ponto D tem as coordenadas $x_1 = 255$ e $x_2 = 45$.

A Tabela 3.3 apresenta os pontos, as coordenadas e a avaliação da função objetivo.

**TABELA 3.3** Pontos, coordenadas e valor da função objetivo

| PONTO | COORDENADAS | | RESULTADO NA FUNÇÃO OBJETIVO |
|---|---|---|---|
| | $X_1$ | $X_2$ | |
| A | 100 | 200 | $20x_1 + 15x_2 \Rightarrow 2.000 + 3.000 = 5.000$ |
| B | 100 | 450 | $20x_1 + 15x_2 \Rightarrow 2.000 + 6.750 = 8.750$ |
| C | 370 | 45 | $20x_1 + 15x_2 \Rightarrow 7.400 + 675 = 8.075$ |
| D | 255 | 45 | $20x_1 + 15x_2 \Rightarrow 5.100 + 675 = 5.775$ |

Fonte: O autor.

Pelo exame da Tabela 3.3, pode-se verificar que o ponto A minimiza a função objetivo, sendo essa a solução do problema.

Em problemas de minimização, é comum encontrar restrições com área de solução ilimitada. Considere o seguinte modelo:

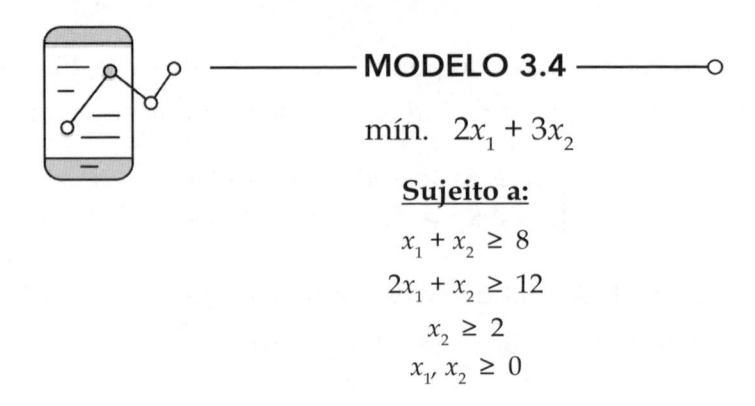

──────── MODELO 3.4 ────────

mín. $2x_1 + 3x_2$

**Sujeito a:**

$x_1 + x_2 \geq 8$

$2x_1 + x_2 \geq 12$

$x_2 \geq 2$

$x_1, x_2 \geq 0$

A plotagem do Modelo 3.4 no gráfico pode ser visualizada na Figura 3.15.

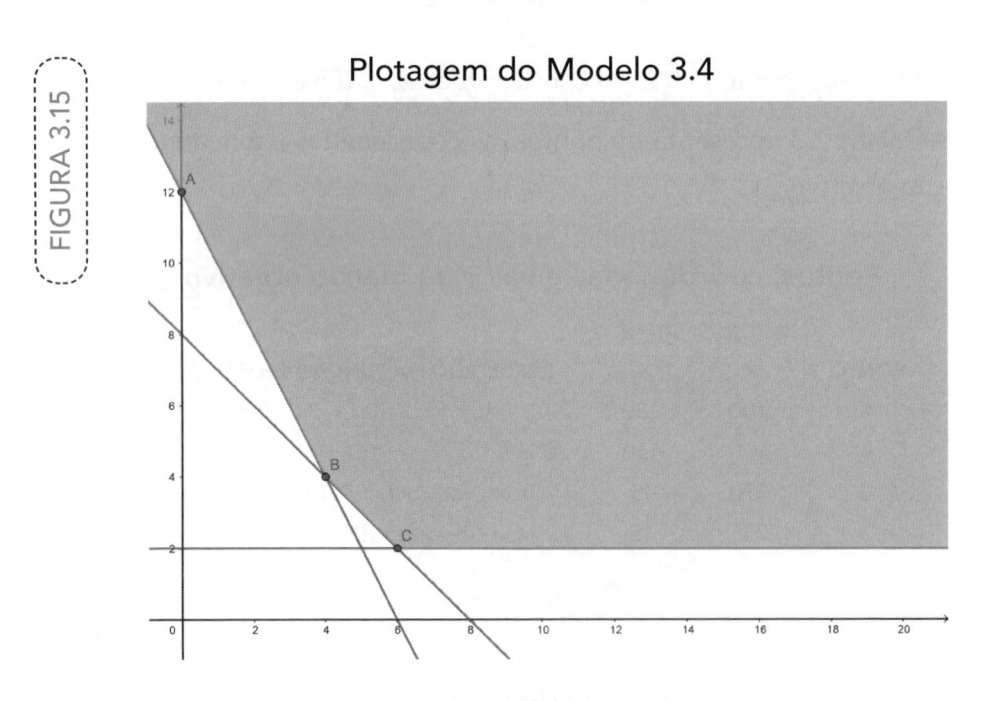

**FIGURA 3.15**

Plotagem do Modelo 3.4

Fonte: O autor.

É possível verificar que a área de solução da Figura 3.15 é ilimitada, pois não há limite superior. Neste caso, os pontos que devem ser avaliados são os pontos A, B e C. Os pontos e suas coordenadas são exibidos na Tabela 3.4.

**TABELA 3.4**

Pontos, coordenadas e avaliação da função objetivo

| PONTO | COORDENADAS | | RESULTADO NA FUNÇÃO OBJETIVO |
|-------|:---:|:---:|---|
|       | $x_1$ | $x_2$ | |
| A | 0 | 12 | $2x_1 + 3x_2 \Rightarrow 0 + 36 = 36$ |
| B | 4 | 4  | $2x_1 + 3x_2 \Rightarrow 8 + 12 = 20$ |
| C | 6 | 2  | $2x_1 + 3x_2 \Rightarrow 12 + 6 = 18$ |

Fonte: O autor.

Note que, de acordo com os valores da Tabela 3.4, o ponto C minimiza a função objetivo.

A próxima seção mostra como encontrar a região de solução e os pontos que devem ser avaliados com auxílio do software Geogebra.

## Resolução gráfica com auxílio do Geogebra

A solução gráfica de um problema de programação linear pode ser auxiliada por uso de um software gráfico. Utilizaremos o Geogebra para plotar as restrições no plano cartesiano, delimitar a região de solução, encontrar os pontos dessa região e determinar o ponto que minimiza ou maximiza a função objetivo, de acordo com o problema proposto. O download do software Geogebra pode ser feito no seguinte endereço eletrônico: www.geogebra.org

Pode ser instalado tanto o pacote clássico quanto a calculadora gráfica. A tela do software Geogebra, calculadora gráfica, é exibida na Figura 3.16.

**FIGURA 3.16**

### Tela do software Geogebra

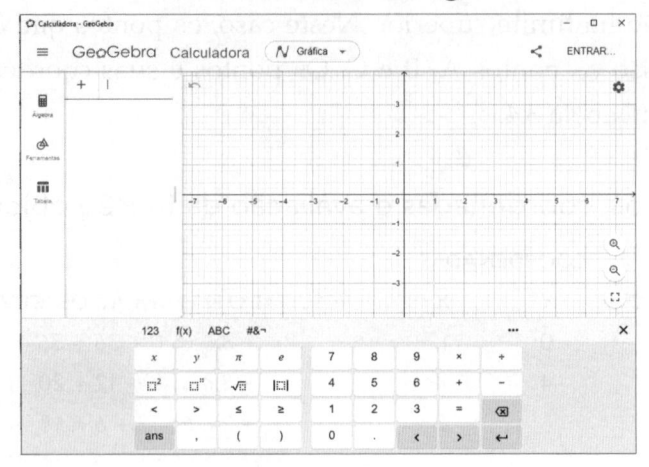

Fonte: O autor.

Para melhorar a visualização do plano cartesiano, quadrante 1, é possível excluir a malha clicando sobre o quadrante com o botão direito do mouse e a excluindo, conforme Figura 3.17. Veja, ainda, que a tela foi arrastada com o botão esquerdo do mouse para exibir apenas o primeiro quadrante do plano cartesiano.

**FIGURA 3.17**

### Exclusão da malha

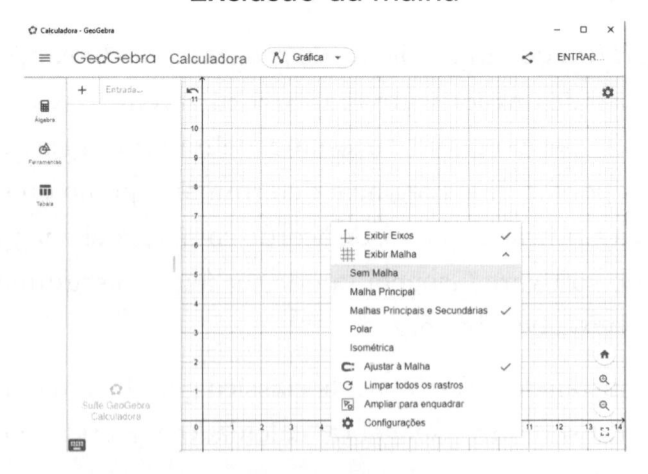

Fonte: O autor.

Iremos encontrar a solução do seguinte problema:

---- MODELO 3.5 ----

$$\min\ 20x_1 + 15x_2 \quad (3.11)$$

**Sujeito a:**

$$3x_1 + 2x_2 \leq 1.200 \quad (3.12)$$
$$x_1 + x_2 \geq 300 \quad (3.13)$$
$$x_1 \geq 100 \quad (3.14)$$
$$x_2 \geq 45 \quad (3.15)$$
$$x_1, x_2 \geq 0 \quad (3.16)$$

O próximo passo é digitar as restrições no campo "Entrada" localizado no canto superior esquerdo com o símbolo "+". A Figura 3.18 apresenta o lançamento da primeira restrição do problema (Equação 3.12). Observe que no Geogebra utilizaremos $x$ para representar $x_1$ e $y$ para representar $x_2$. Veja que a reta de restrição foi plotada no software cruzando os eixos x e y e delimitando a região de solução. A visualização do quadrante pode ser ampliada ou reduzida com uso do botão de rolagem do mouse.

**FIGURA 3.18**

Lançamento da primeira restrição

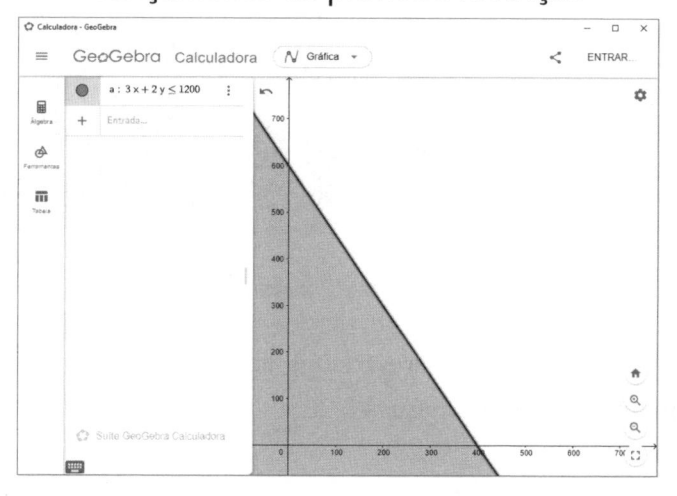

Fonte: O autor.

Solução gráfica

Da mesma forma que foi feito com a primeira restrição, a Figura 3.19 apresenta o lançamento das próximas três restrições (Equações 3.13, 3.14 e 3.15). Veja que cada restrição é lançada em uma linha da "entrada". Todas as equações de restrição são exibidas no lado superior esquerdo da tela do Geogebra. Pode-se notar que, à medida que cada restrição é lançada, a respectiva área de solução é sombreada no gráfico e a intersecção dessas áreas vai ficando mais escura. Note que a região mais escura no interior do gráfico é a região de solução representada pela intersecção das regiões de solução das restrições.

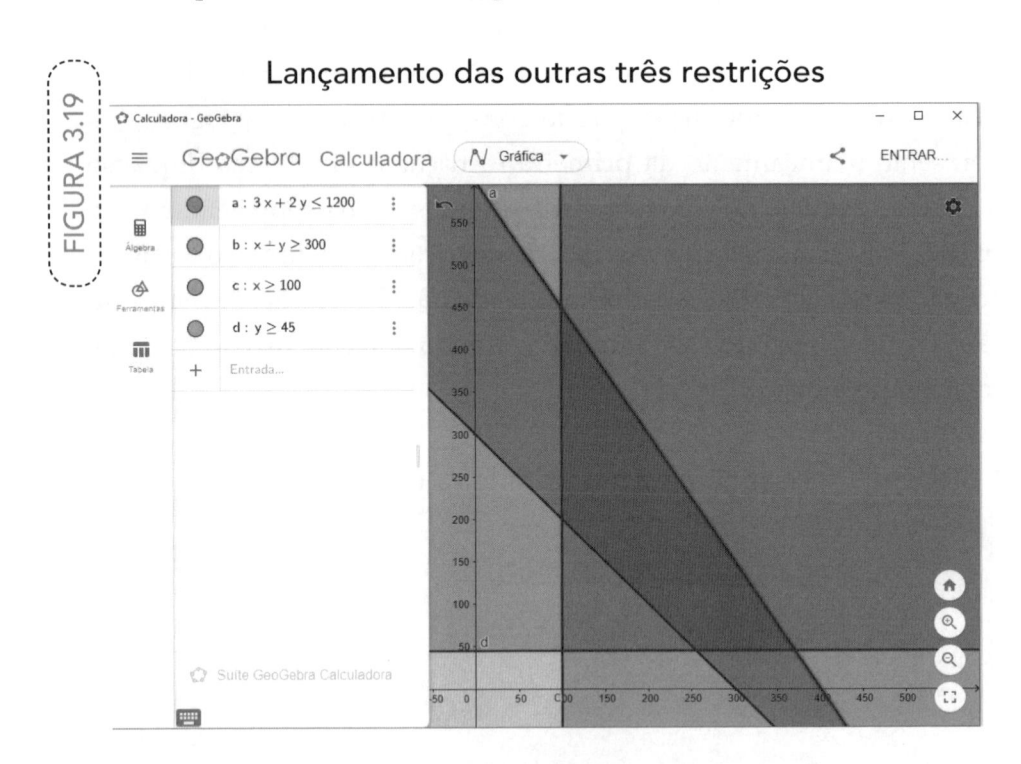

**FIGURA 3.19** — Lançamento das outras três restrições

Fonte: O autor.

Deve-se, ainda, lançar as restrições de não negatividade (Equação 3.16), conforme exibido na Figura 3.20.

**FIGURA 3.20** — Lançamento de todas as restrições

Restrições:
- a : $3x + 2y \leq 1200$
- b : $x - y \geq 300$
- c : $x \geq 100$
- d : $y \geq 45$
- e : $x \geq 0$
- f : $y \geq 0$

Fonte: O autor.

Como as regiões de solução indicadas pelas restrições se apresentam de forma ampla, ou seja, representam todo o espaço de sua desigualdade sem considerar as outras restrições, é necessário criar outra região que represente apenas a intersecção das regiões das restrições. Isso pode ser feito pelo sinal "^", que representa a intersecção dos objetos criados. Esse novo lançamento, com a intersecção de todas as restrições, é mostrado na Figura 3.21. Veja, no campo superior esquerdo, que cada restrição criada recebeu uma letra como nome — por exemplo, a primeira restrição é representada pela letra "a". Assim, a região de solução será a intersecção de todas essas letras.

*Solução gráfica* 71

**FIGURA 3.21** — Região de solução com intersecção das letras

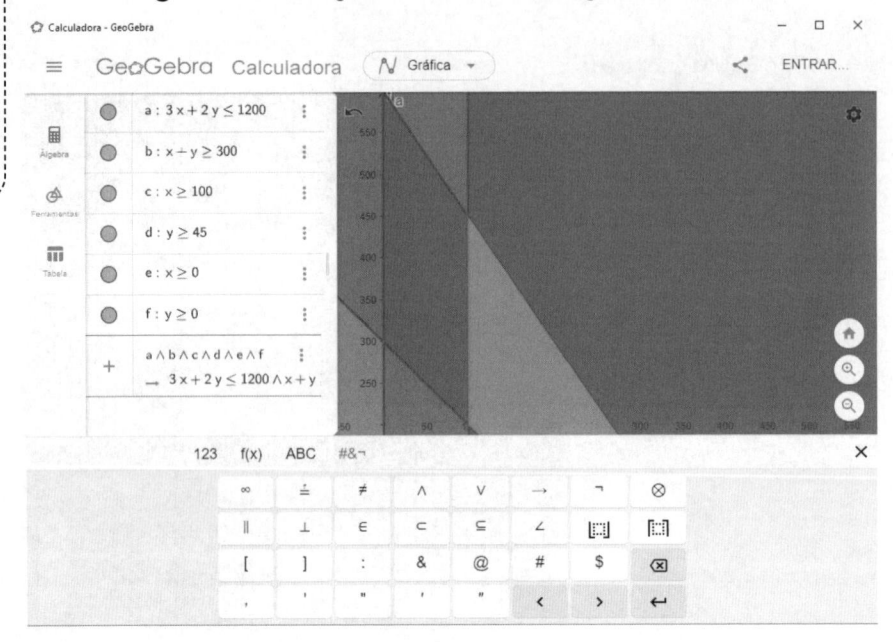

Fonte: O autor.

Para que a região de solução fique evidente, é necessário deixar clicado apenas a nova entrada criada. Deve-se, portanto, deixar o círculo ao lado de cada equação de restrição não preenchido, conforme mostra a Figura 3.22. Note que a visualização melhorou, permitindo observar apenas a região de interesse para a solução do problema.

**FIGURA 3.22**

## Região de solução do problema

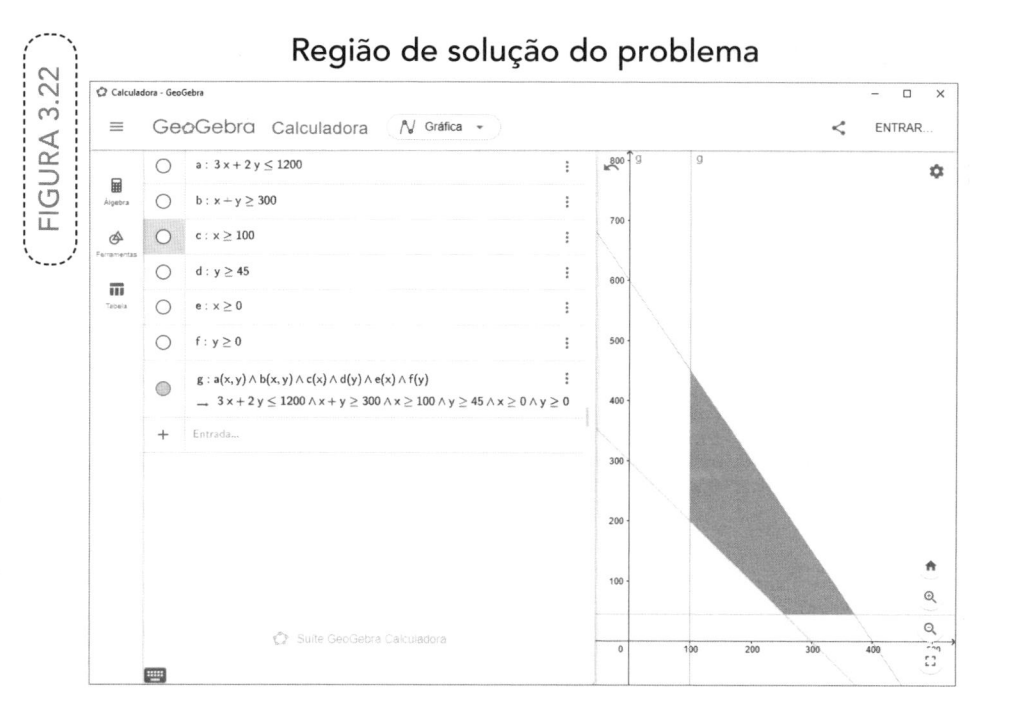

```
a : 3x + 2y ≤ 1200
b : x − y ≥ 300
c : x ≥ 100
d : y ≥ 45
e : x ≥ 0
f : y ≥ 0
g : a(x,y) ∧ b(x,y) ∧ c(x) ∧ d(y) ∧ e(x) ∧ f(y)
    3x + 2y ≤ 1200 ∧ x + y ≥ 300 ∧ x ≥ 100 ∧ y ≥ 45 ∧ x ≥ 0 ∧ y ≥ 0
```

Fonte: O autor.

O próximo passo é encontrar os pontos da região de solução. As restrições lançadas no Geogebra em formato de desigualdade foram úteis para encontrar a região de solução. Agora, como precisamos encontrar os pontos extremos da região de solução, será necessário lançar no Geogebra as mesmas restrições na forma de igualdade. A Figura 3.23 mostra as restrições lançadas em forma de igualdade. Note que as linhas das retas ficaram mais escuras, pois foram sobrepostas às restrições de desigualdade. É possível verificar que as restrições de igualdade inseridas se sobrepuseram às retas de desigualdade. A região de solução se manteve a mesma.

*Solução gráfica* 73

**FIGURA 3.23** — Lançamento das restrições na forma de igualdade

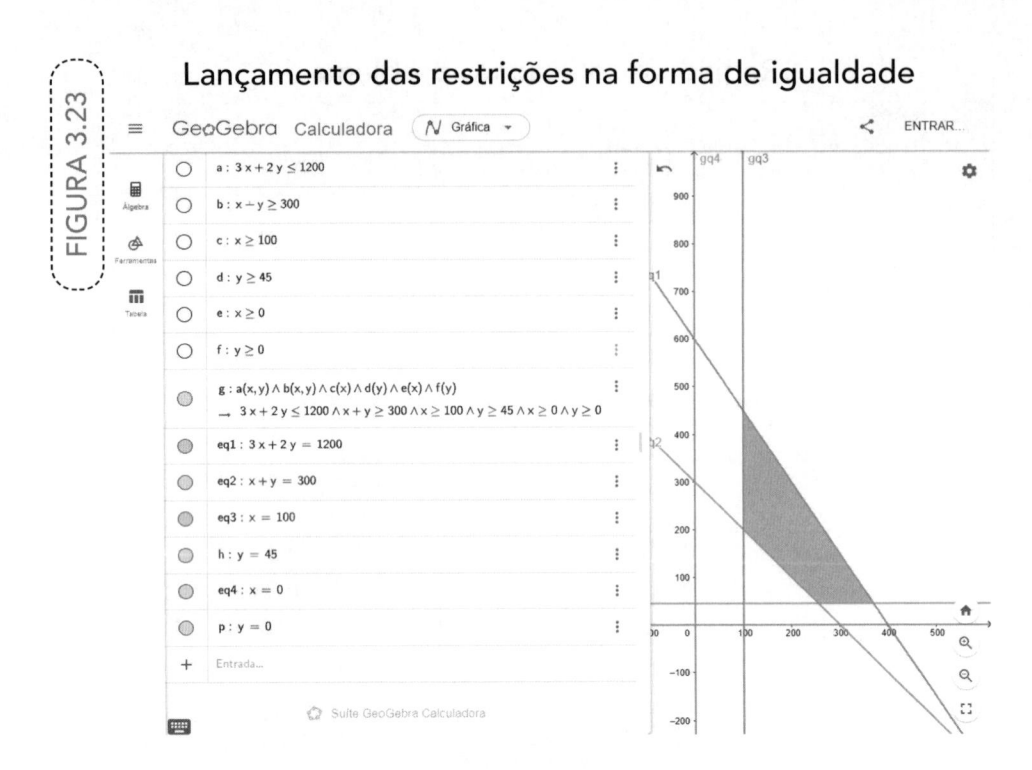

GeoGebra Calculadora — Gráfica — ENTRAR

- a : $3x + 2y \leq 1200$
- b : $x - y \geq 300$
- c : $x \geq 100$
- d : $y \geq 45$
- e : $x \geq 0$
- f : $y \geq 0$
- g : $a(x,y) \wedge b(x,y) \wedge c(x) \wedge d(y) \wedge e(x) \wedge f(y)$
  → $3x + 2y \leq 1200 \wedge x + y \geq 300 \wedge x \geq 100 \wedge y \geq 45 \wedge x \geq 0 \wedge y \geq 0$
- eq1 : $3x + 2y = 1200$
- eq2 : $x + y = 300$
- eq3 : $x = 100$
- h : $y = 45$
- eq4 : $x = 0$
- p : $y = 0$

Fonte: O autor.

Agora que as restrições de igualdade foram inseridas, é necessário plotar os pontos nas intersecções formadas pelas restrições da região de solução. Para tanto, deve-se selecionar o item "Ferramentas", localizado no canto superior esquerdo. Deve-se selecionar a ferramenta "Ponto", conforme mostra a Figura 3.24.

**FIGURA 3.24** — Seleção da ferramenta "Ponto"

Fonte: O autor.

Agora será necessário plotar os pontos nas intersecções. Como foram plotadas as restrições de igualdade, o ponto será plotado justamente nas intersecções. Cada ponto plotado é nomeado por A, B, C, ..., a depender da quantidade. Os pontos plotados podem ser visualizados na Figura 3.25. Veja que no lado esquerdo da tela do Geogebra, nos pontos de A a D, são exibidas as coordenadas x e y destes. Por exemplo, as coordenadas do ponto A são $x = 100$ e $y = 200$.

*Solução gráfica* 75

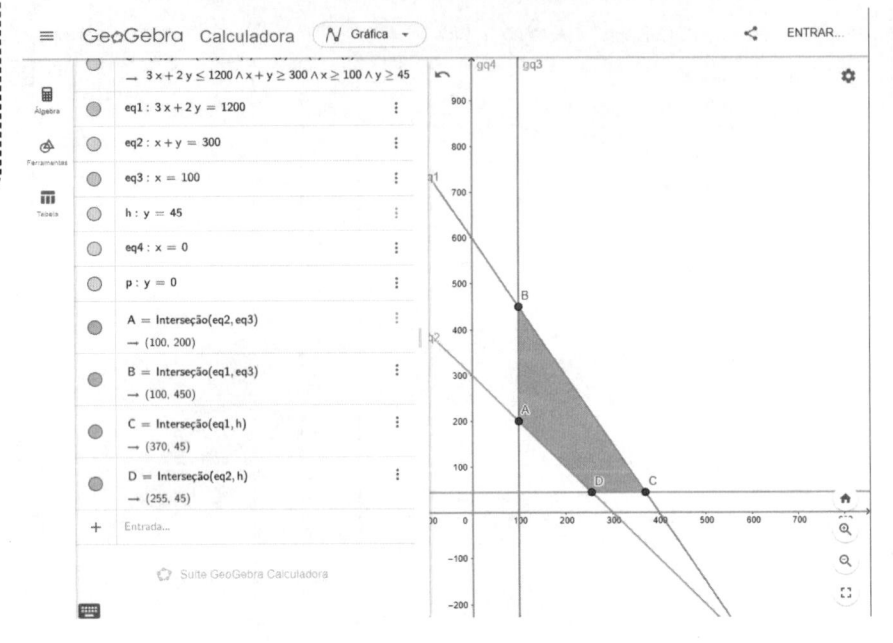

**FIGURA 3.25** Plotagem dos pontos na região de solução

≡ GeoGebra Calculadora ( ℕ Gráfica ▾ )                                    ⋖ ENTRAR...

- $3x + 2y \leq 1200 \land x + y \geq 300 \land x \geq 100 \land y \geq 45$
- eq1 : $3x + 2y = 1200$
- eq2 : $x + y = 300$
- eq3 : $x = 100$
- h : $y = 45$
- eq4 : $x = 0$
- p : $y = 0$
- A = Interseção(eq2, eq3)
  → (100, 200)
- B = Interseção(eq1, eq3)
  → (100, 450)
- C = Interseção(eq1, h)
  → (370, 45)
- D = Interseção(eq2, h)
  → (255, 45)

Fonte: O autor.

Com os pontos plotados e as coordenadas definidas, podem-se obter os valores dos pontos na função objetivo, tal como foi feito nas seções anteriores, conforme mostra a Tabela:

**TABELA 3.5** Pontos, coordenadas e avaliação da função objetivo

| PONTO | COORDENADAS | | RESULTADO NA FUNÇÃO OBJETIVO |
|---|---|---|---|
| | $X_1$ | $X_2$ | |
| A | 100 | 200 | $20x_1 + 15x_2 \Rightarrow 2.000 + 3.000 = 5.000$ |
| B | 100 | 450 | $20x_1 + 15x_2 \Rightarrow 2.000 + 6.750 = 8.750$ |
| C | 370 | 45 | $20x_1 + 15x_2 \Rightarrow 7.400 + 675 = 8.075$ |
| D | 255 | 45 | $20x_1 + 15x_2 \Rightarrow 5.100 + 675 = 5.750$ |

Fonte: O autor.

Pelo exame dos resultados da Tabela 3.5, nota-se que o ponto A minimiza a função objetivo, sendo, neste caso, a solução do problema.

## Resumo

Nesse capítulo foi visto como desenvolver a solução gráfica de um modelo de programação linear. Foi apresentada, ainda, a solução no software Geogebra que facilita a plotagem das restrições, a visualização da região de solução e as coordenadas dos pontos candidatos à solução do problema. De posse desses pontos, deve-se escolher aquele cujo resultado na função objetivo maximiza ou minimiza a função objetivo. O próximo capítulo será uma preparação para a apresentação do método Simplex, que será desenvolvido no Capítulo 5. Esse método possibilitará a resolução de problemas com mais de duas variáveis de decisão.

## Exercícios propostos

Resolva, graficamente, os seguintes problemas de programação linear.

1) máx. $3x_1 + 3{,}5x_2$

   Sujeito a:

   $6x_1 + 8x_2 \leq 240$
   $5x_1 + 4x_2 \leq 150$
   $x_1, x_2 \geq 0$

2) máx. $2{,}5x_1 + 3x_2$

   Sujeito a:

   $0{,}5x_1 + x_2 \leq 160$
   $0{,}2x_1 + x_2 \leq 100$
   $x_1, x_2 \geq 0$

3) máx. $4x_1 + 3x_2$

   Sujeito a:

   $2x_1 + 2x_2 \leq 240$
   $x_1 + x_2 \geq 60$
   $x_1 \leq 40$
   $x_1 \geq 10$
   $x_2 \geq 40$
   $x_1, x_2 \geq 0$

4) mín. $4x_1 + 3x_2$

   Sujeito a:

   $2x_1 + 2x_2 \leq 240$
   $x_1 + x_2 \geq 60$
   $x_1 \leq 40$
   $x_1 \geq 10$
   $x_2 \geq 40$
   $x_1, x_2 \geq 0$

5) mín. $8x_1 + 9x_2$

   Sujeito a:

   $x_1 + 15x_2 \geq 60$
   $8x_1 + 9x_2 \geq 200$
   $x_1, x_2 \geq 0$

6) mín. $x_1 + x_2$

   Sujeito a:

   $x_1 \geq 10$
   $x_2 \geq 15$
   $x_1, x_2 \geq 0$

7) máx. $2x_1 + x_2$

Sujeito a:

$x_1 \geq 10$
$x_2 \geq 15$
$x_1 + x_2 \leq 30$
$x_1, x_2 \geq 0$

8) mín. $2x_1 + x_2$

Sujeito a:

$x_1 \geq 10$
$x_2 \geq 15$
$x_1 + x_2 \leq 30$
$x_1, x_2 \geq 0$

9) máx. $4x_1 + 9x_2$

Sujeito a:

$x_1 \leq 10$
$x_2 \leq 20$
$x_1 + x_2 \geq 15$
$x_1 + x_2 \leq 18$
$x_1, x_2 \geq 0$

10) mín. $4x_1 + 9x_2$

Sujeito a:

$x_1 \leq 10$
$x_2 \leq 20$
$x_1 + x_2 \geq 15$
$x_1 + x_2 \leq 18$
$x_1, x_2 \geq 0$

CAPÍTULO 4

# Tópicos de álgebra linear

No capítulo anterior, foi demonstrada a resolução de problemas de programação linear por meio de análise gráfica. Veja que os exemplos trabalhados e os exercícios propostos trataram de problemas com duas variáveis de decisão, como $x_1$ e $x_2$. Contudo, diversos problemas podem conter mais de duas variáveis de decisão, como o caso de um fabricante que tenha quatro produtos.

Neste capítulo, serão abordados os fundamentos de álgebra linear necessários ao desenvolvimento da solução de problemas com mais de duas variáveis, que é o método Simplex.

### Objetivos do capítulo

Neste capítulo, revisaremos alguns conceitos de álgebra linear, principalmente o método de resolução de sistemas de equações de Gauss-Jordan, que será útil para a resolução de problemas de programação linear pelo método Simplex, que será apresentado no Capítulo 5.

Ao final do capítulo, você será capaz de:

- Visualizar um problema de programação linear na forma de matriz.
- Transformar as restrições de um modelo de programação linear em uma matriz aumentada dos seus coeficientes.
- Resolver as restrições de um problema de programação linear (PL) na forma de sistema de equações com o método de Gauss-Jordan.

## Problema de PL na forma de matriz

Considere o seguinte problema de programação linear com três variáveis de decisão:

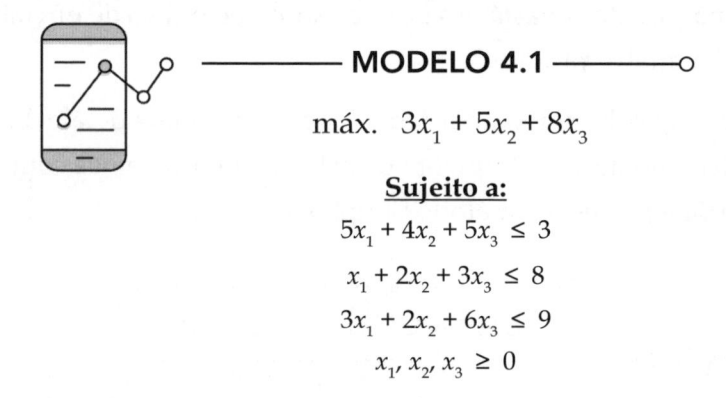

**MODELO 4.1**

máx. $3x_1 + 5x_2 + 8x_3$

**Sujeito a:**

$5x_1 + 4x_2 + 5x_3 \leq 3$

$x_1 + 2x_2 + 3x_3 \leq 8$

$3x_1 + 2x_2 + 6x_3 \leq 9$

$x_1, x_2, x_3 \geq 0$

Esse problema pode ser analisado sob a ótica de operações de matrizes da seguinte forma.

$$\begin{bmatrix} 5 & 4 & 5 \\ 1 & 2 & 3 \\ 3 & 2 & 6 \end{bmatrix} \times \begin{bmatrix} x_1 \\ x_2 \\ x_3 \end{bmatrix} = \begin{bmatrix} 3 \\ 8 \\ 9 \end{bmatrix}$$

Veja que os coeficientes das restrições foram apresentados em uma matriz 3 × 3, ou seja, com três linhas e três colunas. As variáveis de decisão foram apresentadas em uma matriz 3 × 1, três linhas e uma coluna, e os totais das restrições, em uma matriz semelhante à das variáveis de decisão. Note que, executando o procedimento de multiplicação de matrizes entre a matriz de coeficientes das restrições e a matriz de variáveis de decisão, é possível obter o problema tal como apresentado na forma original. Por ora, trabalharemos sem os coeficientes da função objetivo, que serão retomados no Capítulo 5, quando o método Simplex for desenvolvido.

As seções a seguir apresentam conceitos e operações com matrizes.

## Matriz aumentada

Uma matriz aumentada é obtida a partir da junção de duas matrizes. Considere, por exemplo, a junção dos coeficientes das restrições de determinado problema de programação linear com seus totais. Escolhendo apenas as restrições do Modelo 4.1, tem-se:

$$5x_1 + 4x_2 + 5x_3 \leq 3$$
$$x_1 + 2x_2 + 3x_3 \leq 8$$
$$3x_1 + 2x_2 + 6x_3 \leq 9$$

Veja que os coeficientes das variáveis de decisão e os totais são matrizes distintas:

$$\begin{bmatrix} 5 & 4 & 5 \\ 1 & 2 & 3 \\ 3 & 2 & 6 \end{bmatrix}, \begin{bmatrix} 3 \\ 8 \\ 9 \end{bmatrix}$$

A matriz aumentada resultante incorpora os coeficientes das duas matrizes.

$$\begin{bmatrix} 5 & 4 & 5 & 3 \\ 1 & 2 & 3 & 8 \\ 3 & 2 & 6 & 9 \end{bmatrix}$$

A próxima seção trata de uma importante matriz na solução de sistemas lineares, que é a matriz identidade.

## Matriz identidade

A matriz identidade é a matriz que tem em seus elementos da diagonal, da esquerda para a direita, o valor de 1, e 0 no restante dos elementos. Veja exemplos de uma matriz identidade de dimensões 2 × 2 e 3 × 3:

$$\begin{bmatrix} 1 & 0 \\ 0 & 1 \end{bmatrix}, \begin{bmatrix} 1 & 0 & 0 \\ 0 & 1 & 0 \\ 0 & 0 & 1 \end{bmatrix}$$

A seção a seguir utilizará esses conceitos para resolver sistemas de equações.

## Resolução de sistemas de equações com eliminação de Gauss-Jordan

Veja que os coeficientes de uma restrição de um problema de programação linear são simulares a sistemas de equações. Considere o seguinte problema de programação linear:

## MODELO 4.2

máx. $2x_1 + 3x_2$

**Sujeito a:**

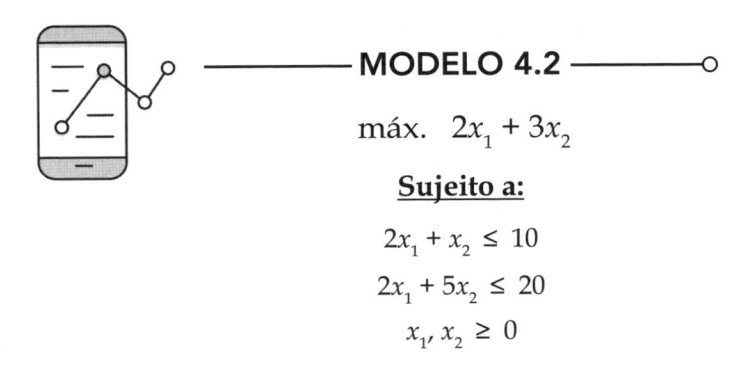

$2x_1 + x_2 \leq 10$

$2x_1 + 5x_2 \leq 20$

$x_1, x_2 \geq 0$

Veja que as restrições, desconsideradas as de não negatividade, se assemelham a um sistema de equações:

$$\begin{cases} 2x_1 + x_2 \leq 10 \\ 2x_1 + 5x_2 \leq 20 \end{cases}$$

O método de Gauss-Jordan é útil na resolução de tais sistemas, pois possibilita que se encontrem os valores das incógnitas por meio de operações que transformem parte da matriz aumentada do problema em matriz identidade.

O primeiro passo é transformar o sistema de equações em matriz aumentada, conforme mostrado a seguir:

$$\begin{cases} 2x_1 + x_2 = 10 \\ 2x_1 + 5x_2 = 20 \end{cases} \rightarrow \begin{bmatrix} 2 & 1 & 10 \\ 2 & 5 & 20 \end{bmatrix}$$

Agora, a partir da matriz aumentada, será necessário executar operações de modo que as duas primeiras colunas se tornem uma matriz identidade para que a terceira possa ser a solução, conforme mostrado a seguir.

$$\begin{bmatrix} 1 & 0 & \text{valor de } x_1 \\ 0 & 1 & \text{valor de } x_2 \end{bmatrix}$$

Note que a primeira operação necessária será a de transformar o primeiro valor da primeira coluna, que é 2, em 1. Para tanto, será necessário dividir toda a primeira linha por 2. O valor sobre o qual está se executando a operação de transformação é denominado pivô. Apesar de ser necessário transformar somente o primeiro valor, toda a linha será modificada pela operação de encontrar o pivô. Representaremos com siglas as operações e transformações a serem realizadas. Por exemplo, L1 significará a linha 1. Assim, a operação a ser executada será: L1 = L1 / 2. Ou seja, a nova linha 1 será o resultado da divisão por 2, conforme pode-se verificar a seguir:

$$\begin{bmatrix} 2 & 1 & 10 \\ 2 & 5 & 20 \end{bmatrix} \rightarrow L1 = \frac{L1}{2} \rightarrow \begin{bmatrix} 2/2 & 1/2 & 10/2 \\ 2 & 5 & 20 \end{bmatrix} \rightarrow \begin{bmatrix} 1 & 0{,}5 & 5 \\ 2 & 5 & 20 \end{bmatrix}$$

A matriz resultante apresenta na primeira linha da primeira coluna o valor desejado de 1, que é o pivô. Como estamos efetuando operações sobre esse pivô, é necessário agora zerar o valor da segunda linha da primeira coluna, que é 2. Veja que a operação necessária para zerar esse valor afetará toda a segunda linha e deverá ser da seguinte forma: L2 = L1(-2) + L2. Note que foi utilizada a linha do pivô para obter o valor inverso, -2, para que o 2 pudesse ser anulado. Sempre que se desejar transformar uma linha que não seja o pivô, deve-se utilizar a linha deste para executar a operação desejada. Assim, a próxima operação terá como resultado:

$$\begin{bmatrix} 1 & 0{,}5 & 5 \\ 2 & 5 & 20 \end{bmatrix} \rightarrow L2 = L1(-2) + L2 \rightarrow \begin{bmatrix} 1 & 0{,}5 & 5 \\ [1(-2)] + 2 & [0{,}5(-2)] + 5 & [5(-2)] + 20 \end{bmatrix}$$

$$\rightarrow \begin{bmatrix} 1 & 0{,}5 & 5 \\ 0 & 4 & 10 \end{bmatrix}$$

Agora veja que a primeira coluna está no formato da matriz identidade. Com isso, as operações que precisaram ser executadas com o primeiro pivô já se encerraram. É preciso transformar a segunda coluna para o formato da matriz identidade. A primeira operação consiste em encontrar o pivô, ou seja, o valor que deverá resultar em 1. Devido à forma da matriz identidade, tal valor se encontra na segunda linha da segunda coluna. Assim, para transformar o valor de 4 em 1, deve-se dividir toda a segunda linha por 4, ou seja, a próxima operação a ser realizada será: L2 = L2 / 4, conforme mostrado a seguir:

$$\begin{bmatrix} 1 & 0,5 & 5 \\ 0 & 4 & 10 \end{bmatrix} \to L2 = \frac{L2}{4} \to \begin{bmatrix} 1 & 0,5 & 5 \\ 0/4 & 4/4 & 10/4 \end{bmatrix} \to \begin{bmatrix} 1 & 0,5 & 5 \\ 0 & 1 & 2,5 \end{bmatrix}$$

As operações realizadas possibilitaram transformar o pivô em valor unitário. Agora, veja que é necessário transformar o valor da primeira linha da segunda coluna em 0. Para tanto, deve-se utilizar a linha do pivô para multiplicar pelo seu inverso e depois somar com a primeira linha. Assim, deve-se realizar a seguinte operação: L1 = L2(-0,5) + L1. Note que a segunda linha, do pivô, será multiplicada pelo inverso do valor que se quer anular, 0,5, e o resultado dessa operação será somado à linha 1, conforme pode-se verificar a seguir:

$$\begin{bmatrix} 1 & 0,5 & 5 \\ 0 & 1 & 2,5 \end{bmatrix} \to L1 = L2(0,5) + L1 \to \begin{bmatrix} [0(-0,5)]+1 & [1(-0,5)]+0,5 & [2,5(-0,5)]+5 \\ 0 & 1 & 2,5 \end{bmatrix}$$

$$\to \begin{bmatrix} 1 & 0 & 3,75 \\ 0 & 1 & 2,5 \end{bmatrix}$$

Veja que chegamos ao fim das operações com os pivôs porque o resultado foi uma matriz identidade tendo a solução apresentada na última coluna. Note que a solução encontrada, $x_1 = 3,75$ e $x_2 = 2,5$, é viável, como pode ser notado pela substituição do resultado no sistema:

$$\begin{cases} 2x_1 + x_2 = 10 \\ 2x_1 + 5x_2 = 20 \end{cases} \to \begin{cases} [2(3,75)] + 2,5 = 10 \\ [2(3,75)] + [5(2,5)] = 20 \end{cases}$$

## Exercício resolvido

Agora resolveremos um exemplo com três incógnitas, o que equivale a representar um problema de programação linear com três variáveis de decisão. Considere as seguintes restrições do Modelo 4.1:

$$5x_1 + 4x_2 + 5x_3 \leq 3$$
$$x_1 + 2x_2 + 3x_3 \leq 8$$
$$3x_1 + 2x_2 + 6x_3 \leq 9$$

O primeiro passo é elaborar a matriz aumentada, resultando em:

$$\begin{cases} 5x_1 + 4x_2 + 5x_3 = 3 \\ x_1 + 2x_2 + 3x_3 = 8 \\ 3x_1 + 2x_2 + 6x_3 = 9 \end{cases} \rightarrow \begin{bmatrix} 5 & 4 & 5 & 3 \\ 1 & 2 & 3 & 8 \\ 3 & 2 & 6 & 9 \end{bmatrix}$$

Agora, seguem-se os procedimentos de, a cada coluna e a partir da primeira, encontrar o pivô, realizando uma operação de divisão para resultar em 1, e zerar o restante das células da coluna do pivô, multiplicando este pelo inverso do número que se deseja anular e, posteriormente, somá-lo a toda a linha que será transformada. Note que é necessário transformar o primeiro valor da primeira coluna em 1, dividindo toda a primeira linha por 5, conforme procedimento a seguir:

$$\begin{bmatrix} 5 & 4 & 5 & 3 \\ 1 & 2 & 3 & 8 \\ 3 & 2 & 6 & 9 \end{bmatrix} \rightarrow \begin{bmatrix} 5/5 & 4/5 & 5/5 & 3/5 \\ 1 & 2 & 3 & 8 \\ 3 & 2 & 6 & 9 \end{bmatrix} = \begin{bmatrix} 1 & 0,8 & 1 & 0,6 \\ 1 & 2 & 3 & 8 \\ 3 & 2 & 6 & 9 \end{bmatrix}$$

Continua-se com as operações na coluna do pivô, para transformar as células restantes em 0. Assim, pode-se executar simultaneamente as seguintes operações para as linhas 2 e 3, respectivamente: L2 = L1(-1) + L2 e L3 = L1(-3) + L3, que resultará na seguinte operação:

$$\begin{bmatrix} 1 & 0,8 & 1 & 0,6 \\ 1 & 2 & 3 & 8 \\ 3 & 2 & 6 & 9 \end{bmatrix} \to L2 = L1(-1) + L2$$

$$\to \begin{bmatrix} 1 & 0,8 & 1 & 0,6 \\ [1(-1)]+1 & [0,8(-1)]+2 & [1(-1)]+3 & [0,6(-1)]+8 \\ 3 & 2 & 6 & 9 \end{bmatrix}$$

$$= \begin{bmatrix} 1 & 0,8 & 1 & 0,6 \\ 0 & 1,2 & 2 & 7,4 \\ 3 & 2 & 6 & 9 \end{bmatrix}$$

Veja que a operação executada zerou a célula da segunda linha do pivô. Agora executa-se a mesma operação com a terceira linha:

$$\begin{bmatrix} 1 & 0,8 & 1 & 0,6 \\ 0 & 1,2 & 2 & 7,4 \\ 3 & 2 & 6 & 9 \end{bmatrix} \to L3 = L1(-3) + L3$$

$$\to \begin{bmatrix} 1 & 0,8 & 1 & 0,6 \\ 0 & 1,2 & 2 & 7,4 \\ [1(-3)]+3 & [0,8(-3)]+2 & [1(-3)]+6 & [0,6(-3)]+9 \end{bmatrix}$$

$$= \begin{bmatrix} 1 & 0,8 & 1 & 0,6 \\ 0 & 1,2 & 2 & 7,4 \\ 0 & -0,4 & 3 & 7,2 \end{bmatrix}$$

Note que as operações necessárias foram realizadas na primeira coluna. Agora parte-se para a segunda coluna, em que o pivô deverá ser localizado na segunda linha com valor 1,2, devendo ser transformado em 1. Para tanto, a segunda linha deverá ser dividida por 1,2:

$$\begin{bmatrix} 1 & 0,8 & 1 & 0,6 \\ 0 & 1,2 & 2 & 7,4 \\ 0 & -0,4 & 3 & 7,2 \end{bmatrix} \to L2 = L2/1,2 \to \begin{bmatrix} 1 & 0,8 & 1 & 0,6 \\ 0/1,2 & 1,2/1,2 & 2/1,2 & 7,4/1,2 \\ 0 & -0,4 & 3 & 7,2 \end{bmatrix}$$

$$= \begin{bmatrix} 1 & 0,8 & 1 & 0,6 \\ 0 & 1 & 1,67 & 6,17 \\ 0 & -0,4 & 3 & 7,2 \end{bmatrix}$$

Tendo encontrado o pivô da segunda coluna, deve-se executar operações com as linhas 1 e 3 da segunda coluna, para que seus valores sejam anulados: L1 = L2(-0,8) + L1 e L3 = L2(-0,6) + L3:

$$\begin{bmatrix} 1 & 0,8 & 1 & 0,6 \\ 0 & 1 & 1,67 & 6,17 \\ 0 & -0,4 & 3 & 7,2 \end{bmatrix} \rightarrow L1 = L2(-0,8) + L1$$

$$\rightarrow \begin{bmatrix} [0(-0,8)]+1 & [1(-0,8)]+0,8 & [1,67(-0,8)]+1 & [6,17(-0,8)]+0,6 \\ 0 & 1 & 1,67 & 6,17 \\ 0 & & -0,4 & 3 & 7,2 \end{bmatrix}$$

$$= \begin{bmatrix} 1 & 0 & -0,34 & -4,33 \\ 0 & 1 & 1,67 & 6,17 \\ 0 & -0,4 & 3 & 7,2 \end{bmatrix} \rightarrow L3 = L2(0,4) + L3$$

$$\rightarrow \begin{bmatrix} 1 & 0 & -0,34 & -4,33 \\ 0 & 1 & 1,67 & 6,17 \\ [0(0,4)]+0 & [1(0,4)]-0,4 & [1,67(0,4)]+3 & [6,17(0,4)]+7,2 \end{bmatrix}$$

$$= \begin{bmatrix} 1 & 0 & -0,34 & -4,33 \\ 0 & 1 & 1,67 & 6,17 \\ 0 & 0 & 3,67 & 9,67 \end{bmatrix}$$

Com a primeira e segunda coluna com seus devidos pivôs, agora a terceira coluna será transformada de maneira que o elemento presente na terceira coluna da terceira linha se torne o novo pivô, assumindo valor unitário para que possa subsidiar as operações subsequentes. Para tanto, toda a linha 3 deverá ser dividida por 3,67:

$$\begin{bmatrix} 1 & 0 & -0,34 & -4,33 \\ 0 & 1 & 1,67 & 6,17 \\ 0 & 0 & 3,67 & 9,67 \end{bmatrix} \rightarrow L3 = \frac{L3}{3,67} \rightarrow \begin{bmatrix} 1 & 0 & -0,34 & -4,33 \\ 0 & 1 & 1,67 & 6,17 \\ \frac{0}{3,67} & \frac{0}{3,67} & \frac{3,67}{3,67} & \frac{9,67}{3,67} \end{bmatrix}$$

$$= \begin{bmatrix} 1 & 0 & -0,34 & -4,33 \\ 0 & 1 & 1,67 & 6,17 \\ 0 & 0 & 1 & 2,64 \end{bmatrix}$$

Agora, a primeira e a segunda linhas da terceira coluna serão transformadas para que se tornem valores nulos com as seguintes operações: L1 = L3(0,34) + L1 e L2 = L3(-1,67) + L2, conforme pode-se verificar a seguir:

$$\begin{bmatrix} 1 & 0 & -0,34 & -4,33 \\ 0 & 1 & 1,67 & 6,17 \\ 0 & 0 & 1 & 2,64 \end{bmatrix} \to L1 = L3(0,34) + L1$$

$$\to \begin{bmatrix} [0(0,34)]+1 & [0(0,34)]+0 & [1(0,34)]-0,34 & [2,64(0,34)]-4,33 \\ 0 & 1 & 1,67 & 6,17 \\ 0 & 0 & 1 & 2,64 \end{bmatrix}$$

$$= \begin{bmatrix} 1 & 0 & 0 & -3,45 \\ 0 & 1 & 1,67 & 6,17 \\ 0 & 0 & 1 & 2,64 \end{bmatrix} \to L2 = L3(-1,67) + L2$$

$$\to \begin{bmatrix} 1 & 0 & 0 & -3,45 \\ [0(-1,67)]+0 & [0(-1,67)]+1 & [1(-1,67)]+1,67 & [2,64(-1,67)]+6,17 \\ 0 & 0 & 1 & 1,75 \end{bmatrix}$$

$$= \begin{bmatrix} 1 & 0 & 0 & -3,45 \\ 0 & 1 & 0 & 1,77 \\ 0 & 0 & 1 & 2,64 \end{bmatrix}$$

Tendo a matriz chegado às soluções na última coluna, com o restante na forma de uma matriz identidade, chegamos a uma solução viável do sistema com x1 = -3,45, x2 = 1,77 e x3 = 2,64, conforme pode-se ver na substituição a seguir. Não resultou no valor exato por causa dos arredondamentos:

$$\begin{cases} 5x_1 + 4x_2 + 5x_3 = 3 \\ x_1 + 2x_2 + 3x_3 = 8 \\ 3x_1 + 2x_2 + 6x_3 = 9 \end{cases} \to \begin{cases} 5(-3,45) + 4(1,77) + 5(2,64) \cong 3 \\ -3,45 + 2(1,77) + 3(2,64) \cong 8 \\ 3(-3,45) + 2(1,77) + 6(2,64) \cong 9 \end{cases}$$

## ⁝⁝ Resumo

Nesse capítulo, aprendemos a resolver um sistema de equações utilizando o método de Gauss-Jordan. Esse método de resolução será bastante útil na implementação do método Simplex, que será desenvolvido no próximo capítulo.

A próxima seção apresenta os exercícios propostos.

## Exercícios propostos

Elabore a matriz aumentada e resolva os sistemas das restrições dos seguintes problemas:

1) máx. $3x_1 + 3,5x_2$

    Sujeito a:

    $6x_1 + 8x_2 \leq 240$
    $5x_1 + 4x_2 \leq 150$
    $x_1, x_2 \geq 0$

2) máx. $2,5x_1 + 3x_2$

    Sujeito a:

    $0,5x_1 + x_2 \leq 160$
    $0,2x_1 + x_2 \leq 100$
    $x_1, x_2 \geq 0$

3) máx. $3x_1 + 3,5x_2$

    Sujeito a:

    $6x_1 + 8x_2 \leq 220$
    $3x_1 + 5x_2 \leq 300$
    $x_1, x_2 \geq 0$

4) mín. $8x_1 + 9x_2$

    Sujeito a:

    $x_1 + 15x_2 \geq 60$
    $8x_1 + 9x_2 \geq 200$
    $x_1, x_2 \geq 0$

5) mín. $x_1 + x_2$

   Sujeito a:

   $x_1 \geq 10$
   $x_2 \geq 15$
   $x_1, x_2 \geq 0$

6) mín. $34x_1 + 54x_2 + 88x_3$

   Sujeito a:

   $10x_1 + 15x_2 + 20x_3 \leq 800$
   $x_1 + x_2 + x_3 = 50$
   $x_1 \geq 10$
   $x_1, x_2, x_3 \geq 0$

7) máx. $2,5x_1 + 5x_2$

   Sujeito a:

   $0,5x_1 + x_2 \leq 160$
   $0,2x_1 + x_2 \leq 2000$
   $x_1, x_2 \geq 0$

8) máx. $8x_1 + 3x_2 + 4x_3$

   Sujeito a:

   $1x_1 + 1,5x_2 + 4x_3 \leq 300$
   $0,3x_1 + 0,1x_2 + 0,2x_3 \leq 100$
   $0,05x_1 + 0,04x_2 + 0,045x_3 \leq 50$
   $x_1, x_2, x_3 \geq 0$

9) máx. $20x_1 + 30x_2$

   Sujeito a:

   $2x_1 + 1x_2 \leq 15$
   $3x_1 + 2x_2 \leq 10$
   $x_1, x_2 \geq 0$

10) máx. $5x_1 + 6x_2$

Sujeito a:

$2x_1 + 10x_2 \leq 15$
$6x_1 + 5x_2 \leq 30$
$x_1, x_2 \geq 0$

CAPÍTULO 5

# Método Simplex de solução de problemas

No Capítulo 3, foi visto o método de solução gráfica para a resolução de problemas de programação linear. Contudo, a solução gráfica é limitada a problemas com duas variáveis de decisão. Neste capítulo, utilizaremos os fundamentos de álgebra linear vistos no Capítulo 4 para aprender um método que possibilita a resolução de problemas com mais de duas variáveis de decisão.

O método Simplex consiste na aplicação de um algoritmo para solução de problemas de programação linear. Esse método foi desenvolvido pelo matemático George Dantzig na década de 1940. Um algoritmo pode ser conceituado como um conjunto de passos necessários para atingir um objetivo. No caso do Simplex, os passos são necessários para encontrar a solução ótima de um problema de programação linear.

> Objetivos do capítulo

Ao final deste capítulo, você será capaz de:

- Entender a lógica do Simplex intuitivamente por meio de uma demonstração gráfica.
- Resolver problemas de programação linear com o Simplex utilizando tabelas.
- Entender o desenvolvimento matricial do método Simplex.

# Intuição gráfica do método Simplex

Conforme foi abordado na seção "Encontrando a solução do problema pelo método gráfico", do Capítulo 3, sabe-se que a solução do problema de programação linear está em um dos pontos extremos obtidos pela plotagem das restrições, sendo que a avaliação dos pontos extremos é realizada pela função objetivo.

Com isso, a implementação do algoritmo Simplex escolhe uma solução inicial, que é um ponto extremo, e avalia a necessidade de mudar essa solução caso essa mudança incorra em aumento ou diminuição, dependendo se o problema é de maximização ou de minimização, na função objetivo, melhorando seu resultado. A avaliação da mudança da solução inicial para outro ponto ocorre sempre com os pontos adjacentes ao ponto escolhido (pontos adjacentes são os pontos vizinhos). Como exemplo, pode-se verificar na Figura 5.1 que os pontos adjacentes ao ponto A são os pontos B e D.

Tome como exemplo o seguinte problema de programação linear já resolvido na seção "Encontrando a solução do problema pelo método gráfico", do Capítulo 3:

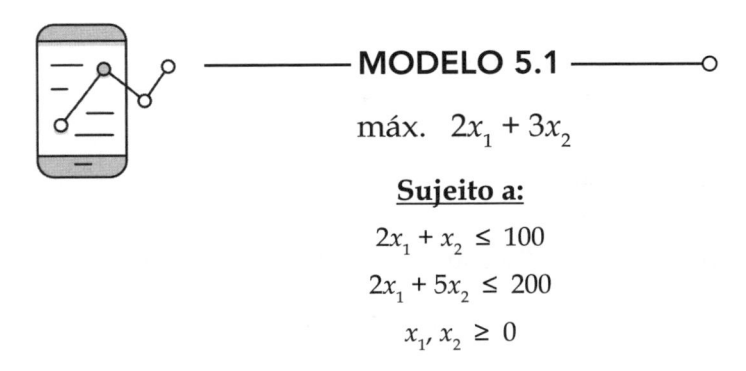

---------- MODELO 5.1 ----------

máx. $2x_1 + 3x_2$

**Sujeito a:**

$2x_1 + x_2 \leq 100$

$2x_1 + 5x_2 \leq 200$

$x_1, x_2 \geq 0$

O gráfico das restrições desse problema pode ser visualizado na Figura 5.1.

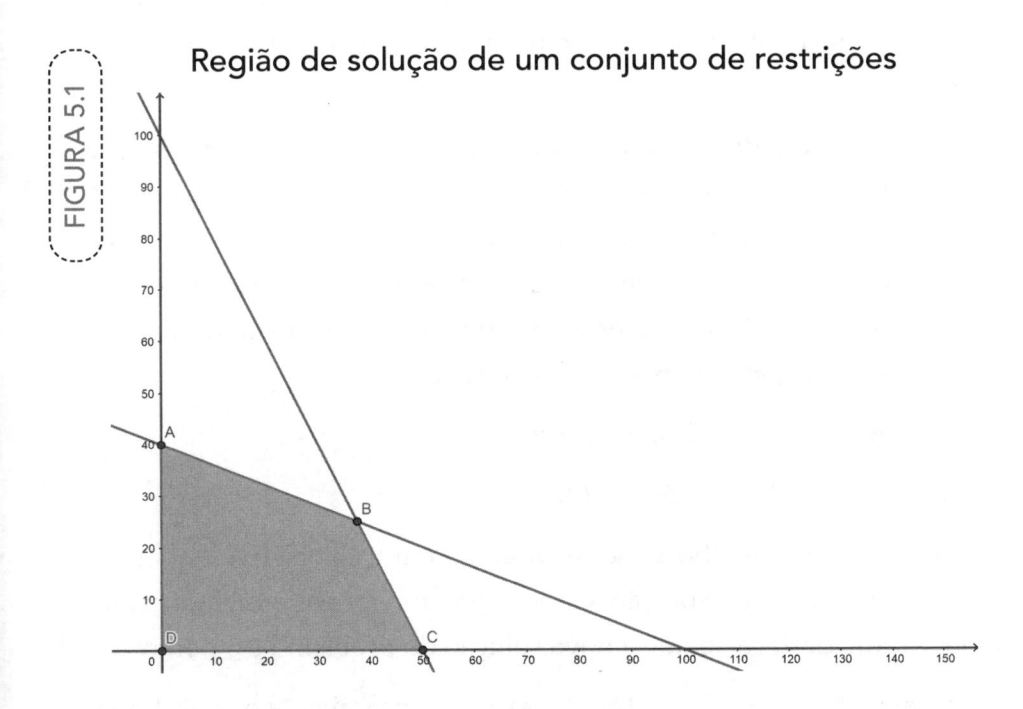

**FIGURA 5.1** — Região de solução de um conjunto de restrições

Fonte: O autor.

Os pontos e sua avaliação na função objetivo são exibidos na Tabela 5.1.

### Avaliação da função objetivo nos pontos do problema

TABELA 5.1

| PONTO | COORDENADAS | | RESULTADO NA FUNÇÃO OBJETIVO |
|---|---|---|---|
| | $X_1$ | $X_2$ | |
| B | 37,5 | 25 | $2x_1 + 3x_2 \Rightarrow 75 + 75 = 150$ |
| C | 50 | 0 | $2x_1 + 3x_2 \Rightarrow 100 + 0 = 100$ |
| D | 0 | 0 | $2x_1 + 3x_2 \Rightarrow 0 + 0 = 0$ |
| A | 0 | 40 | $2x_1 + 3x_2 \Rightarrow 0 + 120 = 120$ |

Fonte: O autor.

O algoritmo Simplex consiste na escolha de um ponto inicial para solução. Desta forma, escolhe-se o ponto D da Figura 5.1. Note que o ponto D tem coordenadas $x_1 = 0$ e $x_2 = 0$. Assim, a avaliação da função objetivo nesse ponto resultará em 0, conforme pode ser verificado na Tabela 5.1.

Como o resultado da função objetivo no ponto D é 0, é necessário agora verificar os pontos adjacentes ao ponto D, que são os pontos A e C. Então, são feitas as seguintes indagações: há melhoria da função objetivo caso a solução mude para os pontos adjacentes? Qual ponto é melhor para a função objetivo? Essa última questão é respondida pela avaliação da função objetivo nos pontos A e C:

*Ponto A:* $2x_1 + 3x_2 \Rightarrow 2(0) + 3(40) = 120$

*Ponto C:* $2x_1 + 3x_2 \Rightarrow 2(50) + 3(0) = 100$

Nota-se que há melhoria no resultado da função objetivo se houver alteração no ponto de solução, e que o ponto A provê o melhor resultado. Assim, destaca-se que a nova solução do problema é o ponto A.

A partir da nova solução (ponto A), faz-se novamente os questionamentos sobre a possibilidade de melhoria, sendo que, quando confirmada, deve-se decidir qual ponto escolher. A partir do ponto A, veja que há melhoria se a solução for alterada para o ponto B:

Ponto B: $2x_1 + 3x_2 \Rightarrow 2(37,5) + 3(25) = 150$

Assim, a função objetivo passou de 120 para 150. Com isso, o ponto B será a nova solução. Mais uma vez, o procedimento continua, dessa vez com a avaliação do ponto adjacente ao B, que é o ponto C. Veja que o ponto C já havia sido avaliado, sendo que seu valor na função objetivo é de 100. Com isso, a solução não será alterada, e o algoritmo chega ao final com a solução no ponto B, $x_1 = 37,5$ e $x_2 = 25$, resultando em uma função objetivo de 150.

O Simplex consiste, desta forma, na escolha de uma solução inicial, na avaliação dos pontos adjacentes e na eventual escolha de uma nova solução (quando houver melhoria na função objetivo). Cada nova solução é uma iteração do algoritmo Simplex, conforme pode-se verificar na Figura 5.2.

FIGURA 5.2

### Iterações do algoritmo Simplex no exemplo

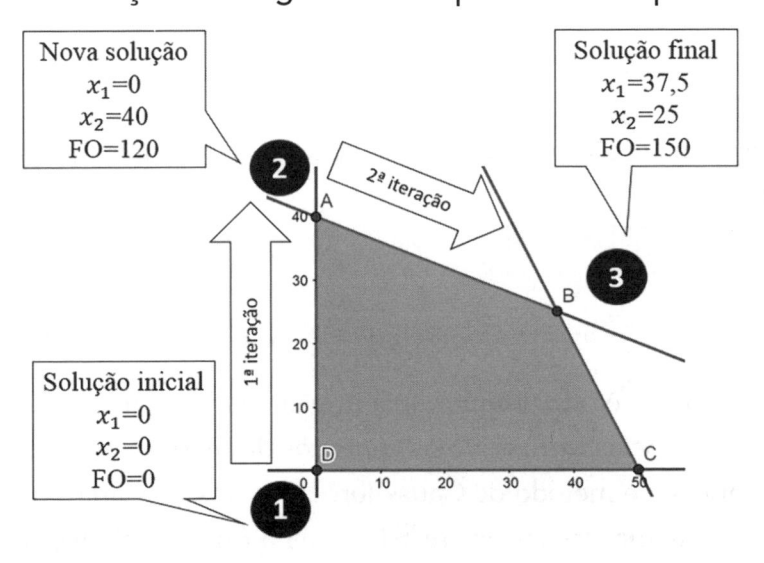

Nova solução
$x_1=0$
$x_2=40$
FO=120

Solução final
$x_1=37,5$
$x_2=25$
FO=150

Solução inicial
$x_1=0$
$x_2=0$
FO=0

Fonte: O autor.

Por ora, em sua forma gráfica, pode-se estabelecer a sequência de passos do algoritmo Simplex, conforme verificado na Figura 5.3.

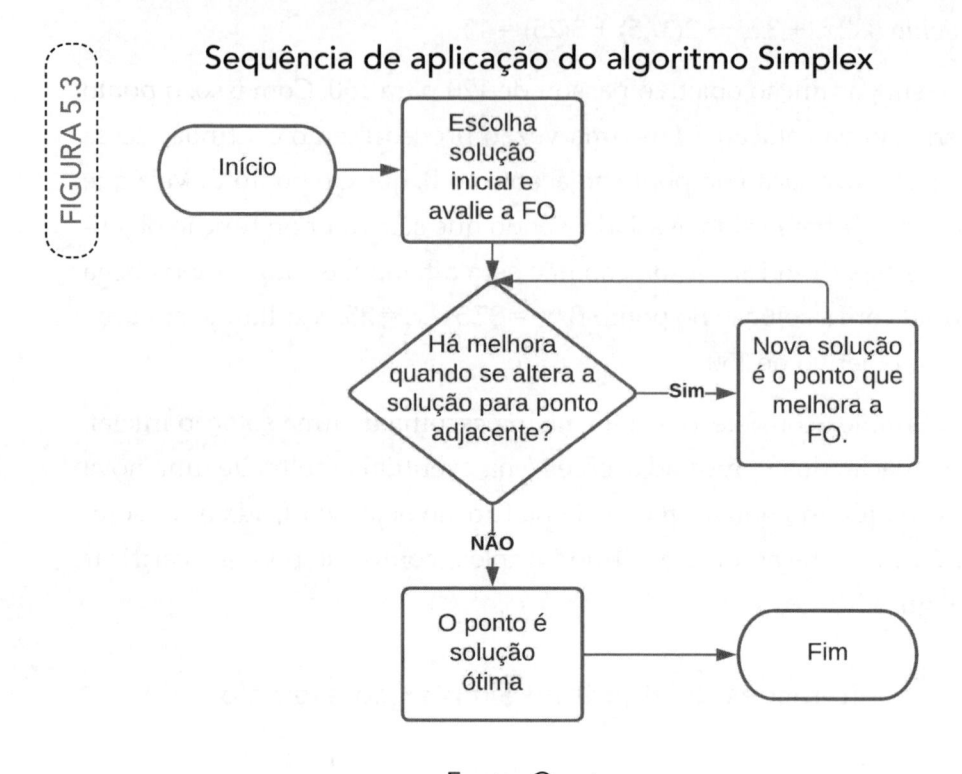

**FIGURA 5.3** Sequência de aplicação do algoritmo Simplex

```
Início → Escolha solução inicial e avalie a FO
       ↓
       Há melhora quando se altera a solução para ponto adjacente? --Sim→ Nova solução é o ponto que melhora a FO. ──┐
       ↓ NÃO                                                                                                        │
       O ponto é solução ótima → Fim                                                                                │
                                                                                                                    │
       (loop de volta ao diamante) ←──────────────────────────────────────────────────────────────────────────────┘
```

Fonte: O autor.

A próxima seção realiza a implementação do Simplex por meio de tabelas.

## Implementação do Simplex por meio de tabelas

Nesta seção, o método Simplex será implementado por meio da manipulação de tabelas utilizando os conceitos de matriz aumentada, matriz identidade e método de Gauss-Jordan, vistos no Capítulo 4. Serão realizadas manipulações nas restrições e na função objetivo de forma a encontrar a solução ótima de um problema de programação linear.

Considere o Modelo 5.2:

―――― MODELO 5.2 ――――

máx.  $2x_1 + 3x_2$

**Sujeito a:**

$2x_1 + x_2 \leq 100$

$2x_1 + 5x_2 \leq 200$

$x_1, x_2 \geq 0$

Como as restrições estão apresentadas na forma de desigualdades (≤), será necessário transformá-las em igualdade (=), para que o método de resolução de Gauss-Jordan possa ser empregado. Para isso, a próxima seção traz o procedimento necessário, que é a inclusão de variáveis de folga.

## CRIAÇÃO DAS VARIÁVEIS DE FOLGA

Para transformar as equações de restrições que estão na forma de desigualdades em igualdades, são introduzidas novas variáveis, denominadas variáveis de folga. Tal variável de folga incorpora os valores necessários para a mudança da desigualdade em igualdade. Como exemplo, veja que é possível implementar essa mudança encontrando um número que represente o valor que falta:

$$2 + 3 \leq 10 \quad \rightarrow \quad 2 + 3 + 5 = 10$$

Observe que a adição do número 5 no lado esquerdo da equação possibilitou transformar a equação de desigualdade em igualdade. O mesmo procedimento pode ser adotado para as equações das restrições na criação de variáveis de folga. Vale salientar que cada restrição demandará uma variável de folga diferente.

$$2x_1 + x_2 \leq 100 \rightarrow 2x_1 + x_2 + x_3 = 100$$
$$2x_1 + 5x_2 \leq 200 \rightarrow 2x_1 + 5x_2 + x_4 = 200$$

Com as variáveis de folga criadas ($x_3$ e $x_4$), será necessário agora incluí-las na função objetivo. As variáveis de folga figurarão na função objetivo com valores nulos. A seção a seguir traz a intuição por detrás das iterações do algoritmo Simplex.

## INTUIÇÃO DAS ITERAÇÕES DO ALGORITMO NO MODELO

Com a inclusão das variáveis de folga na função objetivo, tem-se o seguinte modelo completo, derivado do Modelo 5.2:

### MODELO 5.3

$$\text{máx.} \quad 2x_1 + 3x_2 + 0x_3 + 0x_4$$

**Sujeito a:**

$$2x_1 + x_2 + x_3 = 100$$
$$2x_1 + 5x_2 + x_4 = 200$$
$$x_1, x_2 \geq 0$$

Tal como feito na seção "Intuição gráfica do método Simplex", deste capítulo, realizaremos iterações com as restrições de forma a encontrar a solução ótima do problema.

### ... Passo 1 — Encontrando a solução inicial

Conforme determina a Figura 5.3, deve-se encontrar uma solução inicial para avaliar a função objetivo. Escolhendo-se $x_1 = 0$ e $x_2 = 0$, tem-se que, para que as restrições continuem correspondendo aos totais, as variáveis de folga assumirão valores provisórios.

$$2x_1 + x_2 + x_3 = 100 \quad \rightarrow \quad 2(0) + (0) + x_3 = 100 \quad \rightarrow \quad x_3 = 100$$

$$2x_1 + 5x_2 + x_4 = 200 \rightarrow 2(0) + 5(0) + x_4 = 200 \rightarrow x_4 = 200$$

Veja que agora $x_3$ e $x_4$ assumem provisoriamente o valor de 100 e 200, respectivamente. Essa solução provisória é chamada de solução básica.

### ... Passo 2.1 — Primeira iteração

Ao seguir para o próximo passo da Figura 5.3, deve-se escolher novos valores para as variáveis $x_1$ e $x_2$, e novamente avaliar a função objetivo para verificar se há melhoria. A escolha dos novos valores para fazerem parte da solução básica é processual, sendo uma variável de cada vez. A partir da avaliação da função objetivo, pode-se escolher qual variável, entre $x_1$ e $x_2$, o que contribui para a melhora da função objetivo, tal como foi feito na seção "Intuição gráfica do método Simplex", deste capítulo, (pontos adjacentes — direção de $x_1$ ou $x_2$).

Sendo a equação da função objetivo $2x_1 + 3x_2$, nesse caso, é $x_2$ a variável que mais contribui para o aumento do resultado da função objetivo, pois tem coeficiente de maior valor.

Então $x_2$ será a variável que entrará na solução básica. Para que isso ocorra, deve-se escolher uma variável para sair da solução básica e que dê lugar a $x_2$. Para isso, deve-se buscar a variável básica, $x_3$ ou $x_4$, que mais se anula com a entrada de $x_2$. Isso pode ser obtido pela divisão dos valores de $x_3$ e $x_4$ pelos coeficientes de $x_2$ nas duas restrições:

$$x_3 = \frac{100}{1} = 100$$

$$x_4 = \frac{200}{5} = 40$$

Como resultado dessa avaliação, tem-se que: sendo $x_3 = 100$ e $x_4 = 40$, essa última variável é a que mais se minimiza com a entrada de $x_2$ na solução básica. Assim, a nova solução básica será $x_3 = 100$ e $x_2 = 40$. Veja que esse é exatamente o resultado da primeira iteração realizada na seção "Intuição gráfica do método Simplex", deste capítulo, correspondendo ao ponto A. Agora será necessário realizar mais uma iteração.

### ... Passo 2.2 — Segunda iteração

Por ora, assumiremos que, como $x_2$ já faz parte da solução básica, só resta $x_1$ para entrar na solução básica, e como $x_3$ é a única variável restante para sair da solução básica, então ela deve deixá-la. Esse critério de entrada e saída será determinado de forma precisa na seção "Desenvolvimento do Algoritmo Simplex por meio de tabelas", a seguir. Assim, após essa iteração, a solução final será $x_1 = 37{,}5$ e $x_2 = 25$, correspondendo ao ponto B da solução demonstrada na seção "Intuição gráfica do método Simplex", deste capítulo.

Na próxima seção será implementado o Simplex com tabelas, sendo possível acompanhar o passo a passo detalhado da solução final que será encontrada de forma algébrica. Assim, com o mesmo procedimento, será possível encontrar a solução para problemas com mais de duas variáveis de decisão, cuja solução gráfica é mais difícil.

## DESENVOLVIMENTO DO ALGORITMO SIMPLEX POR MEIO DE TABELAS

Utilizando a intuição desenvolvida na seção anterior, nesta seção serão implementados todos os passos para se chegar à solução final do problema por meio da manipulação de tabelas.

Continuaremos com o problema apresentado no início deste capítulo, já com a inclusão das variáveis de folga:

## MODELO 5.4

$$\text{máx. } 2x_1 + 3x_2$$

**Sujeito a:**

$$2x_1 + x_2 + x_3 = 100$$
$$2x_1 + 5x_2 + x_4 = 200$$
$$x_1, x_2 \geq 0$$

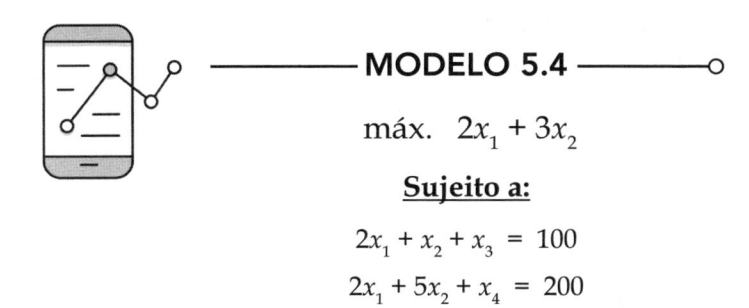

É possível determinar a matriz aumentada das restrições da seguinte forma:

$$\begin{bmatrix} 2 & 1 & 1 & 0 & 100 \\ 2 & 5 & 0 & 1 & 200 \end{bmatrix}$$

A tabela Simplex que será utilizada assume a forma da Tabela 5.2.

### Estrutura da Tabela Simplex

| SOLUÇÃO BÁSICA (SB) | VARIÁVEIS DE DECISÃO | VARIÁVEIS DE FOLGA | TOTAIS (TT) |
|---|---|---|---|
| Variáveis de folga | Coeficientes das variáveis de decisão | Coeficientes das variáveis de folga | Totais das restrições |
| Função objetivo (FO) | Coeficientes da função objetivo | 0 | 0 |

TABELA 5.2

Fonte: O autor.

Veja que na Tabela Simplex (Tabela 5.2) figurarão os coeficientes de todas as variáveis do problema. Seguiremos agora um passo a passo para desenvolver a Tabela Simplex com os dados do problema.

**... Passo 1 — Preenchimento da Tabela Simplex com a solução básica**

A Tabela 5.2 deverá ser preenchida com os valores do problema, resultando na Tabela 5.3.

TABELA 5.3

Tabela Simplex 1

| LINHA/COLUNA | 1 | 2 | 3 | 4 | 5 | 6 |
|---|---|---|---|---|---|---|
| 1 | SB | X1 | X2 | X3 | X4 | TT |
| 2 | x3 | 2 | 1 | 1 | 0 | 100 |
| 3 | x4 | 2 | 5 | 0 | 1 | 200 |
| 4 | FO | -2 | -3 | 0 | 0 | 0 |

Fonte: O autor.

Veja que os coeficientes das linhas 2 e 3, correspondentes às variáveis da solução básica inicial, foram retirados do modelo. Contudo, veja que as colunas 4 e 5, referentes às variáveis de folga $x_3$ e $x_4$ têm coeficientes na forma de uma matriz identidade. Isso ocorre porque a linha 2, relativa à restrição $2x_1 + x_2 + x_3 = 100$, tem como coeficiente de $x_4$ o valor de 0, pois essa variável não está presente nessa restrição. O mesmo ocorre com os coeficientes da terceira linha, sendo que o coeficiente da variável $x_3$ está zerado.

Note, ainda, que os coeficientes da função objetivo estão presentes na Tabela Simplex com sinal negativo. Isso ocorre devido à equivalência da seguinte relação:

$$\text{máx. } 2x_1 + 3x_2 \quad \leftrightarrow \quad \text{mín. } -2x_1 - 3x_2$$

Esses destaques são apresentados na Figura 5.4. Assim, os coeficientes da função objetivo figurarão na Tabela Simplex com seus valores inversos.

**FIGURA 5.4**

**Tabela Simplex com destaques**

| SB | X1 | X2 | X3 | X4 | TT |
|----|----|----|----|----|-----|
| X3 | 2  | 1  | 1  | 0  | 100 |
| X4 | 2  | 5  | 0  | 1  | 200 |
| FO | -2 | -3 | 0  | 0  | 0   |

Matriz identidade

Coeficientes negativos

Fonte: O autor.

No próximo passo, continuaremos com a implementação do Simplex a partir da avaliação da função objetivo.

### ▪▪▪ Passo 2 — Avaliação da função objetivo e variáveis que entram e saem da solução básica

Após o preenchimento da Tabela Simplex, é necessário avaliar se a linha da função objetivo (FO) tem coeficientes negativos. Caso isso ocorra, é necessário identificar qual variável deve entrar na solução básica e qual deve dar lugar a essa entrada. Toda vez que a linha da FO, na Tabela Simplex, apresentar valores negativos, mesmo para as variáveis de folga, significa que ainda há iterações a serem realizadas.

Para decidir qual variável deve entrar na solução básica, utiliza-se o critério do maior coeficiente negativo, que nesse caso é o coeficiente de $x_2$. Escolhendo-se a variável que entra, agora deve-se decidir a variável que sairá da solução básica. Isso é feito pela avaliação do resultado da divisão dos totais pelos coeficientes de $x_2$, que estão na coluna 3 da Tabela Simplex. A Tabela 5.4 apresenta as variáveis que entram e que saem da solução básica, e sua justificativa.

**TABELA 5.4**

### Análise da entrada e saída das variáveis

| MODIFICAÇÃO NA SOLUÇÃO | VARIÁVEL | JUSTIFICATIVA | RESULTADO |
|---|---|---|---|
| Entra | $x_2$ | Maior coeficiente negativo | Mín. ($x_1 = -2$, $x_2 = -3$) |
| Sai | $x_4$ | Menor resultado da divisão dos totais pelos coeficientes de $x_2$ | Mín. ($x_3 = \frac{100}{1} = 100$; $x_4 = \frac{200}{5} = 40$) |

Fonte: O autor.

Após encontradas as variáveis que entram e saem da solução, é necessário substituí-las na Tabela Simplex 1, gerando assim a Tabela Simplex 2, conforme Tabela 5.5.

**TABELA 5.5**

### Tabela Simplex 2

| SB | X1 | X2 | X3 | X4 | TT |
|---|---|---|---|---|---|
| x3 | 2 | 1 | 1 | 0 | 100 |
| x2 | 2 | 5 | 0 | 1 | 200 |
| FO | -2 | -3 | 0 | 0 | 0 |

Fonte: O autor.

Feito isso, deve-se agora realizar operações de Gauss-Jordan na Tabela Simplex 2 de modo que a interseção da variável que entrou na solução, com sua própria coluna (ou seja, a célula da terceira linha com a terceira coluna, cujo valor é 5) seja o pivô, e o restante da coluna seja 0. Dessa forma, veja que o algoritmo Simplex escolhe as variáveis que farão parte da solução seguindo o critério de maior incremento na FO e resolve o sistema de Gauss-Jordan para que as variáveis escolhidas façam parte da nova solução.

Seguindo o procedimento de Gauss-Jordan visto no Capítulo 4, observe que a primeira operação a ser realizada é transformar a célula da interseção de $x_2$ com $x_2$ (terceira linha com terceira coluna) em 1. Para tanto, divide-se toda a linha por 5, ou seja, L3 = L3 / 5. O resultado desse procedimento é apresentado na Tabela 5.6.

**Tabela Simplex 2 com pivô**

| SB | X1 | X2 | X3 | X4 | TT |
|----|----|----|----|----|----|
| x3 | 2 | 1 | 1 | 0 | 100 |
| x2 | 0,4 | 1 | 0 | 0,2 | 40 |
| FO | -2 | -3 | 0 | 0 | 0 |

Fonte: O autor.

Note que a Tabela Simplex 2 já chegou na próxima solução provisória, com $x_2$ tendo valor de 40 e $x_1$ tendo valor de 0, o que corresponde ao ponto A, conforme apresentado na seção "Intuição gráfica do método Simplex", deste capítulo. Agora será necessário zerar os outros valores da coluna, efetuando as seguintes operações:

$$L2 = L3(-1) + L2$$
$$L4 = L3(3) + L4$$

A Tabela 5.7 apresenta o resultado dessas operações.

**Tabela Simplex 2 com a coluna 3 transformada**

| SB | X1 | X2 | X3 | X4 | TT |
|----|----|----|----|----|----|
| x3 | 1,6 | 0 | 1 | -0,2 | 60 |
| x2 | 0,4 | 1 | 0 | 0,2 | 40 |
| FO | -0,8 | 0 | 0 | 0,6 | 120 |

Fonte: O autor.

Veja que a Tabela 5.7 mostra a FO tendo o valor da função objetivo no ponto A, que é de 120.

Com a célula da variável que entrou convertida em pivô e o restante da coluna tendo valor igual a zero, já foram finalizados os procedimentos necessários da primeira iteração. Agora parte-se para a avaliação da função objetivo novamente.

**... Passo 3 — Avaliação da função objetivo e variáveis que entram e saem da solução básica**

Veja que a linha da FO na Tabela 5.7 ainda apresenta células com coeficiente negativo. Deste modo, será necessário realizar mais uma iteração. Com isso, como é a única variável com coeficiente negativo, $x_1$ será a variável que deve entrar na solução. Para escolher a variável que sairá da solução, novamente serão avaliados os resultados da divisão dos totais pelos coeficientes de $x_1$ (coluna 2). Fazendo essa análise, a variável que deixará a solução básica será $x_3$. A justificativa é apresentada na Tabela 5.8.

TABELA 5.8

Análise da entrada e saída das variáveis

| MODIFICAÇÃO NA SOLUÇÃO | VARIÁVEL | JUSTIFICATIVA | RESULTADO |
|---|---|---|---|
| Entra | $x_1$ | Único coeficiente negativo | -0,8 |
| Sai | $x_3$ | Menor resultado da divisão dos totais pelos coeficientes de $x_1$ | Mín. ($x_3 = \frac{60}{1,6} = 37,5$; $x_2 = \frac{40}{0,4} = 100$) |

Fonte: O autor.

Com isso, a Tabela Simplex 3 pode ser visualizada na Tabela 5.9.

TABELA 5.9

Tabela Simplex 3

| SB | X1 | X2 | X3 | X4 | TT |
|---|---|---|---|---|---|
| x1 | 1,6 | 0 | 1 | -0,2 | 60 |
| x2 | 0,4 | 1 | 0 | 0,2 | 40 |
| FO | -0,8 | 0 | 0 | 0,6 | 120 |

Fonte: O autor.

Note que agora será necessário transformar a intersecção da variável $x_1$ com sua coluna, ou seja, linha 2 com coluna 2, para que seu valor se transforme em 1, e o restante da coluna, em 0. Assim, para obter o pivô, emprega-se a seguinte operação do método de Gauss-Jordan, cujo resultado é apresentado na Tabela 5.10:

$$L2 = L2 / 1,6$$

**Tabela 5.10** — Tabela Simplex 3 com pivô

| SB | X1 | X2 | X3 | X4 | TT |
|----|----|----|------|-------|------|
| x1 | 1  | 0  | 0,62 | -0,12 | 37,5 |
| x2 | 0,4| 1  | 0    | 0,2   | 40   |
| FO | -0,8| 0 | 0    | 0,6   | 120  |

Fonte: O autor.

Após a obtenção do pivô, a linha 2 será utilizada para efetuar as operações necessárias de maneira a anular o restante da coluna, resultando na Tabela 5.11:

$$L3 = L2(-0,4) + L3$$
$$L4 = L2(0,8) + L4$$

**Tabela 5.11** — Tabela Simplex 3 com a coluna 2 transformada

| SB | X1 | X2 | X3    | X4    | TT   |
|----|----|----|-------|-------|------|
| x1 | 1  | 0  | 0,62  | -0,12 | 37,5 |
| x2 | 0  | 1  | -0,25 | 0,05  | 25   |
| FO | 0  | 0  | 0,5   | 0,5   | 150  |

Fonte: O autor.

Note que a Tabela Simplex 3, após a segunda iteração, já mostra a solução ótima do problema na coluna TT. Veja que as iterações resultaram em $x_1 = 37{,}5$, $x_2 = 25$ e FO = 150, mesmo resultado da análise gráfica. Veja, ainda, que não há mais procedimentos a serem realizados porque não há mais coeficientes negativos na linha da função objetivo. Veja também que o lado esquerdo da Tabela 5.11 (colunas 2 e 3) se converteu em uma matriz identidade. Os passos realizados para a obtenção do resultado do problema por meio do algoritmo Simplex implementado por tabelas podem ser visualizados na Figura 5.5.

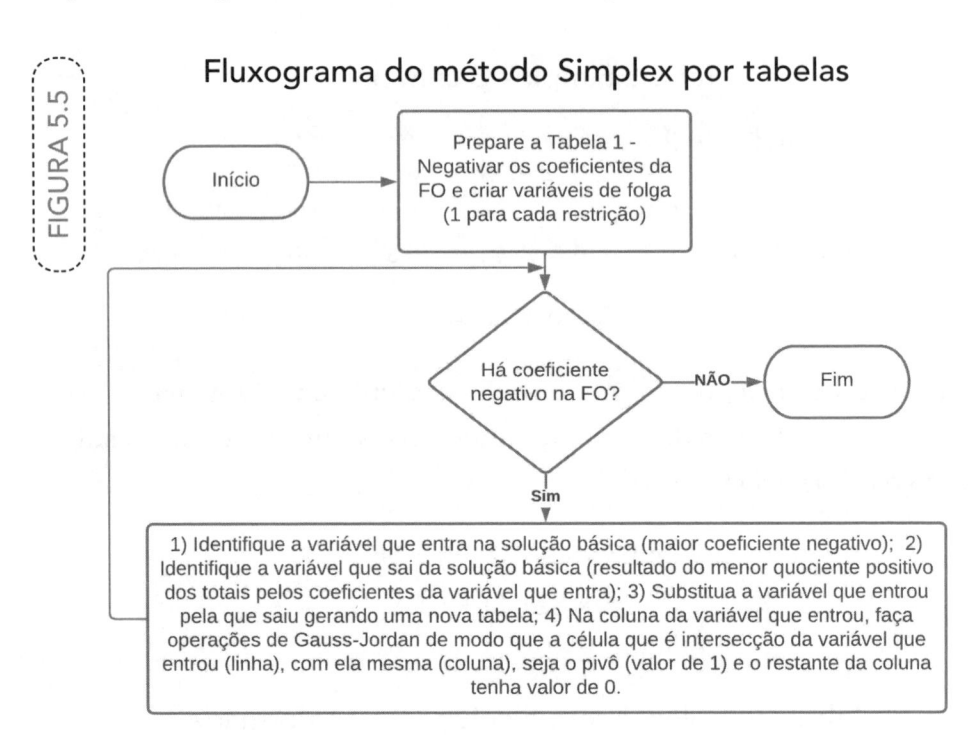

FIGURA 5.5

**Fluxograma do método Simplex por tabelas**

Início → Prepare a Tabela 1 - Negativar os coeficientes da FO e criar variáveis de folga (1 para cada restrição)

Há coeficiente negativo na FO? — NÃO → Fim

Sim ↓

1) Identifique a variável que entra na solução básica (maior coeficiente negativo); 2) Identifique a variável que sai da solução básica (resultado do menor quociente positivo dos totais pelos coeficientes da variável que entra); 3) Substitua a variável que entrou pela que saiu gerando uma nova tabela; 4) Na coluna da variável que entrou, faça operações de Gauss-Jordan de modo que a célula que é intersecção da variável que entrou (linha), com ela mesma (coluna), seja o pivô (valor de 1) e o restante da coluna tenha valor de 0.

Fonte: O autor.

A próxima seção é opcional e trará a dedução do método Simplex a partir de manipulação de matrizes.

# Implementação matricial do método Simplex

As seções anteriores apresentaram o método Simplex por meio da intuição gráfica e seu desenvolvimento por meio de tabelas. Agora será apresentado o desenvolvimento do Simplex por meio de manipulação de matrizes. Esta seção é opcional, uma vez que seu objetivo é mostrar a intuição da solução do algoritmo por meio de manipulação de matrizes. Contudo, tal solução não é tão didática quanto a implementação por meio de tabelas. Por outro lado, é útil para que se saiba os motivos pelos quais se implementam as ações descritas no método Simplex por tabelas.

Considere como exemplo o modelo desenvolvido neste capítulo:

$$\text{máx. } 2x_1 + 3x_2$$
Sujeito a:
$$2x_1 + x_2 \leq 100$$
$$2x_1 + 5x_2 \leq 200$$
$$x_1, x_2 \geq 0$$

O algoritmo Simplex é implementado em um problema de programação linear na forma padrão, que assume a seguinte estrutura:

$$\text{mín. } c^T x$$
Sujeito a:
$$Ax = b$$
$$x \geq 0$$

Note que a primeira alteração foi considerar o problema de maximização como sendo de minimização. Isso faz com que os coeficientes da função objetivo fiquem negativos, conforme fizemos para lançá-los na Tabela Simplex:

$$\text{máx. } 2x_1 + 3x_2 \quad \leftrightarrow \quad \text{mín. } -2x_1 - 3x_2$$

Veja, ainda, que a notação matricial simplifica os dados mostrados no modelo original. O vetor coluna c é transposto ($c^T$), transformando-se em um vetor linha, para que possa ser multiplicado pelo vetor coluna x. Note que c e x são vetores colunas de 2 x 1, e sua multiplicação só é possível com a transposta de um deles, resultando na função objetivo:

$$c = \begin{bmatrix} -2 \\ -3 \end{bmatrix} \quad \rightarrow \quad c^T = \begin{bmatrix} -2 & -3 \end{bmatrix}$$

$$x = \begin{bmatrix} x_1 \\ x_2 \end{bmatrix}$$

$$c^T x = \begin{bmatrix} -2 & -3 \end{bmatrix} \times \begin{bmatrix} x_1 \\ x_2 \end{bmatrix} = -2x_1 - 3x_2$$

Da mesma forma, a matriz dos coeficientes das restrições A se multiplica com o vetor de variáveis de decisão, resultando no vetor b:

$$A = \begin{bmatrix} 2 & 1 \\ 2 & 5 \end{bmatrix}$$

$$x = \begin{bmatrix} x_1 \\ x_2 \end{bmatrix}$$

$$b = \begin{bmatrix} 100 \\ 200 \end{bmatrix}$$

$$Ax = b \quad \rightarrow \quad \begin{bmatrix} 2 & 1 \\ 2 & 5 \end{bmatrix} \times \begin{bmatrix} x_1 \\ x_2 \end{bmatrix} = \begin{bmatrix} 100 \\ 200 \end{bmatrix} \quad \rightarrow \quad \begin{matrix} 2x_1 + x_2 = 100 \\ 2x_1 + 5x_2 = 200 \end{matrix}$$

Com a inclusão das variáveis de folga no problema, pode-se dividir a matriz A e o vetor x de modo que possam representar a solução básica inicial $A_B$ e $x_B$ e a solução não básica $A_N$ e $x_N$:

$$A = [A_N \quad A_B] = \begin{bmatrix} 2 & 1 & 1 & 0 \\ 2 & 5 & 0 & 1 \end{bmatrix}$$

$$A_B = \begin{bmatrix} 1 & 0 \\ 0 & 1 \end{bmatrix}; A_N = \begin{bmatrix} 2 & 1 \\ 2 & 5 \end{bmatrix}$$

$$x = \begin{bmatrix} x_N \\ x_B \end{bmatrix} = \begin{bmatrix} x_1 \\ x_2 \\ x_3 \\ x_4 \end{bmatrix}$$

$$x_N = \begin{bmatrix} x_1 \\ x_2 \end{bmatrix}; x_B = \begin{bmatrix} x_3 \\ x_4 \end{bmatrix}$$

Note, ainda, que o vetor dos coeficientes da função objetivo também será dividido em básico e não básico:

$$c = \begin{bmatrix} c_N \\ c_B \end{bmatrix} = \begin{bmatrix} -2 \\ -3 \\ 0 \\ 0 \end{bmatrix}$$

$$c_N = \begin{bmatrix} -2 \\ -3 \end{bmatrix}; c_B = \begin{bmatrix} 0 \\ 0 \end{bmatrix}$$

É importante salientar que se pode obter a seguinte solução do sistema $A_x = b$ pela equivalência:

$$Ax = b \quad \leftrightarrow \quad x = A^{-1}b$$

Onde $A^{-1}$ é a matriz inversa de $A$. Assim, note que, quando $x_N = 0$, a solução inicial $(x_B)$ é os coeficientes de $b$, uma vez que a inversa da matriz identidade $A_B$ é ela mesma, e seu produto por b é o próprio b:

$$A_N x_N + A_B x_B = b \quad \rightarrow \quad x_B = A_B^{-1} b \quad \rightarrow \quad x_B = b$$

Relembre que, na intuição gráfica apresentada na seção "Intuição gráfica do método Simplex", deste capítulo, a partir de uma solução inicial, o método Simplex consiste em verificar se há melhoria na função objetivo caso haja mudança na solução básica, ou seja, caso a solução se desloque para um ponto adjacente. Assim, deve-se escolher qual ponto adjacente tem mais efeito na FO, ou seja, define-se uma direção $d$, e a magnitude dessa direção, que deverá ser o próximo ponto. Chamaremos essa magnitude de $\theta$.

Com isso, assumindo que $x$ seja uma solução inicial escolhida, a próxima solução deverá ser $x + \theta d$. Como essa nova solução deverá ser factível, sua inclusão no conjunto das restrições deve obedecer à igualdade $A(x + \theta d) = b$.

Como $Ax = b$ deve ser observado, e a magnitude da direção deve ser maior que zero ($\theta > 0$), há a seguinte relação entre A e d, $Ad = 0$, necessária para que as duas equações, $A(x + \theta d) = b$ e $Ax = b$, sejam verdadeiras. Considerando, ainda, que o vetor de direção pode ser dividido em básico e não básico, acompanhando as partições das outras matrizes, tem-se a seguinte relação:

$$[A_N \quad A_B] \times \begin{bmatrix} d_B \\ d_N \end{bmatrix} \quad \rightarrow \quad A_B d_B + A_N d_N = 0$$

O próximo passo será escolher uma variável que entre na solução do conjunto básico. Assim como nos métodos anteriores, essa escolha se dá pela análise dos coeficientes das variáveis da função objetivo. Com isso, a partição $d_N$, que representa o conjunto não básico, terá valor unitário para a variável que entra na solução ($x_2$) e será nulo para a outra variável ($x_1$):

$$d_N = \begin{bmatrix} 0 \\ 1 \end{bmatrix}$$

Assim, para obter o segundo termo da equação $A_B d_B + A_N d_N = 0$, faz-se a seguinte operação:

$$A_N d_N = \begin{bmatrix} 2 & 1 \\ 2 & 5 \end{bmatrix} \times \begin{bmatrix} 0 \\ 1 \end{bmatrix} = A_j = \begin{bmatrix} 1 \\ 5 \end{bmatrix}$$

Como já obtivemos o valor de $d_N$, para descobrir o valor de $d_B$ realiza-se a seguinte operação (chamaremos o produto de $A_N d_N$ de $A_j$):

$$A_B d_B + A_N d_N = 0 \quad \rightarrow \quad d_B = -A_B^{-1} A_j$$

Escolhida uma direção, é necessário calcular como o valor da FO se alterará. Para tanto, note que, como o objetivo é minimizar a FO, o vetor de coeficientes da FO junto com a direção deve ser menor que zero para que haja melhoria na FO, ou seja, $c^T d < 0$.

$$c^T d = [c_B^T \; c_N^T] \begin{bmatrix} d_B \\ d_N \end{bmatrix} = c_B^T d_B + c_N^T d_N$$

Tendo que $d_B = -A_B^{-1} A_j$ e substituindo-o na equação anterior, tem-se:

$$-c_B^T A_B^{-1} A_j + c_N^T d_N$$

Como $d_N$ é um vetor com zero e um, chamaremos sua multiplicação com $c_N^T$ de $c_j$, resultando na seguinte equação, chamada de custo reduzido:

$$c_j - c_B^T A_B \; A_j$$

Assim, a equação apresentada mostra o custo reduzido para uma direção já escolhida. Como a FO é de minimização, a direção escolhida terá sido satisfatória se o resultado dessa operação for negativo, e quando se compara mais de um valor, deve-se escolher o maior negativo.

Como o custo reduzido é avaliado sobre o vetor $c_N^T$, sua fórmula final pode ser escrita da seguinte forma, assumindo que o vetor $c_N^T$ tenha dois valores:

$$cr = c_j - c_B^T A_B^{-1} A_j \quad \rightarrow \quad \begin{cases} c_{N(1)}^T - c_B^T A_B^{-1} A_{N(1)} \\ c_{N(2)}^T - c_B^T A_B^{-1} A_{N(2)} \end{cases}$$

Outro parâmetro que deve ser determinado é o $\theta$, ou seja, a magnitude da variação da solução. Conforme visto, a próxima solução deverá ser:

$$x + \theta d \quad \rightarrow \quad x_B + \theta d_B$$

Assim, para maximizar o $\theta$, deve-se obter o mínimo de:

$$\theta = \frac{x_B}{-d_B}$$

A próxima seção implementa o algoritmo Simplex matricial por meio de um exemplo numérico.

## APLICAÇÃO DO EXEMPLO

A partir do problema apresentado no início da seção, implementaremos o método Simplex matricial.

**...** **Passo 1 — A partir do problema, gerar as matrizes e vetores pertinentes a ele.**

Problema na forma inicial:

$$\text{máx. } 2x_1 + 3x_2$$
$$\text{Sujeito a:}$$
$$2x_1 + x_2 \leq 100$$
$$2x_1 + 5x_2 \leq 200$$
$$x_1, x_2 \geq 0$$

Matrizes e vetores do problema na forma inicial:

$$c = \begin{bmatrix} -2 \\ -3 \end{bmatrix}$$

$$A = \begin{bmatrix} 2 & 1 \\ 2 & 5 \end{bmatrix}$$

$$x = \begin{bmatrix} x_1 \\ x_2 \end{bmatrix}$$

$$b = \begin{bmatrix} 100 \\ 200 \end{bmatrix}$$

**... Passo 2 — Criação das variáveis de folga e solução inicial**

A solução inicial será anular o vetor $x$ e tornar as variáveis de folga iguais a b. Deve-se, ainda, transformar os vetores e matrizes de modo que possam incorporar as variáveis de folga, dividindo-os em partições. O subscrito B representa solução básica inicial, representado pelas variáveis de folga e o subscrito N representa a solução não básica:

$$A_B = \begin{bmatrix} 1 & 0 \\ 0 & 1 \end{bmatrix}; A_N = \begin{bmatrix} 2 & 1 \\ 2 & 5 \end{bmatrix}$$

$$x_N = \begin{bmatrix} x_1 \\ x_2 \end{bmatrix}; x_B = \begin{bmatrix} x_3 \\ x_4 \end{bmatrix}$$

$$c_N = \begin{bmatrix} -2 \\ -3 \end{bmatrix}; c_B = \begin{bmatrix} 0 \\ 0 \end{bmatrix}$$

Note que o resultado da solução inicial é o próprio vetor b:

$$x_B = A_B^{-1} b \quad \rightarrow \quad \begin{bmatrix} x_3 \\ x_4 \end{bmatrix} = \begin{bmatrix} 1 & 0 \\ 0 & 1 \end{bmatrix} \times \begin{bmatrix} 100 \\ 200 \end{bmatrix} \rightarrow \begin{matrix} x_3 = 100 \\ x_4 = 200 \end{matrix}$$

**... Passo 3 — Primeira iteração**

Cálculo do vetor de custo reduzido:

$$\begin{cases} c_{N(1)}^T - c_B^T A_B^{-1} A_{N(1)} = -2 - [0\ \ 0] \times \begin{bmatrix} 1 & 0 \\ 0 & 1 \end{bmatrix} \times \begin{bmatrix} 2 \\ 2 \end{bmatrix} = -2 \\ c_{N(2)}^T - c_B^T A_B^{-1} A_{N(2)} = -3 - [0\ \ 0] \times \begin{bmatrix} 1 & 0 \\ 0 & 1 \end{bmatrix} \times \begin{bmatrix} 1 \\ 5 \end{bmatrix} = -3 \end{cases}$$

Assim, o vetor de custo reduzido é [−2  −3]. Os índices desse vetor são correspondentes às variáveis de decisão que estão na solução não básica $x_1$ e $x_2$, respectivamente. Nota-se que a variável com maior efeito na FO é $x_2$, com coeficiente de -3. Com isso, define-se que $x_2$ é a variável que entra na solução básica. Assim, o vetor de direção assumirá o seguinte valor:

$$d_N = \begin{bmatrix} 0 \\ 1 \end{bmatrix}$$

A partir de $d_N$, é possível obter o valor de $d_B$:

$$d_B = -A_B^{-1} A_j = -\begin{bmatrix} 1 & 0 \\ 0 & 1 \end{bmatrix} \times \begin{bmatrix} 1 \\ 5 \end{bmatrix} = \begin{bmatrix} -1 \\ -5 \end{bmatrix}$$

O valor de $\theta$ será:

$$\theta = \frac{x_B}{-d_B} \quad \rightarrow \quad \begin{cases} \dfrac{100}{1} = 100 \\ \dfrac{200}{5} = 40 \end{cases}$$

Escolhendo-se o menor valor de $\theta$, observa-se que o resultado dos coeficientes de $x_4$ resultam em menor valor. Assim, $x_4$ é a variável que deixará a solução básica. Ajustando as matrizes e vetores para a variáveis que se intercambiaram, os valores resultantes das partições serão:

$$A_B = \begin{bmatrix} 1 & 1 \\ 0 & 5 \end{bmatrix}; A_N = \begin{bmatrix} 2 & 0 \\ 2 & 1 \end{bmatrix}$$

$$x_N = \begin{bmatrix} x_1 \\ x_4 \end{bmatrix}; x_B = \begin{bmatrix} x_3 \\ x_2 \end{bmatrix}$$

$$c_N = \begin{bmatrix} -2 \\ 0 \end{bmatrix}; c_B = \begin{bmatrix} 0 \\ -3 \end{bmatrix}$$

$$x_B = A_B^{-1} b \quad \rightarrow \quad \begin{bmatrix} x_3 \\ x_2 \end{bmatrix} = \begin{bmatrix} 1 & -0{,}2 \\ 0 & 0{,}2 \end{bmatrix} \times \begin{bmatrix} 100 \\ 200 \end{bmatrix} = \begin{bmatrix} 60 \\ 40 \end{bmatrix}$$

Veja que, após a primeira iteração, a nova solução básica é $x_2 = 40$ e $x_3 = 60$.

**... Passo 4 — Segunda iteração**

Cálculo do vetor de custo reduzido:

$$\begin{cases} c_{N(1)}^T - c_B^T A_B^{-1} A_{N(1)} = -2 - [0 \quad -3] \times \begin{bmatrix} 1 & -0{,}2 \\ 0 & 0{,}2 \end{bmatrix} \times \begin{bmatrix} 2 \\ 2 \end{bmatrix} = -0{,}8 \\ c_{N(2)}^T - c_B^T A_B^{-1} A_{N(2)} = 0 - [0 \quad -3] \times \begin{bmatrix} 1 & -0{,}2 \\ 0 & 0{,}2 \end{bmatrix} \times \begin{bmatrix} 0 \\ 1 \end{bmatrix} = 0{,}6 \end{cases}$$

Sendo o vetor de custo reduzido [-0,8  0,6], nota-se que $x_1$ deve ser a variável que deve adentrar a base. Assim, sendo $d_N$ resulta em:

$$d_N = \begin{bmatrix} 0 \\ 1 \end{bmatrix}$$

O valor de $d_B$ pode ser obtido a partir de:

$$d_B = -A_B^{-1} A_j = -\begin{bmatrix} 1 & -0{,}2 \\ 0 & 0{,}2 \end{bmatrix} \times \begin{bmatrix} 2 \\ 2 \end{bmatrix} = \begin{bmatrix} -1{,}6 \\ -0{,}4 \end{bmatrix}$$

O valor de $\theta$ será:

$$\theta = \frac{x_B}{-d_B} \rightarrow \begin{cases} \dfrac{60}{1,6} = 37,5 \\ \dfrac{40}{0,4} = 100 \end{cases}$$

Assim, pelo resultado mostrado, a variável que deixará a solução básica será $x_3$. As matrizes reorganizadas com essa nova solução são:

$$A_B = \begin{bmatrix} 2 & 1 \\ 2 & 5 \end{bmatrix}; A_N = \begin{bmatrix} 1 & 0 \\ 0 & 1 \end{bmatrix}$$

$$x_N = \begin{bmatrix} x_3 \\ x_4 \end{bmatrix}; x_B = \begin{bmatrix} x_1 \\ x_2 \end{bmatrix}$$

$$c_N = \begin{bmatrix} 0 \\ 0 \end{bmatrix}; c_B = \begin{bmatrix} -2 \\ -3 \end{bmatrix}$$

$$x_B = A_B^{-1} b \rightarrow \begin{bmatrix} x_1 \\ x_2 \end{bmatrix} = \begin{bmatrix} 2 & 1 \\ 2 & 5 \end{bmatrix} \times \begin{bmatrix} 100 \\ 200 \end{bmatrix} = \begin{bmatrix} 37,5 \\ 25 \end{bmatrix}$$

Note que o algoritmo chegou à solução final. Isso é corroborado pelo cálculo do novo vetor de custos reduzidos, que não mais tem valores negativos:

$$\begin{cases} c_{N(1)}^T - c_B^T A_B^{-1} A_{N(1)} = 0 - [-2 \quad -3] \times \begin{bmatrix} 0,62 & -0,12 \\ -0,25 & 0,25 \end{bmatrix} \times \begin{bmatrix} 1 \\ 0 \end{bmatrix} = 0,5 \\ c_{N(2)}^T - c_B^T A_B^{-1} A_{N(2)} = 0 - [-2 \quad -3] \times \begin{bmatrix} 0,62 & -0,12 \\ -0,25 & 0,25 \end{bmatrix} \times \begin{bmatrix} 0 \\ 1 \end{bmatrix} = 0,5 \end{cases}$$

Note que alguns resultados aqui obtidos são os mesmos da Tabela Simplex.

A seção a seguir apresenta um exercício resolvido por meio do Simplex com tabelas de um problema com três variáveis de decisão.

Assim, pode-se resumir o algoritmo Simplex e dividi-lo em três fases:

**... Fase 1 — Preparação**

A partir dos dados do problema original, gerar as partições necessárias:

$$A \rightarrow [A_B \quad A_N]$$
$$x \rightarrow [x_B \quad x_N]$$
$$c \rightarrow [c_B \quad c_N]$$
$$b$$

**... Fase 2 — Escolha da solução inicial**

$$x_B = A_B^{-1} b$$

**... Fase 3 — Iteração**

Enquanto $cr = c_j - c_B^T A_B^{-1} A_j < 0 < 0$

Escolher mín. $(cr_i)$ de $x_N$ para entrar na solução

Escolher $\theta = \dfrac{x_B}{-d_B}$ de $x_B$ para deixar a solução

Calcular nova solução: $x_B = A_B^{-1} b$

Fim

## Exercício resolvido

Agora utilizaremos o fluxograma desenvolvido na seção "Desenvolvimento do Algoritmo Simplex por meio de tabelas", deste capítulo, para resolver o seguinte problema com Simplex por Tabelas:

$$\text{máx. } 3x_1 + 5x_2 + 8x_3$$

Sujeito a:

$$5x_1 + 4x_2 + 5x_3 \leq 3$$
$$x_1 + 2x_2 + 3x_3 \leq 8$$
$$3x_1 + 2x_2 + 6x_3 \leq 9$$
$$x_1, x_2, x_3 \geq 0$$

O primeiro passo é criar as variáveis de folga e lançar os coeficientes na Tabela Simplex. Como há três restrições, serão criadas as variáveis de folga $x_4$, $x_5$ e $x_6$. Note, ainda, que os coeficientes da função objetivo serão lançados com valor negativo. O problema na Tabela Simplex pode ser visto na Tabela 5.12.

TABELA 5.12

### Tabela Simplex 1

| SB | X1 | X2 | X3 | X4 | X5 | X6 | TT |
|---|---|---|---|---|---|---|---|
| x4 | 5 | 4 | 5 | 1 | 0 | 0 | 3 |
| x5 | 1 | 2 | 3 | 0 | 1 | 0 | 8 |
| x6 | 3 | 2 | 6 | 0 | 0 | 1 | 9 |
| FO | -3 | -5 | -8 | 0 | 0 | 0 | 0 |

Fonte: O autor.

O próximo passo é verificar se há coeficientes na linha da FO. Nota-se que o maior coeficiente é o da variável $x_3$. Assim, essa variável será a que entrará na solução básica (SB). Para verificar qual variável sairá da solução básica, dividem-se os totais (TT) pelos coeficientes de $x_3$ (coluna 4), escolhendo-se o menor valor:

$$\text{Min } (x_4 = \frac{3}{5} = 0{,}6; x_5 = \frac{8}{3} = 2{,}67; x_6 = \frac{9}{6} = 1{,}5)$$

Nota-se que o menor quociente é o resultante da divisão do TT por $x_4$. Assim, $x_4$ será a variável que deixará a solução básica, conforme apresentado na Tabela 5.13.

**Tabela 5.13** — Tabela Simplex 1 com nova variável na SB

| SB | X1 | X2 | X3 | X4 | X5 | X6 | TT |
|---|---|---|---|---|---|---|---|
| x3 | 5 | 4 | 5 | 1 | 0 | 0 | 3 |
| x5 | 1 | 2 | 3 | 0 | 1 | 0 | 8 |
| x6 | 3 | 2 | 6 | 0 | 0 | 1 | 9 |
| FO | -3 | -5 | -8 | 0 | 0 | 0 | 0 |

Fonte: O autor.

Agora será necessário transformar os coeficientes de $x_3$ com $x_3$ em pivô, ou seja, deve-se dividir toda a linha 2 por 5, aplicando a seguinte operação: L2 = L2 / 5, conforme pode ser visto na Tabela 5.14.

**Tabela 5.14** — Tabela Simplex 1 com x3 como pivô

| SB | X1 | X2 | X3 | X4 | X5 | X6 | TT |
|---|---|---|---|---|---|---|---|
| x3 | 1 | 0,8 | 1 | 0,2 | 0 | 0 | 0,6 |
| x5 | 1 | 2 | 3 | 0 | 1 | 0 | 8 |
| x6 | 3 | 2 | 6 | 0 | 0 | 1 | 9 |
| FO | -3 | -5 | -8 | 0 | 0 | 0 | 0 |

Fonte: O autor.

Para tornar os outros coeficientes da coluna do pivô em valores nulos, será necessário executar as seguintes operações: L3 = L2(-3) + L3;

L4 = L2(-6) + L4; L5 = L2(8) + L5. O resultado das operações é dado pela Tabela 5.15.

**Tabela 5.15** Tabela Simplex 1 com x3 como pivô e colunas zeradas

| SB | X1 | X2 | X3 | X4 | X5 | X6 | TT |
|----|----|----|----|----|----|----|-----|
| x3 | 1  | 0,8 | 1 | 0,2 | 0 | 0 | 0,6 |
| x5 | -2 | -0,4 | 0 | -0,6 | 1 | 0 | 6,2 |
| x6 | -2 | -2,8 | 0 | -1,2 | 0 | 1 | 5,4 |
| FO | 5  | 1,4 | 0 | 1,6 | 0 | 0 | 4,8 |

Fonte: O autor.

Veja que, como não há mais coeficientes negativos na FO, chegou-se à solução ótima do problema com os valores de $x_1 = 0$, $x_2 = 0$ e $x_3 = 0,6$ resultando na FO de 4,8.

## ⋮⋮ Resumo

Nesse capítulo, estudamos o desenvolvimento do método Simplex por tabelas. Foi vista, ainda, a intuição gráfica de sua implementação, além de um exemplo da aplicação matricial.

Note o leitor que optamos por não apresentar o Simplex com restrições de valor maior ou igual, nem em problemas de minimização, o que acarretaria uma complexidade maior da solução desenvolvida. Como veremos no próximo capítulo, a solução de um problema de programação linear é facilitada pelo uso de softwares. Assim, acredita-se que este capítulo já tenha atingido seu objetivo ao apresentar o algoritmo Simplex em sua complexidade limitada a problemas de maximização e restrições de valor menor e igual.

O próximo capítulo mostra como resolver os problemas apresentados por meio de planilhas do Excel.

## ⋮⋮ Exercícios propostos

Resolva, por meio do Simplex com Tabelas, os seguintes problemas de programação linear.

1) máx. $3x_1 + 3,5x_2$

   Sujeito a:

   $6x_1 + 8x_2 \leq 240$
   $5x_1 + 4x_2 \leq 150$
   $x_1, x_2 \geq 0$

2) máx. $2,5x_1 + 3x_2$

   Sujeito a:

   $0,5x_1 + x_2 \leq 160$
   $0,2x_1 + x_2 \leq 100$
   $x_1, x_2 \geq 0$

3) máx. $3x_1 + 3,5x_2$

   Sujeito a:

   $6x_1 + 8x_2 \leq 220$
   $3x_1 + 5x_2 \leq 300$
   $x_1, x_2 \geq 0$

4) máx. $2x_1 + 3x_2$

   Sujeito a:

   $2x_1 + x_2 \leq 10$
   $2x_1 + 5x_2 \leq 20$
   $x_1, x_2 \geq 0$

5) máx. $2,5x_1 + 5x_2$

   Sujeito a:

   $0,5x_1 + x_2 \leq 160$
   $0,2x_1 + x_2 \leq 2000$
   $x_1, x_2 \geq 0$

6) máx. $8x_1 + 3x_2 + 4x_3$

Sujeito a:

$2x_1 + 1,5x_2 + 4x_3 \leq 300$
$0,3x_1 + 0,1x_2 + 0,2x_3 \leq 100$
$0,05x_1 + 0,04x_2 + 0,045x_3 \leq 50$
$x_1, x_2, x_3 \geq 0$

7) máx. $20x_1 + 30x_2$

Sujeito a:

$2x_1 + 1x_2 \leq 15$
$3x_1 + 2x_2 \leq 10$
$x_1, x_2 \geq 0$

8) máx. $5x_1 + 6x_2$

Sujeito a:

$2x_1 + 10x_2 \leq 15$
$6x_1 + 5x_2 \leq 30$
$x_1, x_2 \geq 0$

9) máx. $35x_1 + 25x_2$

Sujeito a:

$x_1 + 3x_2 \leq 800$
$2x_1 + 8x_2 \leq 700$
$x_1, x_2 \geq 0$

10) máx. $5x_1 + 7,5x_2$

Sujeito a:

$3x_1 + 7x_2 \leq 350$
$5x_1 + 2x_2 \leq 280$
$x_1, x_2 \geq 0$

CAPÍTULO 6

# Solução de problemas no Excel

No capítulo anterior, foi apresentado o método Simplex de solução para problemas de programação linear. A partir deste capítulo, a solução dos problemas será facilitada pelo uso de softwares. Este capítulo apresenta a solução de problemas de programação linear em planilhas do Excel.

> Objetivos do capítulo

Ao final deste capítulo, você será capaz de:

- Encontrar a resolução de modelos de programação linear com o uso de planilhas do Excel.
- Realizar a análise de sensibilidade para obter *insights* úteis a partir da solução encontrada.

# Resolução com Solver do Excel

Planilhas eletrônicas são bastante úteis para a resolução de problemas de programação linear. Considere o seguinte exemplo de problema:

$$\text{máx. } 2x_1 + 3x_2$$
$$\text{Sujeito a:}$$
$$2x_1 + x_2 \leq 100$$
$$2x_1 + 5x_2 \leq 200$$
$$x_1, x_2 \geq 0$$

Para a resolução de problemas como este em planilhas eletrônicas, será necessário utilizar o suplemento Solver, disponível tanto para o Excel, do pacote Office, quanto para o Calc, do pacote Libreoffice. É necessário realizar sua instalação. No Excel, deve-se ir ao menu Arquivo > Opções. Serão mostradas as opções do Excel, conforme Figura 6.1. Em Suplementos, selecionar Solver e pressionar Ok.

**FIGURA 6.1** — Instalação do suplemento Solver no Excel

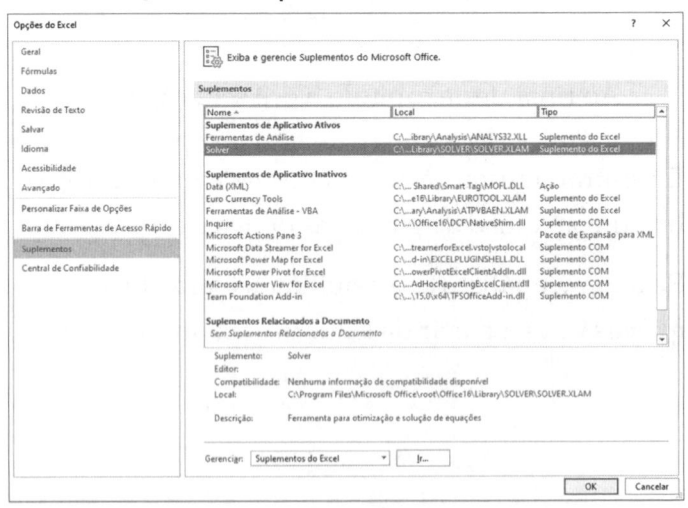

Fonte: O autor.

Após a instalação, o Solver estará disponível no menu Dados, no canto superior direito, abaixo da ferramenta de Análise de Dados, quando instalada, conforme mostra a Figura 6.2.

FIGURA 6.2

**Localização do Solver**

Fonte: O autor.

Com o suplemento Solver instalado, é necessário lançar os coeficientes do problema na planilha. Inicialmente, lançaremos os coeficientes da função objetivo, que ficará no início da planilha. Abaixo, lançaremos as variáveis de decisão, e logo em seguida, os coeficientes das restrições, conforme mostra a Figura 6.3. Note que foram descritos nas planilhas as variáveis de decisão $x_1$ e $x_2$, para facilitar a visualização do problema. Nessa mesma linha, foram também escritos os sinais das restrições. Veja que foi deixado um espaço logo abaixo das variáveis de decisão, células A7 e B7, que serão utilizadas pelo Solver para a solução do problema.

**FIGURA 6.3** Lançamento dos dados do problema na planilha.

|    | A | B | C | D | E |
|---|---|---|---|---|---|
| 1 | Função objetivo | | | | |
| 2 | Coeficientes | | | | |
| 3 | $x_1$ | $x_2$ | | | |
| 4 | 2 | 3 | | | |
| 5 | Variáveis de decisão | | | | |
| 6 | $x_1$ | $x_2$ | | | |
| 7 | | | | | |
| 8 | | | Restrições | | |
| 9 | Coeficientes | | | | Totais |
| 10 | $x_1$ | $x_2$ | Sinais | | |
| 11 | 2 | 1 | ≤ | | 100 |
| 12 | 2 | 5 | ≤ | | 200 |

Fonte: O autor.

Com os dados lançados, será necessário agora inserir as fórmulas na planilha. Serão inseridas fórmulas para a função objetivo e as restrições. As fórmulas inseridas são exibidas na Figura 6.4.

**FIGURA 6.4** Planilha com as fórmulas da função objetivo e restrições

|    | A | B | C | D | E |
|---|---|---|---|---|---|
| 1 | | | Função objetivo | | |
| 2 | Coeficientes | | | | |
| 3 | $x_1$ | $x_2$ | Fórmula | | |
| 4 | 2 | 3 | =SOMARPRODUTO(A4:B4;A7:B7) | | |
| 5 | Variáveis de decisão | | | | |
| 6 | $x_1$ | $x_2$ | | | |
| 7 | | | | | |
| 8 | | | Restrições | | |
| 9 | Coeficientes | | | | Totais |
| 10 | $x_1$ | $x_2$ | Sinais | Fórmulas | |
| 11 | 2 | 1 | ≤ | =SOMARPRODUTO($A$7:$B$7;A11:B11) | 100 |
| 12 | 2 | 5 | ≤ | =SOMARPRODUTO($A$7:$B$7;A12:B12) | 200 |

Fonte: O autor.

Observe na célula C4 que a fórmula da função objetivo resulta da multiplicação dos seus coeficientes (células A4 e B4) pelas variáveis de decisão, que ainda serão encontradas pelo Solver (células A7 e B7). É possível inserir a fórmula pela soma da multiplicação dos coeficientes da função objetivo pelas variáveis de decisão, ou pela função somarproduto(), conforme pode-se verificar na Tabela 6.1.

**TABELA 6.1**

### Fórmula da função objetivo

| CÉLULA | MODO | FÓRMULA |
|---|---|---|
| C4 | Multiplicação e soma | =A4*A7+B4*B7 |
| C4 | Função somarproduto() | =somarproduto(A4:B4;A7:B7) |

Fonte: O autor.

Da mesma forma, na coluna D das restrições, será lançada a fórmula que multiplicará os coeficientes das restrições, que, da mesma maneira que a função objetivo, pode ser escrita na forma direta ou por meio da função somarproduto(). Note que a fórmula que utiliza a função está com o símbolo $ entre as células, para que possa ser arrastada, conforme mostra a Tabela 6.2.

**TABELA 6.2**

### Fórmulas das restrições

| LOCAL | MODO | FÓRMULA |
|---|---|---|
| D11 | Multiplicação e soma | =A7*A11+B7*B11 |
| D11 | Função somarproduto() | =SOMARPRODUTO($A$7:$B$7;A11:B11) |
| D12 | Multiplicação e soma | =A7*A12+B7*B12 |
| D12 | Função somarproduto() | =SOMARPRODUTO($A$7:$B$7;A12:B12) |

Fonte: O autor.

A Figura 6.5 mostra a planilha pronta com as informações a serem resolvidas pelo Solver após o lançamento das fórmulas.

**FIGURA 6.5**

**Planilha pronta para resolução**

| | A | B | C | D | E |
|---|---|---|---|---|---|
| 1 | | Função objetivo | | | |
| 2 | Coeficientes | | | | |
| 3 | $x_1$ | $x_2$ | Fórmula | | |
| 4 | 2 | 3 | | 0 | |
| 5 | Variáveis de decisão | | | | |
| 6 | $x_1$ | $x_2$ | | | |
| 7 | | | | | |
| 8 | | | Restrições | | |
| 9 | Coeficientes | | | | Totais |
| 10 | $x_1$ | $x_2$ | Sinais | Fórmulas | |
| 11 | 2 | 1 | ≤ | 0 | 100 |
| 12 | 2 | 5 | ≤ | 0 | 200 |

Fonte: O autor.

O próximo passo será preencher as informações no Solver para resolver o problema. Para tanto, no menu Dados, clique no Solver, e a janela do suplemento poderá ser visualizada, conforme mostra a Figura 6.6.

**FIGURA 6.6**

## Janela do Solver

*Fonte: O autor.*

No campo "Definir Objetivo:", deverá ser selecionada a fórmula da função objetivo. Nas opções do campo "Para:", deve ser selecionado o objetivo de "Max.", uma vez que o problema é de maximização. As células vazias que foram reservadas às variáveis de decisão, A7 e B7, devem ser selecionadas no campo "Alterando células variáveis:". As restrições serão lançadas na caixa "Sujeito às restrições:". Para isso, deve-se clicar em "Adicionar". Neste momento, devem-se selecionar as fórmulas das restrições no campo "Referência de célula:". Em seguida, o símbolo correspondente ao sinal da restrição deve ser selecionado, conforme o problema ("<=", neste caso). Por fim, no campo "Restrição:"

devem ser selecionados os totais das restrições. Na Figura 6.7 pode-se visualizar a janela de adição da restrição.

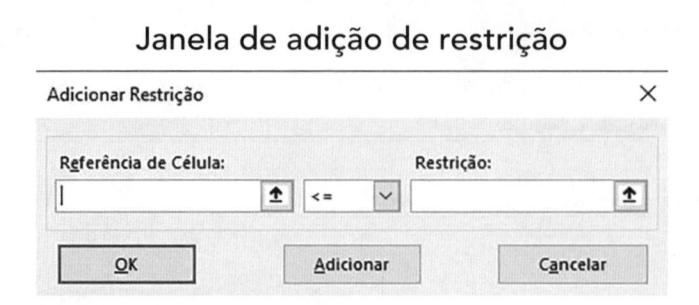

**FIGURA 6.7**

### Janela de adição de restrição

Fonte: O autor.

As restrições podem ser adicionadas nessa janela, uma por vez, principalmente quando apresentarem sinais de desigualdade diferentes, conforme pode ser verificado na adição da primeira restrição na Figura 6.8. Note que foi selecionada a fórmula da primeira restrição (célula $D$11) e seu total (célula $E$11).

**FIGURA 6.8**

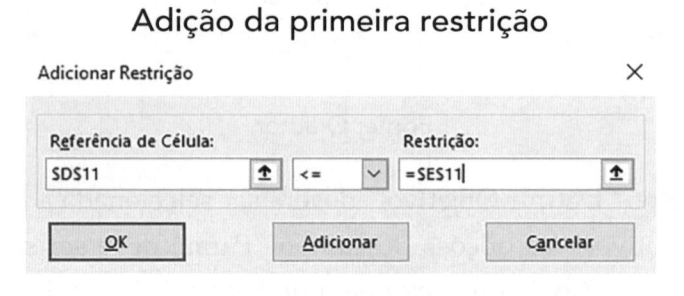

### Adição da primeira restrição

Fonte: O autor.

Caso todas as restrições tenham o sinal de restrição na mesma direção, como é o caso deste exemplo, a seleção pode ser feita de uma só vez, conforme mostra a Figura 6.9. Veja que foram selecionadas as duas fórmulas de uma só vez no campo "Referência de Célula:", além dos totais da "Restrição:".

**FIGURA 6.9** Adição das restrições conjuntamente

Fonte: O autor.

A janela do Solver com todas as informações devidamente selecionadas é mostrada na Figura 6.10.

**FIGURA 6.10** Janela do Solver com as informações selecionadas

Fonte: O autor.

Note que as restrições foram selecionadas de uma só vez. Caso fossem selecionadas de forma separada, seriam apresentadas conforme a Figura 6.11.

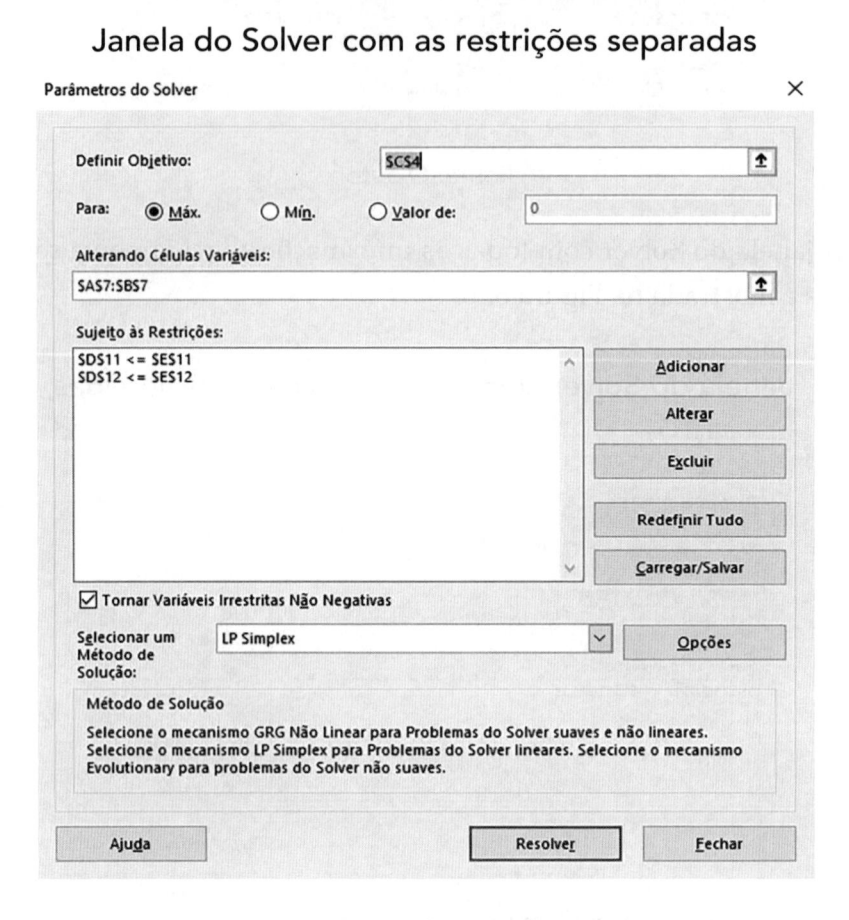

**FIGURA 6.11** Janela do Solver com as restrições separadas

Fonte: O autor.

Veja, ainda, que o método de solução deve ser o LP Simplex. Também foi selecionado o campo "Tornar Variáveis Irrestritas Não Negativas". Esse campo se refere à não negatividade das variáveis de decisão. Caso não fosse selecionado, as restrições de não negatividade deveriam ser incluídas no problema, conforme mostra a Figura 6.12. As restrições de não negatividade foram incluídas nas células A13 a E14.

**FIGURA 6.12** Inclusão das restrições de não negatividade na planilha

|    | A | B | C | D | E |
|----|---|---|---|---|---|
| 1  | Função objetivo | | | | |
| 2  | Coeficientes | | | | |
| 3  | $x_1$ | $x_2$ | Fórmula | | |
| 4  | 2 | 3 | 0 | | |
| 5  | Variáveis de decisão | | | | |
| 6  | $x_1$ | $x_2$ | | | |
| 7  | | | | | |
| 8  | | | Restrições | | |
| 9  | Coeficientes | | | | Totais |
| 10 | $x_1$ | $x_2$ | Sinais | Fórmulas | |
| 11 | 2 | 1 | ≤ | 0 | 100 |
| 12 | 2 | 5 | ≤ | 0 | 200 |
| 13 | 1 | 0 | ≥ | 0 | 0 |
| 14 | 0 | 1 | ≥ | 0 | 0 |

Fonte: O autor.

Com os dados lançados no Solver, basta pressionar o botão "Resolver" para que a solução do problema seja mostrada, conforme mostra a Figura 6.13. Veja que a solução obtida é a mesma encontrada pelos métodos gráficos e Simplex, $x_1 = 37{,}5$ e $x_2 = 25$.

**FIGURA 6.13**

### Solução do Solver

| | A | B | C | D | E | F | G | H | I | J |
|---|---|---|---|---|---|---|---|---|---|---|
| 1 | | Função objetivo | | | | | | | | |
| 2 | | Coeficientes | | | | | | | | |
| 3 | $x_1$ | $x_2$ | Fórmula | | | | | | | |
| 4 | 2 | 3 | 150 | | | | | | | |
| 5 | Variáveis de decisão | | | | | | | | | |
| 6 | $x_1$ | $x_2$ | | | | | | | | |
| 7 | 37,5 | 25 | | | | | | | | |
| 8 | | | Restrições | | | | | | | |
| 9 | | Coeficientes | | | Totais | | | | | |
| 10 | $x_1$ | $x_2$ | Sinais | Fórmulas | | | | | | |
| 11 | 2 | 1 | ≤ | 100 | 100 | | | | | |
| 12 | 2 | 5 | ≤ | 200 | 200 | | | | | |

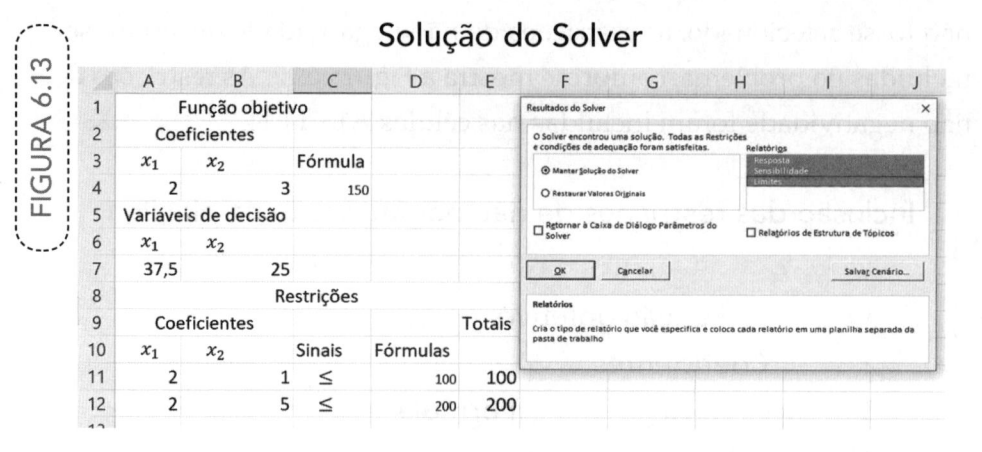

Fonte: O autor.

Note que a caixa de solução possibilita mostrar o relatório de sensibilidade, que será explorado na próxima seção.

## Análise de sensibilidade

A análise de sensibilidade é útil para analisar como a solução obtida se comporta a partir de possíveis mudanças nas variáveis de decisão e nas restrições.

A Figura 6.14 mostra o relatório de sensibilidade do problema resolvido.

**FIGURA 6.14**

### Relatório de sensibilidade do problema

| | A | B | C | D | E | F | G | H |
|---|---|---|---|---|---|---|---|---|
| 1 | Microsoft Excel 16.0 Relatório de Sensibilidade | | | | | | | |
| 2 | Planilha: [Pasta1]Planilha1 | | | | | | | |
| 3 | Relatório Criado: 23/11/2021 11:39:07 | | | | | | | |
| 4 | | | | | | | | |
| 5 | Células Variáveis | | | | | | | |
| 6 | | | | Final | Reduzido | Objetivo | Permitido | Permitido |
| 7 | | Célula | Nome | Valor | Custo | Coeficiente | Aumentar | Reduzir |
| 8 | | $A$7 | Variáveis de decisão | 37,5 | 0 | 2 | 4 | 0,8 |
| 9 | | $B$7 | | 25 | 0 | 3 | 2 | 2 |
| 10 | | | | | | | | |
| 11 | Restrições | | | | | | | |
| 12 | | | | Final | Sombra | Restrição | Permitido | Permitido |
| 13 | | Célula | Nome | Valor | Preço | Lateral R.H. | Aumentar | Reduzir |
| 14 | | $D$11 | Fórmulas | 100 | 0,5 | 100 | 100 | 60 |
| 15 | | $D$12 | Fórmulas | 200 | 0,5 | 200 | 300 | 100 |
| 16 | | | | | | | | |

Fonte: O autor.

## PREÇOS SOMBRA

A primeira informação útil a se analisar são os valores dos preços sombra. No Excel, essa informação é exibida sob o rótulo "Sombra Preço", podendo ser visualizada na Figura 6.14. Note que os preços sombra exibidos são similares aos coeficientes das variáveis de folga, na linha da FO da Tabela Simplex resolvida, conforme foi apresentado na seção "Desenvolvimento do Algoritmo Simplex por meio de tabelas", do Capítulo 5, e reproduzida na Tabela 6.3.

**TABELA 6.3**

### Tabela Simplex 3 com solução do exemplo

| SB | X1 | X2 | X3 | X4 | TT |
|---|---|---|---|---|---|
| x1 | 1 | 0 | 0,62 | -0,12 | 37,5 |
| x2 | 0 | 1 | -0,25 | 0,05 | 25 |
| FO | 0 | 0 | 0,5 | 0,5 | 150 |

Fonte: O autor.

O preço sombra é um índice relativo à restrição e pode ser interpretado como a quantidade que seria alterada na função objetivo caso houvesse um incremento na respectiva restrição. Note que a solução ótima de $x_1 = 37{,}5$ e $x_2 = 25$ gera os seguintes resultados em vista dos recursos (Tabela 6.4):

**TABELA 6.4**

Resultado das restrições na solução ótima

| RESTRIÇÕES/FO | EQUAÇÃO | TOTAL OBTIDO |
|---|---|---|
| Restrição 1 | $2x_1 + x_2 \leq 100$ | $2(37{,}5) + 25 = 100$ |
| Restrição 2 | $2x_1 + 5x_2 \leq 200$ | $2(37{,}5) + 5(25) = 200$ |
| Função objetivo | $2x_1 + 3x_2$ | $2(37{,}5) + 3(25) = 150$ |

Fonte: O autor.

Veja na Tabela 6.4 que a totalidade de recursos foi utilizada, 100 do primeiro e 200 do segundo. O relatório de sensibilidade da Figura 6.14 também indica essa utilização no campo "Final Valor". Nesse campo, é possível verificar se há folga, caso em que a totalidade de recursos não é utilizada em problemas de maximização, ou excesso, para problemas de minimização.

Agora compare os resultados da Tabela 6.4 com a Tabela 6.5, caso em que a primeira restrição tem um aumento de uma unidade de recurso disponível. Neste caso, o modelo seria redigido da seguinte forma:

$$\text{máx. } 2x_1 + 3x_2$$
$$\text{Sujeito a:}$$
$$2x_1 + x_2 \leq 101$$
$$2x_1 + 5x_2 \leq 200$$
$$x_1, x_2 \geq 0$$

No Excel, o novo modelo seria alterado conforme mostra a Figura 6.15.

**FIGURA 6.15**

Dados do modelo alterado

|    | A            | B       | C       | D        | E      |
|----|--------------|---------|---------|----------|--------|
| 1  | Função objetivo |      |         |          |        |
| 2  | Coeficientes |         |         |          |        |
| 3  | $x_1$        | $x_2$   | Fórmula |          |        |
| 4  | 2            | 3       | 0       |          |        |
| 5  | Variáveis de decisão |  |         |          |        |
| 6  | $x_1$        | $x_2$   |         |          |        |
| 7  |              |         |         |          |        |
| 8  | Restrições   |         |         |          |        |
| 9  | Coeficientes |         |         |          | Totais |
| 10 | $x_1$        | $x_2$   | Sinais  | Fórmulas |        |
| 11 | 2            | 1       | ≤       | 0        | 101    |
| 12 | 2            | 5       | ≤       | 0        | 200    |

Fonte: O autor.

A solução do modelo alterado no Solver é apresentada na Figura 6.16.

**FIGURA 6.16**

### Solução do modelo alterado

|    | A | B | C | D | E |
|----|---|---|---|---|---|
| 1  | Função objetivo | | | | |
| 2  | Coeficientes | | | | |
| 3  | $x_1$ | $x_2$ | Fórmula | | |
| 4  | 2 | 3 | 150,5 | | |
| 5  | Variáveis de decisão | | | | |
| 6  | $x_1$ | $x_2$ | | | |
| 7  | 38,13 | 24,75 | | | |
| 8  | Restrições | | | | |
| 9  | Coeficientes | | | | Totais |
| 10 | $x_1$ | $x_2$ | Sinais | Fórmulas | |
| 11 | 2 | 1 | ≤ | 101 | 101 |
| 12 | 2 | 5 | ≤ | 200 | 200 |

Fonte: O autor.

Note que o modelo alterado gerou uma nova solução ótima: $x_1$ = 38,13 e $x_2$ = 24,75. Esses novos valores das variáveis de decisão afetaram tanto o uso dos recursos quanto o valor da função objetivo, conforme mostra a Tabela 6.5.

**TABELA 6.5**

### Resultado das restrições com modelo alterado

| RESTRIÇÕES/FO | EQUAÇÃO | TOTAL OBTIDO |
|---|---|---|
| Restrição 1 | $2x_1 + x_2 \leq 101$ | 2(38,12) + 24,75 = 101 |
| Restrição 2 | $2x_1 + 5x_2 \leq 200$ | 2(38,12) + 5(24,75) = 200 |
| Função objetivo | $2x_1 + 3x_2$ | 2(38,12)+3(24,75) = 150,5 |

Fonte: O autor.

Veja que a nova solução ($x_1 = 38{,}13$ e $x_2 = 24{,}75$) aumentou a função objetivo em 0,5. O mesmo pode ser realizado para $x_2$, caso se utilize o seguinte modelo:

$$\text{máx. } 2x_1 + 3x_2$$
$$\text{Sujeito a:}$$
$$2x_1 + x_2 \leq 100$$
$$2x_1 + 5x_2 \leq 201$$
$$x_1, x_2 \geq 0$$

Veja na Figura 6.17 que o incremento na segunda restrição gera o mesmo efeito na função objetivo. Vale apontar que esses incrementos devem ser analisados de forma isolada, ou seja, as alterações são realizadas uma de cada vez, mantendo constantes os outros dados do modelo.

**FIGURA 6.17** Solução do modelo alterado na segunda restrição

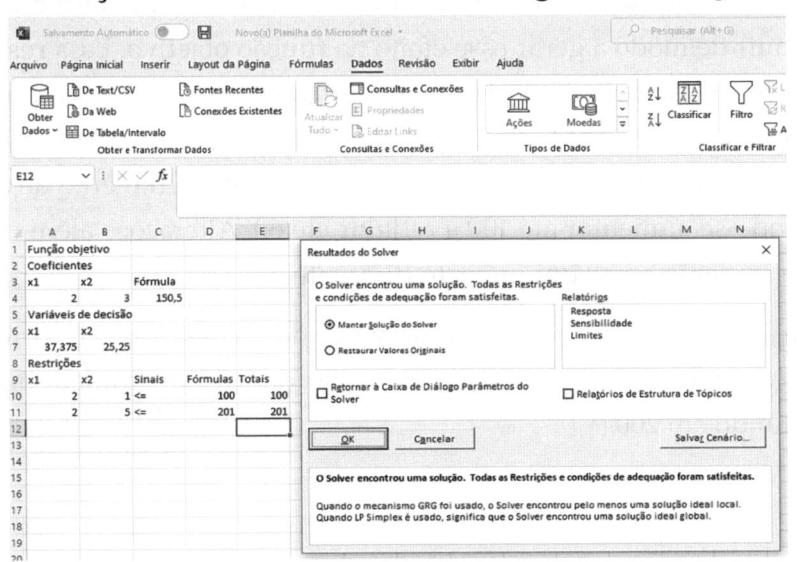

Fonte: O autor.

Assim, como ambos os preços sombra das restrições são 0,5, é indiferente aumentar o recurso 1 ou 2. Caso os coeficientes fossem diferentes, seria mais vantajoso aumentar ou diminuir, dependendo de se a função objetivo é de maximização ou minimização, o recurso que gera maior impacto na função objetivo, ou seja, aquele cuja restrição tiver maior preço sombra.

A nova solução e seu efeito nas restrições e na função objetivo são exibidos na Tabela 6.6.

**TABELA 6.6** Resultado com modelo alterado na segunda restrição

| RESTRIÇÕES/FO | EQUAÇÃO | TOTAL OBTIDO |
|---|---|---|
| Restrição 1 | $2x_1 + x_2 \leq 100$ | $2(37,37) + 25,25 = 100$ |
| Restrição 2 | $2x_1 + 5x_2 \leq 201$ | $2(37,37) + 5(25,25) = 201$ |
| Função objetivo | $2x_1 + 3x_2$ | $2(37,37)+3(25,25) = 150,5$ |

Fonte: O autor.

Outra informação útil é o quanto a restrição poderia aumentar ou diminuir de modo a gerar esse efeito na função objetivo. Essa resposta também é dada pelo relatório de sensibilidade nos campos "Permitido Aumentar" e "Permitido Reduzir", mostrados na Figura 6.14. Note que, para a primeira restrição, de forma a garantir um incremento de 0,5 na FO, pode-se aumentar até 100 e reduzir até 60. Alterações além dessas faixas poderão gerar um impacto diferente na FO.

Veja na Figura 6.18 que um aumento de 100 no total da primeira restrição gera um aumento proporcional de 0,5 por unidade na FO, resultando em 200.

**FIGURA 6.18**

**Incremento na FO resultado de aumento de 100 na primeira restrição**

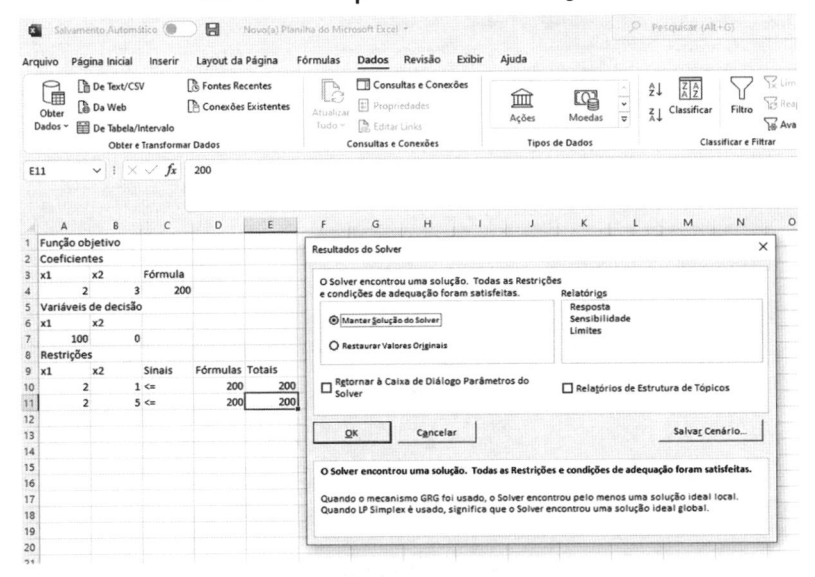

Fonte: O autor.

Contudo, conforme a Figura 6.19, um incremento adicional de 1 unidade na primeira restrição, comparado ao modelo anterior, não gera efeito no resultado, sendo que a FO se mantém em 200.

**FIGURA 6.19** Resultado do incremento adicional na FO

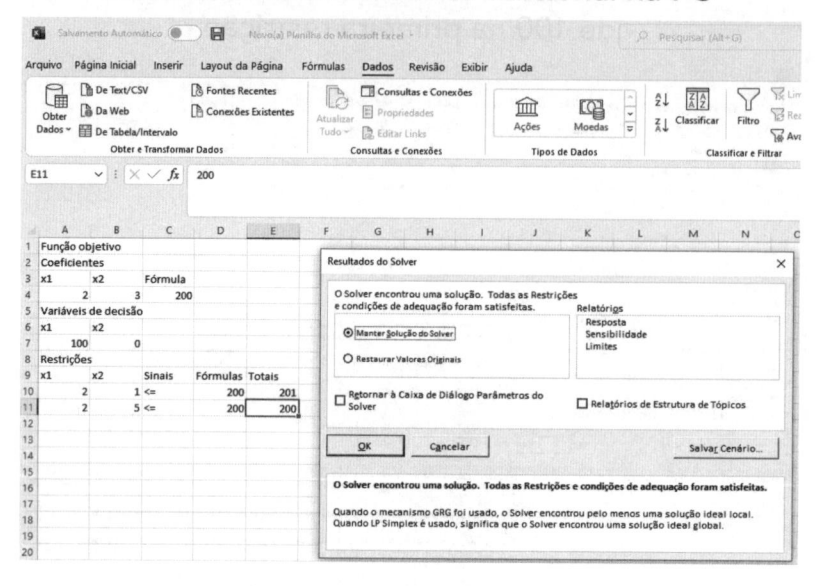

Fonte: O autor.

## ANÁLISE DO CUSTO REDUZIDO

O custo reduzido é passível de análise para variáveis que não entraram na solução. Neste exemplo, ambas as variáveis entraram na solução. Para o caso de variáveis que não entram na solução, ou seja, que apresentam valor ótimo nulo, o custo reduzido mostra a mudança necessária no coeficiente da função objetivo para que a variável entre na solução.

## VARIAÇÕES NA FUNÇÃO OBJETIVO

O relatório de sensibilidade mostra também como alterações na função objetivo afetam os resultados do modelo. Essas alterações na função objetivo se referem ao possível acréscimo ou decréscimo nos coeficientes da função objetivo em que a solução obtida se manteria. No relatório de sensibilidade, essa informação é exibida nos campos "Permitido

Aumentar" e "Permitido Reduzir", ao lado do campo "Objetivo Coeficiente", conforme mostrado na Figura 6.14.

A Figura 6.20 mostra a resolução do modelo original com a alteração do coeficiente do primeiro para 5. Note que a solução ótima é mantida. Contudo, houve um acréscimo no resultado da função objetivo, que passou de 150 para 262,50.

FIGURA 6.20

Resolução com alteração na função
objetivo dentro dos limites

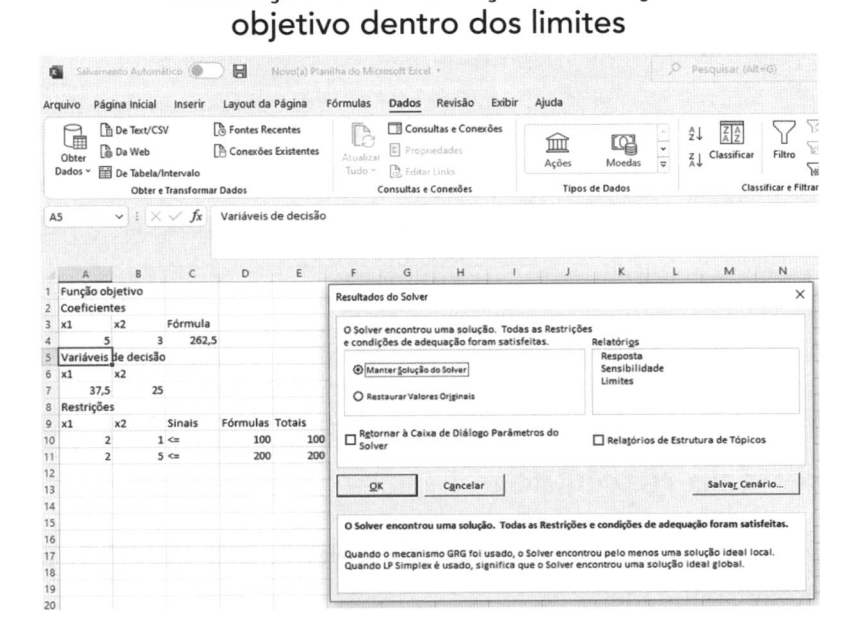

Fonte: O autor.

Contudo, o limite apresentado no campo "Permitido Aumentar" da função objetivo é de 4 (conforme Figura 6.14), ou seja, o coeficiente da função objetivo relativo à primeira restrição pode ser alterado até o limite de 6 (resultado da soma de 2, valor atual, com 4, do relatório, excluindo esse ponto). Note na Figura 6.21 que, quando o coeficiente da FO relativo à primeira restrição é 6, a solução é alterada.

**FIGURA 6.21** Resultado do modelo com coeficiente da FO alterado fora do limite

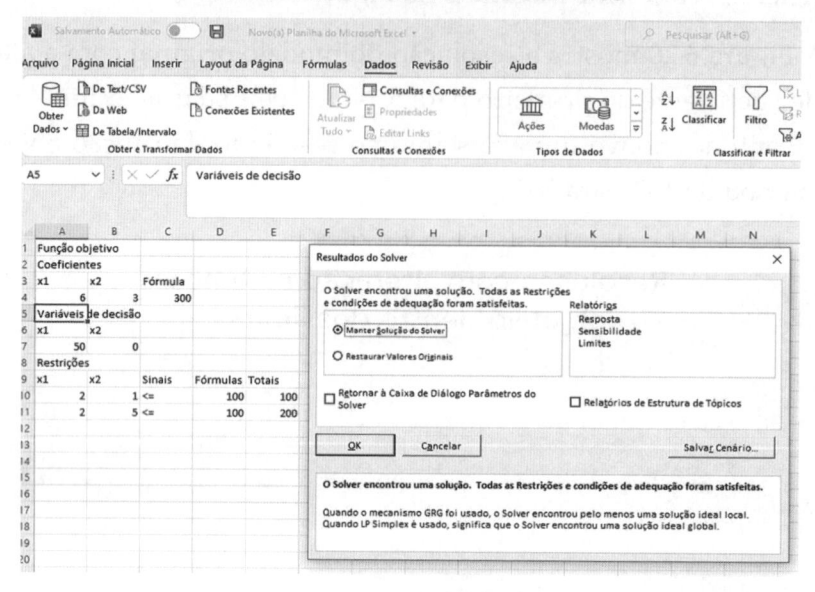

Fonte: O autor.

## ⋮ Exercício resolvido

Resolva o seguinte modelo com planilha eletrônica e interprete o relatório de sensibilidade:

$$\text{máx. } 3x_1 + 5x_2 + 8x_3$$

Sujeito a:

$$5x_1 + 4x_2 + 5x_3 \leq 3$$
$$x_1 + 2x_2 + 3x_3 \leq 8$$
$$3x_1 + 2x_2 + 6x_3 \leq 9$$
$$x_1, x_2, x_3 \geq 0$$

Os dados podem ser lançados na planilha, e o modelo, resolvido pelo Solver, conforme mostra a Figura 6.22.

**FIGURA 6.22**

Modelo resolvido no Excel

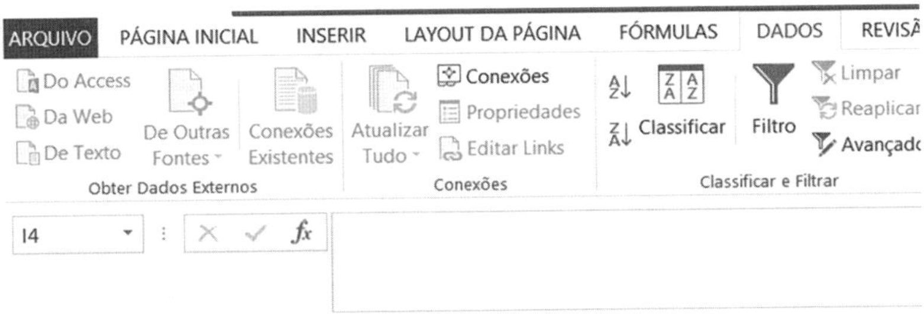

| | A | B | C | D | E | F |
|---|---|---|---|---|---|---|
| 1 | Função objetivo | | | | | |
| 2 | | Coeficientes | | | | |
| 3 | x1 | x2 | x3 | Fórmula | | |
| 4 | 3 | 5 | 8 | 4,8 | | |
| 5 | | Variáveis de decisão | | | | |
| 6 | x1 | x2 | x3 | | | |
| 7 | 0 | 0 | 0,6 | | | |
| 8 | Restrições | | | | | |
| 9 | x1 | x2 | x3 | Sinais | Fórmulas | Totais |
| 10 | 5 | 4 | 5 | <= | 3 | 3 |
| 11 | 1 | 2 | 3 | <= | 1,8 | 8 |
| 12 | 3 | 2 | 6 | <= | 3,6 | 9 |
| 13 | | | | | | |

Fonte: O autor.

O modelo apresenta solução ótima quando $x_3 = 0,6$ e as outras variáveis de decisão são nulas. Assim, a função objetivo para esses valores de variáveis de decisão é de 4,8. Note que, das três restrições, apenas a primeira utilizou a totalidade dos recursos, sendo que as duas últimas apresentaram folga.

O relatório de sensibilidade é apresentado na Figura 6.23.

**FIGURA 6.23** Relatório de sensibilidade do modelo

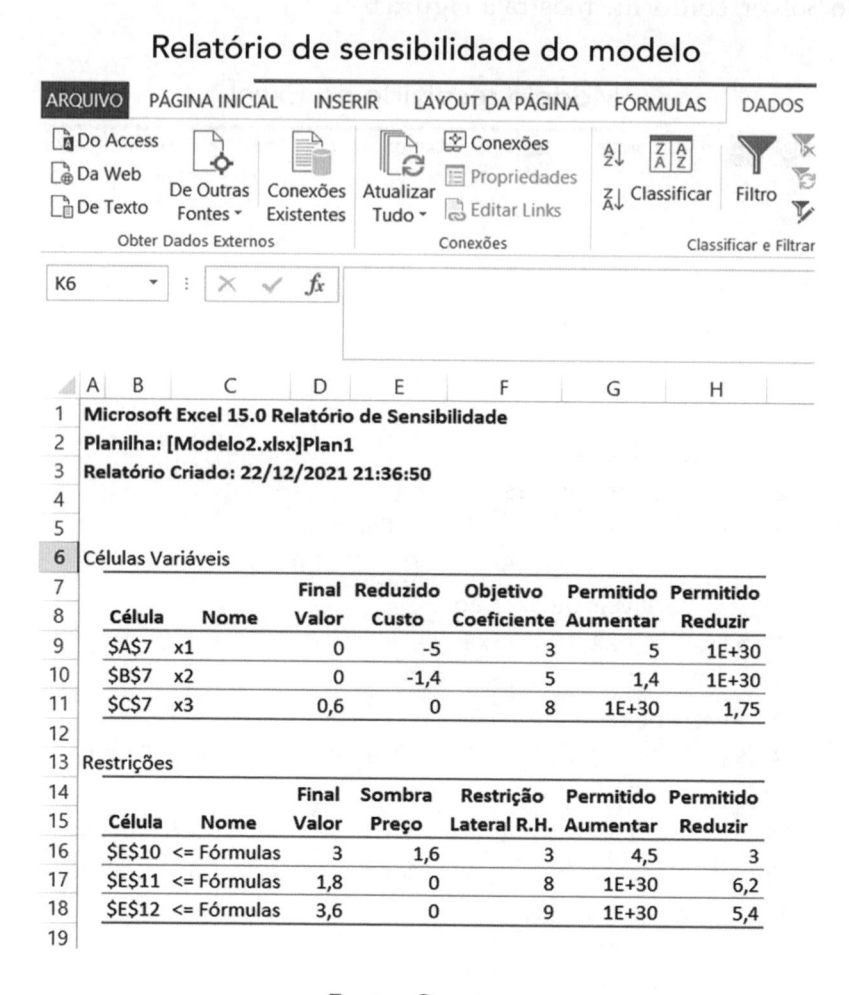

|  | A | B | C | D | E | F | G | H |
|---|---|---|---|---|---|---|---|---|
| 1 | Microsoft Excel 15.0 Relatório de Sensibilidade | | | | | | | |
| 2 | Planilha: [Modelo2.xlsx]Plan1 | | | | | | | |
| 3 | Relatório Criado: 22/12/2021 21:36:50 | | | | | | | |
| 4 | | | | | | | | |
| 5 | | | | | | | | |
| 6 | Células Variáveis | | | | | | | |
| 7 | | | | Final | Reduzido | Objetivo | Permitido | Permitido |
| 8 | | Célula | Nome | Valor | Custo | Coeficiente | Aumentar | Reduzir |
| 9 | | $A$7 | x1 | 0 | -5 | 3 | 5 | 1E+30 |
| 10 | | $B$7 | x2 | 0 | -1,4 | 5 | 1,4 | 1E+30 |
| 11 | | $C$7 | x3 | 0,6 | 0 | 8 | 1E+30 | 1,75 |
| 12 | | | | | | | | |
| 13 | Restrições | | | | | | | |
| 14 | | | | Final | Sombra | Restrição | Permitido | Permitido |
| 15 | | Célula | Nome | Valor | Preço | Lateral R.H. | Aumentar | Reduzir |
| 16 | | $E$10 | <= Fórmulas | 3 | 1,6 | 3 | 4,5 | 3 |
| 17 | | $E$11 | <= Fórmulas | 1,8 | 0 | 8 | 1E+30 | 6,2 |
| 18 | | $E$12 | <= Fórmulas | 3,6 | 0 | 9 | 1E+30 | 5,4 |
| 19 | | | | | | | | |

Fonte: O autor.

A análise de sensibilidade mostra que, em relação aos preços sombra, somente a primeira restrição apresenta potencial para ser ampliada, podendo incrementar a função objetivo em 1,6 para cada unidade de aumento na restrição. Veja, ainda, que é possível aumentar até 4,5 para que a função objetivo aumente nesse nível.

Na coluna "Final Valor", verificam-se as folgas nas restrições, sendo que estas poderiam ser reduzidas em 6,2 e 5,4, respectivamente. A coluna "Custo Reduzido" mostra que os coeficientes das variáveis $x_1$ e $x_2$ deveriam aumentar pelo menos em 5 e 1,4, respectivamente, para que pudessem figurar na solução ótima, e que $x_3$ poderia ser diminuído em até 1,75.

Veja, ainda, que alguns valores foram representados com notação científica, como é o caso do aumento possível da segunda restrição (1E+30), o que representa um número muito grande. Nesses casos, pode-se representar por INF.

## Resumo

Neste capítulo, foi apresentado como resolver problemas de programação linear com planilhas eletrônicas. Os métodos apresentados aqui se aplicam tanto ao Excel, do Microsoft Office, quanto ao Calc, do Openoffice.

Foi apresentada, ainda, a análise de sensibilidade, que é útil para se entender como as variações nos dados do modelo afetarão sua solução. É útil reunir as informações de solução de um problema, e, para tanto, é apresentada a Tabela 6.7, que mostra as informações referentes à solução do modelo deste capítulo.

**TABELA 6.7** Análise da solução de um modelo

| VARIÁVEIS DE DECISÃO | VALOR ÓTIMO | CUSTO REDUZIDO | COEFICIENTE DA FUNÇÃO OBJETIVO | | |
|---|---|---|---|---|---|
| | | | ATUAL | PERMITIDO AUMENTAR | PERMITIDO REDUZIR |
| X1 | 37,5 | 0 | 2 | 4 | 0,8 |
| X2 | 25 | 0 | 3 | 2 | 2 |

| FUNÇÃO OBJETIVO |
|---|
| 150 |

| | TOTAL DISPONÍVEL/ MÍNIMO | TOTAL USADO | FOLGA/ EXCESSO | PERMITIDO AUMENTAR | PERMITIDO REDUZIR | PREÇO SOMBRA |
|---|---|---|---|---|---|---|
| Restrição1 | 100 | 100 | 0 | 100 | 60 | 0,5 |
| Restrição2 | 200 | 200 | 0 | 300 | 100 | 0,5 |

Fonte: O autor.

A resolução de problemas em planilhas eletrônicas será retomada a partir do Capítulo 8. O próximo capítulo apresenta a solução do problema de programação linear utilizando os softwares LINGO e GAMS.

## Exercícios propostos

Resolva os seguintes problemas de programação linear com planilha eletrônica e preencha a tabela de análise de sensibilidade.

1) máx. $3x_1 + 3{,}5x_2$

   Sujeito a:

   $6x_1 + 8x_2 \leq 240$
   $5x_1 + 4x_2 \leq 150$
   $x_1, x_2 \geq 0$

2) máx. $2{,}5x_1 + 3x_2$

   Sujeito a:

   $0{,}5x_1 + x_2 \leq 160$
   $0{,}2x_1 + x_2 \leq 100$
   $x_1, x_2 \geq 0$

3) máx. $4x_1 + 3x_2$

   Sujeito a:

   $2x_1 + 2x_2 \leq 240$
   $x_1 + x_2 \geq 60$
   $x_1 \leq 40$
   $x_1 \geq 10$
   $x_2 \geq 40$
   $x_1, x_2 \geq 0$

4) mín. $4x_1 + 3x_2$

   Sujeito a:

   $2x_1 + 2x_2 \leq 240$
   $x_1 + x_2 \geq 60$
   $x_1 \leq 40$
   $x_1 \geq 10$
   $x_2 \geq 40$
   $x_1, x_2 \geq 0$

5) mín. $8x_1 + 9x_2$

   Sujeito a:

   $x_1 + 15x_2 \geq 60$
   $8x_1 + 9x_2 \geq 200$
   $x_1, x_2 \geq 0$

6) mín. $x_1 + x_2$

   Sujeito a:

   $x_1 \geq 10$
   $x_2 \geq 15$
   $x_1, x_2 \geq 0$

7) máx. $2x_1 + x_2$

   Sujeito a:

   $x_1 \geq 10$
   $x_2 \geq 15$
   $x_1 + x_2 \leq 30$
   $x_1, x_2 \geq 0$

8) mín. $2x_1 + x_2$

   Sujeito a:

   $x_1 \geq 10$
   $x_2 \geq 15$
   $x_1 + x_2 \leq 30$
   $x_1, x_2 \geq 0$

9) máx. $4x_1 + 9x_2$

   Sujeito a:

   $x_1 \leq 10$
   $x_2 \leq 20$
   $x_1 + x_2 \geq 15$
   $x_1 + x_2 \leq 18$
   $x_1, x_2 \geq 0$

10) mín. $4x_1 + 9x_2$

Sujeito a:

$x_1 \leq 10$
$x_2 \leq 20$
$x_1 + x_2 \geq 15$
$x_1 + x_2 \leq 18$
$x_1, x_2 \geq 0$

CAPÍTULO 7

# LINGO e GAMS para resolver problemas de programação linear

O capítulo anterior apresentou a solução de problemas de programação linear a partir de planilhas eletrônicas. Outros softwares apresentam vantagens na solução de tais problemas. Neste capítulo, serão utilizados os softwares GAMS e LINGO para a solução de problemas de programação linear.

### Objetivos do capítulo

Neste capítulo, você será capaz de:

- Resolver problemas de programação linear no LINGO.
- Entender a modelagem de um problema na forma algorítmica.
- Obter a solução de problemas no GAMS.
- Realizar a análise de sensibilidade nos softwares LINGO e GAMS.

## ⁝⁝ Resolução no LINGO

Outro software que pode auxiliar na resolução de problemas de programação linear é o LINGO. A vantagem da utilização do LINGO é a possibilidade de visualizar o modelo completo em sua forma multiplicativa, no próprio console do software. O software LINGO pode ser baixado no seguinte link: https://www.lindo.com/index.php/ls-downloads

O leiaute do software instalado pode ser visualizado na Figura 7.1.

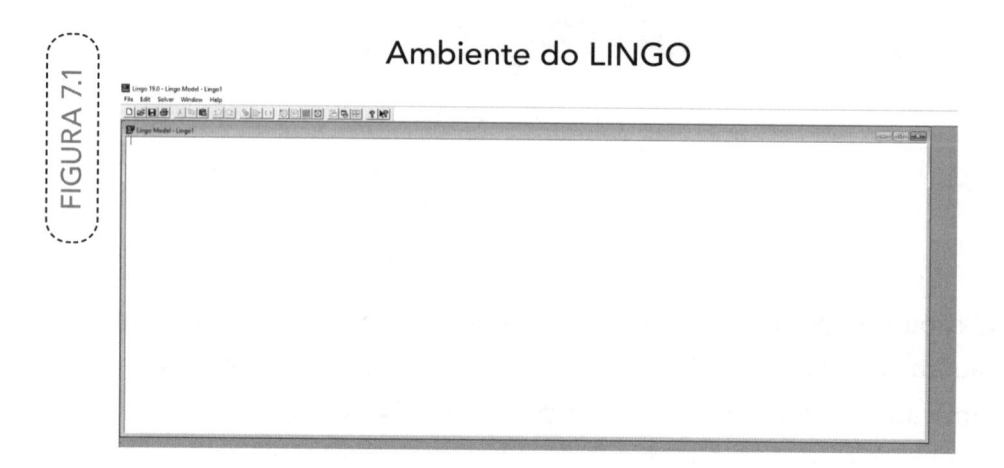

**FIGURA 7.1**

**Ambiente do LINGO**

Fonte: O autor.

Trabalharemos com o Modelo 7.1:

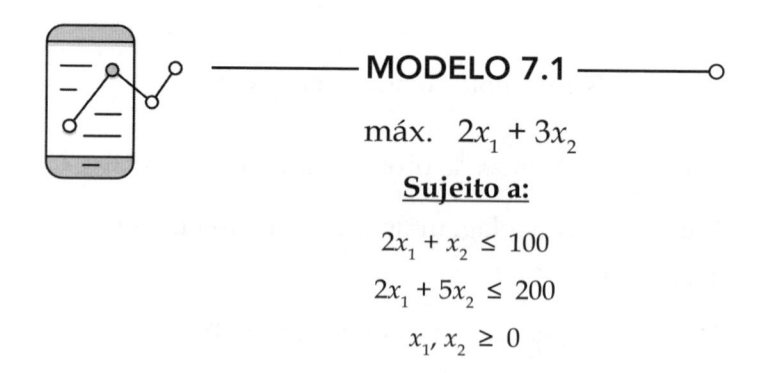

**MODELO 7.1**

máx. $2x_1 + 3x_2$

**Sujeito a:**

$2x_1 + x_2 \leq 100$

$2x_1 + 5x_2 \leq 200$

$x_1, x_2 \geq 0$

O Modelo 7.1 deve ser digitado no LINGO de forma semelhante ao apresentado, conforme pode-se verificar na Figura 7.2. Veja que o modelo é lançado no console do software de forma semelhante à modelagem. Deve-se ter o cuidado de utilizar o asterisco (*) entre os coeficientes e as variáveis de decisão para representar sua multiplicação.

FIGURA 7.2

**Inserção do modelo no LINGO**

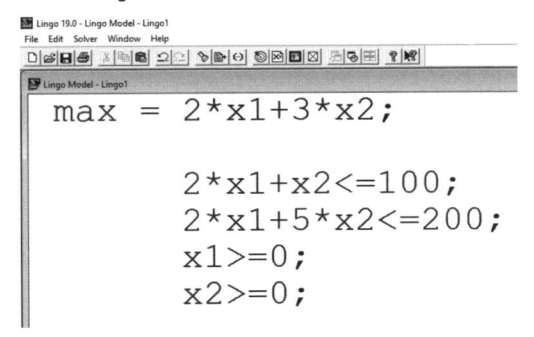

```
max = 2*x1+3*x2;

    2*x1+x2<=100;
    2*x1+5*x2<=200;
    x1>=0;
    x2>=0;
```

Fonte: O autor.

Após a digitação do modelo, sua solução é realizada por meio do menu Solver > Solve, onde a solução é gerada no relatório, que pode ser visualizado na Figura 7.3. Nota-se que o modelo apresentou a mesma solução obtida nos métodos anteriores com função objetivo de 150 e os respectivos valores de 37,5 e 25 para $x_1$ e $x_2$.

**FIGURA 7.3**

### Solução do modelo no LINGO

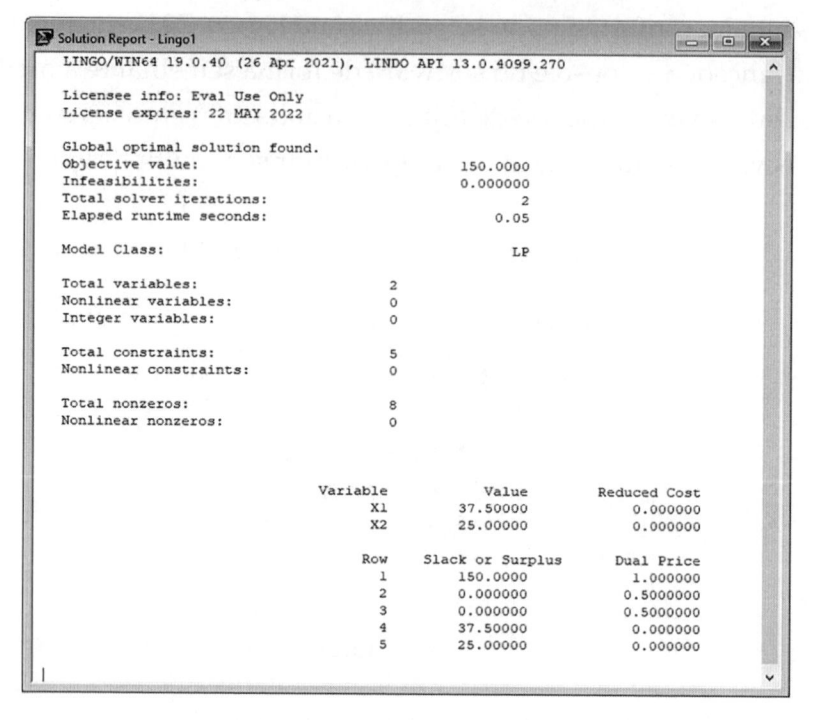

```
Solution Report - Lingo1
LINGO/WIN64 19.0.40 (26 Apr 2021), LINDO API 13.0.4099.270

Licensee info: Eval Use Only
License expires: 22 MAY 2022

Global optimal solution found.
Objective value:                                150.0000
Infeasibilities:                                0.000000
Total solver iterations:                               2
Elapsed runtime seconds:                            0.05

Model Class:                                          LP

Total variables:                    2
Nonlinear variables:                0
Integer variables:                  0

Total constraints:                  5
Nonlinear constraints:              0

Total nonzeros:                     8
Nonlinear nonzeros:                 0


                    Variable           Value        Reduced Cost
                          X1        37.50000            0.000000
                          X2        25.00000            0.000000

                         Row  Slack or Surplus          Dual Price
                           1          150.0000            1.000000
                           2          0.000000            0.5000000
                           3          0.000000            0.5000000
                           4          37.50000            0.000000
                           5          25.00000            0.000000
```

Fonte: O autor.

Note, ainda, que os preços sombra das duas restrições são apresentados na coluna "Dual Price" (linhas 2 e 3).

Outra informação importante é se há folga nas restrições na coluna "Slack or Surplus". Caso haja, a solução obtida não utilizou completamente os recursos.

Para obter o relatório de sensibilidade completo no LINGO, deve-se executar o seguinte procedimento antes de executar o modelo: selecionar as opções Solver > Options > General Solver > Dual Computations > Prices & Duals > OK, conforme mostra a Figura 7.4.

## FIGURA 7.4 — Habilitação do relatório de sensibilidade

```
max = 2*x1+3*x2;

2*x1+x2<=100;
2*x1+5*x2<=200;
x1>=0;
x2>=0;
```

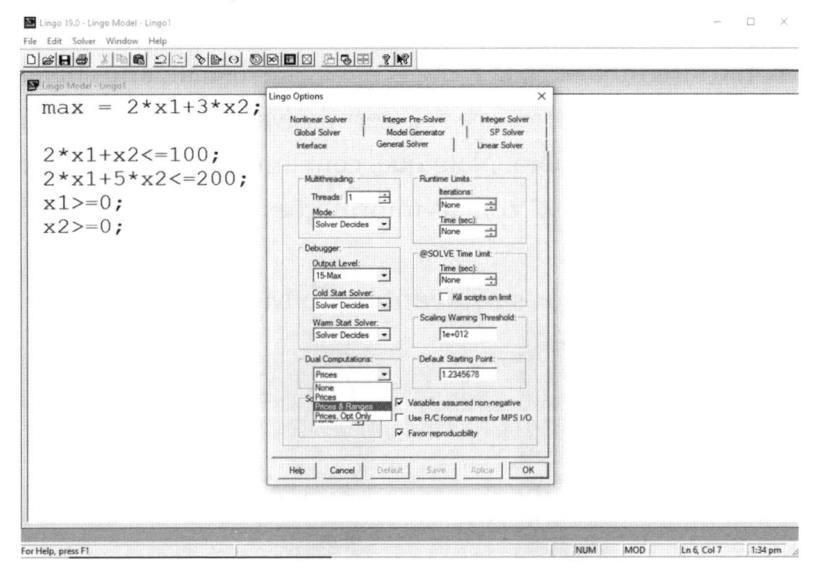

Fonte: O autor.

Com o relatório habilitado, deve-se executar o modelo, e para visualizar o relatório, deve-se selecionar Solve > Range. O relatório de sensibilidade é exibido na Figura 7.5.

## FIGURA 7.5 — Relatório de sensibilidade

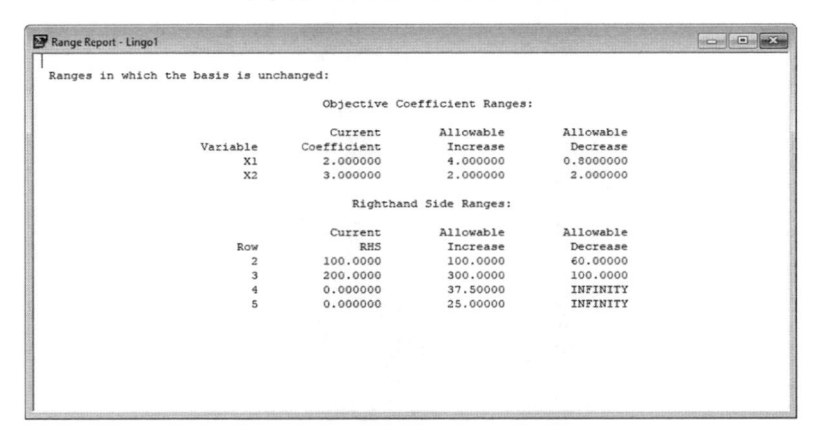

```
Ranges in which the basis is unchanged:

                    Objective Coefficient Ranges:
                    Current        Allowable      Allowable
       Variable     Coefficient    Increase       Decrease
             X1     2.000000       4.000000       0.8000000
             X2     3.000000       2.000000       2.000000

                    Righthand Side Ranges:
                    Current        Allowable      Allowable
            Row     RHS            Increase       Decrease
              2     100.0000       100.0000       60.00000
              3     200.0000       300.0000       100.0000
              4     0.000000       37.50000       INFINITY
              5     0.000000       25.00000       INFINITY
```

Fonte: O autor.

Neste relatório, no bloco "Objective Coefficient Ranges", é possível encontrar os limites de aumento ou diminuição dos coeficientes da função objetivo. Em "Righthand Side Ranges", pode-se visualizar os níveis correntes dos totais das restrições e seu permissível aumento e diminuição relativos aos preços sombra. Note que, com ambos os relatórios, é possível preencher a Tabela 7.1 com as informações relevantes do modelo.

**TABELA 7.1** Informações relevantes do Modelo 7.1

| VARIÁVEIS DE DECISÃO | VALOR ÓTIMO | CUSTO REDUZIDO | COEFICIENTE DA FUNÇÃO OBJETIVO | | |
|---|---|---|---|---|---|
| | | | ATUAL | PERMITIDO AUMENTAR | PERMITIDO REDUZIR |
| X1 | 37,5 | 0 | 2 | 4 | 0,8 |
| X2 | 25 | 0 | 3 | 2 | 2 |

| FUNÇÃO OBJETIVO | | | | | | |
|---|---|---|---|---|---|---|
| | TOTAL DISPONÍVEL/ MÍNIMO | TOTAL USADO | FOLGA/ EXCESSO | PERMITIDO AUMENTAR | PERMITIDO REDUZIR | PREÇO SOMBRA |
| | 150 | | | | | |
| Restrição1 | 100 | 100 | 0 | 100 | 60 | 0,5 |
| Restrição2 | 200 | 200 | 0 | 300 | 100 | 0,5 |

Fonte: O autor.

A resolução de problemas mais sofisticados no LINGO será abordada a partir do Capítulo 8. A próxima seção introduz a modelagem de problemas na forma algorítmica, que será útil na modelagem e resolução de problemas por meio do software GAMS.

## Modelagem de problemas na forma algorítmica

Antes de avançar na resolução de problemas de programação linear com uso do GAMS e de problemas aplicados à logística que serão apresentados nos Capítulos 9 e 10, será útil, a partir deste ponto, tratar os problemas modelados, até então no modo como apresentada, na forma algorítmica. Essa forma é bastante útil quando se precisa modelar problemas que contenham um volume grande de dados. A representação matemática de tais problemas é facilitada pelo uso de operadores.

Uma ferramenta típica de representação de problemas na forma algorítmica é o operador somatório:

$$\sum_{i=1}^{n} y_i$$

O operador somatório executa a soma da expressão contida em si, como neste exemplo $y_i$. Os índices subescritos e sobrescritos ao operador fornecem informações sobre quais valores estão sujeitos à operação. Neste exemplo, o índice subscrito ao operador ($i = 1$) informa que a operação de soma se inicia a partir do primeiro elemento de $y_i$, ou seja, $y_0$. Já o índice sobrescrito ($n$) indica que o operador efetuará a soma até o enésimo elemento de $y_i$. Por exemplo, se $y_i$ tem $n$ valores, sabe-se que a soma será realizada até o último valor.

Outra forma de informar quais valores estão sujeitos à operação é nomear o conjunto dos índices. Como exemplo, considere $M$ como o conjunto de índices ($i$) de $y$. Assim, para indicar que o operador somatório efetuará a operação sobre todos esses valores, basta indicar que $\sum_i y_i \quad \forall i \in M$, em que o símbolo ($\forall$) significa para todo e ($\in$) indica pertencente a M.

Suponha, por exemplo, que o conjunto $y$ tenha os seguintes valores: $y = [2, 3, 5, 1]$. Tem-se que os valores de $y_i$ são: $y_1 = 2$, $y_2 = 3$, $y_3 = 5$ e $y_4 = 1$. Note que a quantidade de elementos do conjunto é $n = 4$, e o conjunto de índices é $M = [1, 2, 3, 4]$. Assim, a execução do operador somatório pelas duas formas é realizada da seguinte maneira:

$$\sum_{i=0}^{n} y_i \quad \rightarrow \quad \sum_{i=1}^{4} y_i = 2 + 3 + 5 + 1 = 11$$

$$\sum_i y_i \quad \forall i \in M \quad = \quad 2 + 3 + 5 + 1 = 11$$

É possível adicionar exceções ao operador somatório. Por exemplo, suponha que se queira somar todos os elementos do conjunto M, com exceção do último. A nova expressão ficaria assim:

$$\sum_i y_i \quad \forall i \neq 4 \quad = \quad 2 + 3 + 5 = 10$$

Vale ressaltar que o operador executa a soma da expressão que está contida em si. Suponha que haja outro conjunto $z_j$, $z = [1, 5, 4, 3]$, com índices representados pelo conjunto $N = [1, 2, 3, 4]$. Veja como fica a operação em que a somatório é executado sobre a multiplicação de y e z:

$$\sum_i y_i z_j \quad \forall j \in N \quad \rightarrow \quad (2 \times 1) + (3 \times 5) + (5 \times 4) + (1 \times 3) = 40$$

Agora que já conhecemos o operador de somatório, transformaremos o Modelo 7.1, exibido na seção "Resolução no LINGO", deste capítulo, na forma algorítmica.

Seja *i* o conjunto de produtos 1 e 2 pertencentes ao conjunto *M*, e *j* os recursos 1 e 2 pertencentes ao conjunto *N*:

$$M_i = [1, 2]$$
$$N_j = [1, 2]$$

Representa-se como *c* o conjunto dos coeficientes da função objetivo, podendo ser, por exemplo, o lucro dos produtos 1 e 2, respectivamente, e o vetor de produtos *x*:

$$c_i = [1, 2]$$
$$x_i = \begin{bmatrix} x_1 \\ x_2 \end{bmatrix}$$

Pode-se destacar a matriz A de coeficientes das restrições associadas aos produtos *i* e recursos *j* como:

$$A = a_{ij} = \begin{bmatrix} 2 & 1 \\ 2 & 5 \end{bmatrix}$$

O vetor associado aos totais dos recursos *j* é representado por:

$$b_j = \begin{bmatrix} 100 \\ 200 \end{bmatrix}$$

Assim, a representação algorítmica do problema é realizada da seguinte forma:

**MODELO 7.2**

$$\text{máx.} \sum_i c_i x_i$$

**Sujeito a:**

$$\sum_i a_{ij} x_i \leq b_j \qquad \forall\, j \in N$$

$$x_i \geq 0 \qquad \forall\, i \in M$$

Veremos na próxima seção que essa representação é útil para modelar e resolver problemas no software GAMS.

## Resolução com GAMS

A vantagem da utilização do GAMS para a resolução de problemas de programação linear reside na similaridade que o código lançado no console tem com a modelagem na forma algorítmica.

Para instalar o GAMS, faça o download no seguinte link:

https://www.gams.com/download/

Instale a opção GAMS Studio.

A tela inicial do GAMS Studio pode ser visualizada na Figura 7.6.

**FIGURA 7.6**

### Tela inicial do GAMS

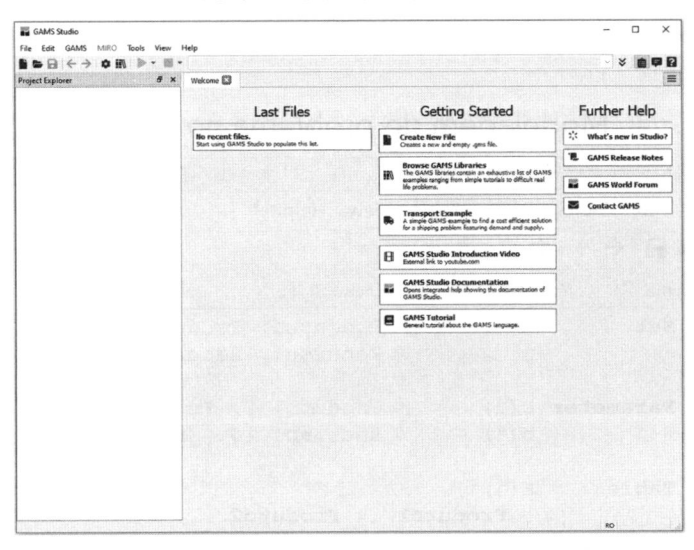

Fonte: O autor.

Para criar o modelo no GAMS, vá em File > New. O ambiente onde lançaremos as informações é exibido, conforme pode-se verificar na Figura 7.7. Será necessário salvar o arquivo antes da edição.

**FIGURA 7.7**

### Arquivo para lançar dados do problema

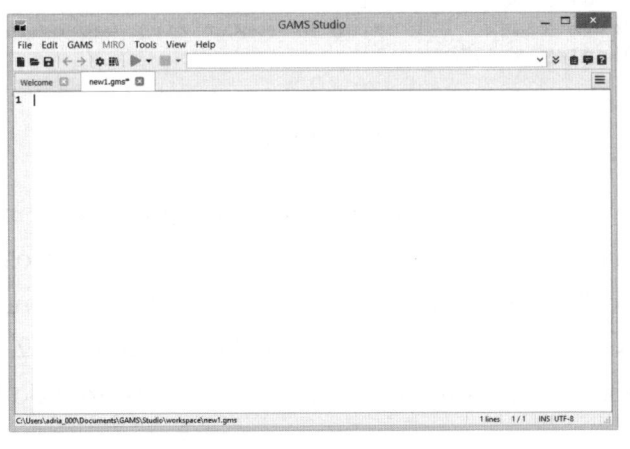

Fonte: O autor.

LINGO e GAMS para resolver problemas de programação linear

Agora lançaremos os dados do Modelo 7.2, conforme pode ser visualizado na Figura 7.8.

**FIGURA 7.8**

Modelagem do problema no GAMS

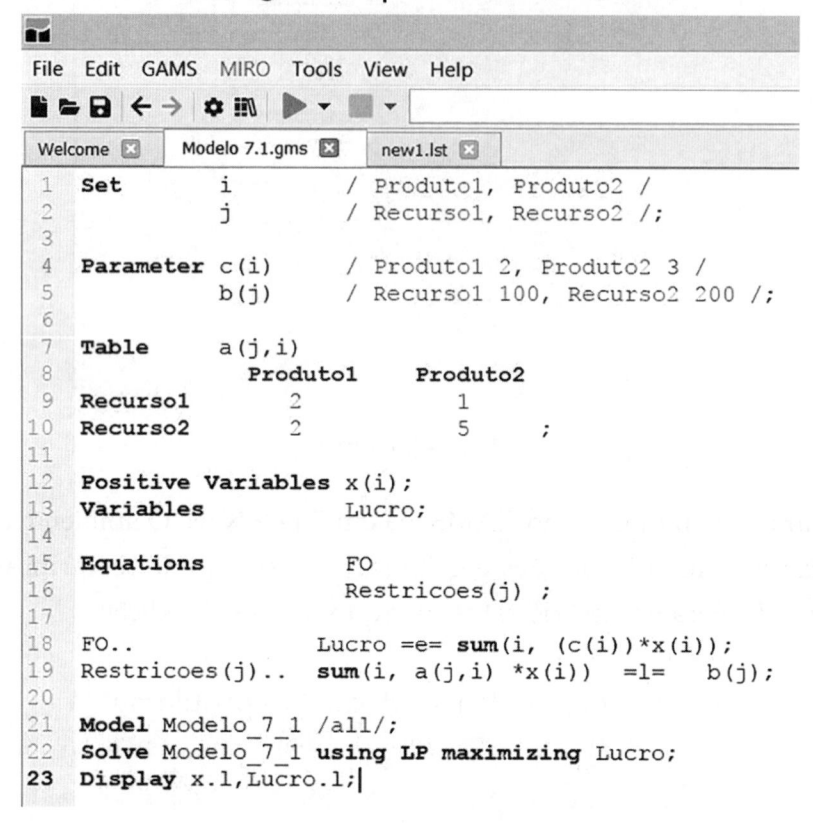

```
File   Edit   GAMS   MIRO   Tools   View   Help

Welcome [X]   Modelo 7.1.gms [X]   new1.lst [X]

 1   Set           i            / Produto1, Produto2 /
 2                 j            / Recurso1, Recurso2 /;
 3
 4   Parameter c(i)             / Produto1 2, Produto2 3 /
 5             b(j)             / Recurso1 100, Recurso2 200 /;
 6
 7   Table       a(j,i)
 8                      Produto1      Produto2
 9   Recurso1           2             1
10   Recurso2           2             5       ;
11
12   Positive Variables x(i);
13   Variables          Lucro;
14
15   Equations          FO
16                      Restricoes(j) ;
17
18   FO..               Lucro =e= sum(i, (c(i))*x(i));
19   Restricoes(j)..    sum(i, a(j,i) *x(i))   =l=    b(j);
20
21   Model Modelo_7_1 /all/;
22   Solve Modelo_7_1 using LP maximizing Lucro;
23   Display x.l,Lucro.l;
```

Fonte: O autor.

Veja que o comando "Set" definiu os conjuntos de produtos(i), ou seja, as variáveis de decisão (Produtos 1 e 2), e também os recursos (j, Recursos 1 e 2). Isso é feito nas duas primeiras linhas. A nomenclatura dos índices é livre, sendo que, em vez de produtos 1 e 2, poderia ser utilizado apenas os números 1 e 2. Note que, ao final do lançamento dos dados seguidos do comando, deve-se utilizar o ponto e vírgula (;) para encerrar o lançamento relativo ao bloco.

A Tabela 7.2 apresenta a descrição dos comandos utilizados na Figura 7.8.

**TABELA 7.2** Comandos utilizados para resolução do Modelo 7.2

| LINHA | COMANDO | DESCRIÇÃO |
|---|---|---|
| 1 | Set | Define os índices das variáveis e restrições. |
| 4 | Parameter | Define os valores dos parâmetros dos coeficientes da função objetivo e dos totais das restrições. |
| 7 | Table | Define os coeficientes associados aos recursos e variáveis de decisão. |
| 12 | Positive Variables | Determina que as variáveis de decisão são positivas; equivalente às restrições de não negatividade. |
| 13 | Variables | Define outras variáveis além das variáveis de decisão. |
| 15 | Equations | Define as equações da função objetivo e das restrições. |
| 21 | Model * all | Todas as equações são incluídas no modelo. |
| 22 | LP maximizing | Estabelece o modelo de programação linear (LP) e o argumento da função objetivo, que é maximizar (maximizing). |
| 23 | Display | Exibe os dados conforme solicitado, l = *level* (resultado); m = *marginal* (preços sombra); lo = limite inferior; up = limite superior. |

Fonte: O autor.

Veja que os coeficientes das restrições foram lançados da forma como estão elencados nas restrições. Contudo, para que o GAMS possa fazer corretamente a leitura da matriz, veja que foi enunciado a(j,i), em vez de a(i,j), tal como modelado. Essa é uma especificidade do software.

Note que na linha 13 foi criada uma variável chamada Lucro, que será utilizada para calcular a função objetivo, que passa a ser representada da seguinte forma:

$$Lucro = 2x_1 + 3x_2$$

A equação que representa a função objetivo é definida na linha 18, e as restrições, na linha 19. O símbolo "=e=", *equal*, no GAMS significa "="; o símbolo "=l=", *less* "≤"; e o símbolo "=g=", *greater*, que será utilizado mais adiante, "≥".

O índice associado à equação de restrição da linha 19 ("Restrições(j)") equivale à expressão "∀ j" do Modelo 7.2.

Veja que essas equações são articuladas com a forma algorítmica do modelo de programação linear.

Agora deve-se executar o modelo no menu GAMS > Run. O resultado é apresentado na Figura 7.9.

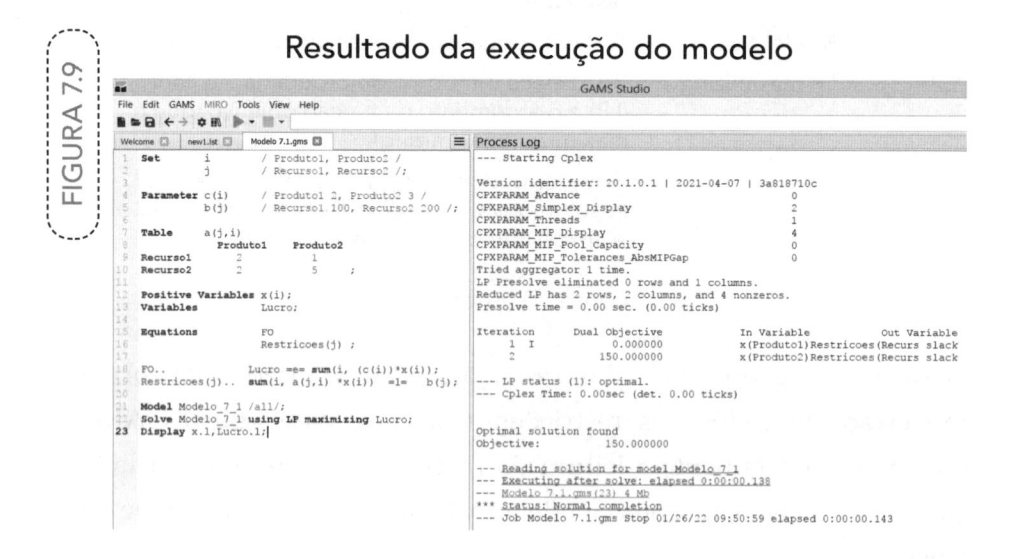

**FIGURA 7.9** — Resultado da execução do modelo

Fonte: O autor.

Veja que no lado direito são exibidas várias informações do modelo, além do resultado da função objetivo (150). Para visualizar o relatório completo, deve-se clicar no link "Reading solution for model", e o resultado é exibido como na Figura 7.10.

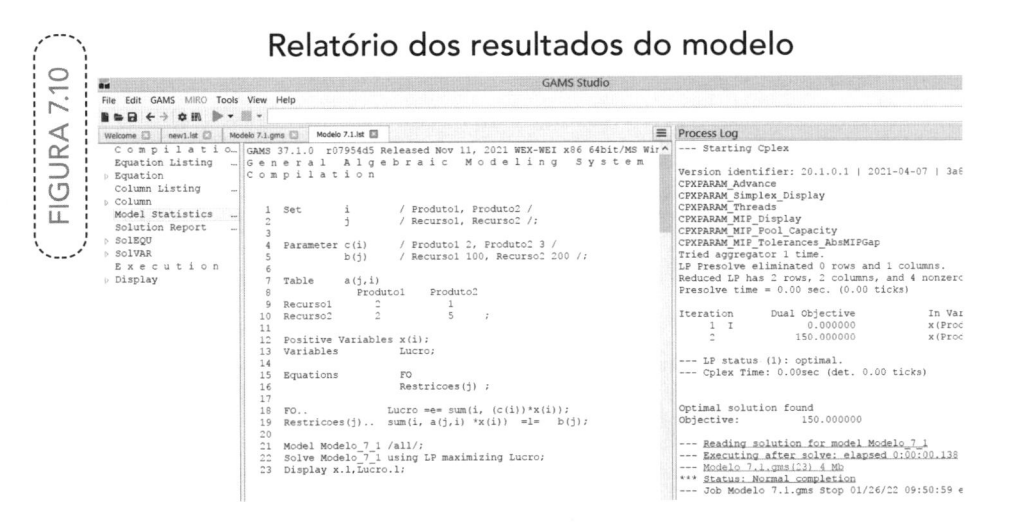

FIGURA 7.10

Relatório dos resultados do modelo

Fonte: O autor.

Veja que no lado esquerdo da tela é apresentado um índice para que se possa navegar rapidamente pelas partes do relatório, que é exibido na janela central. Tal como exibido na Figura 7.10, o início do relatório apresenta o *script* do modelo.

Ao rolar a barra central, pode-se partir para a segunda parte do relatório, onde são exibidas a listagem das equações:

```
G e n e r a l   A l g e b r a i c   M o d e l i n g   S y s t e m
Equation Listing    SOLVE Modelo_7_1 Using LP From line 22

---- FO  =E=
FO..  - 2*x(Produto1) - 3*x(Produto2) + Lucro =E= 0 ; (LHS = 0)

---- Restricoes  =L=

Restricoes(Recurso1)..  2*x(Produto1) + x(Produto2) =L= 100 ; (LHS = 0)

Restricoes(Recurso2)..  2*x(Produto1) + 5*x(Produto2) =L= 200 ; (LHS = 0)
```

Essa listagem é útil para verificar como o GAMS executou as operações do algoritmo. Note que as operações são apresentadas tal como modeladas no LINGO.

Mais abaixo, o software exibirá algumas informações relativas à análise de sensibilidade. Pode-se claramente notar os preços sombra, exibidos na coluna *marginal*:

```
Optimal solution found
Objective:         150.000000

                   LOWER        LEVEL        UPPER        MARGINAL

---- EQU FO           .            .            .          1.0000
---- EQU Restricoes
                   LOWER        LEVEL        UPPER        MARGINAL
Recurso1           -INF        100.0000     100.0000       0.5000
Recurso2           -INF        200.0000     200.0000       0.5000
---- VAR x
                   LOWER        LEVEL        UPPER        MARGINAL
Produto1             .           37.5000      +INF           .
Produto2             .           25.0000      +INF           .
                   LOWER        LEVEL        UPPER        MARGINAL
---- VAR Lucro     -INF        150.0000      +INF           .
```

Por fim, devido ao fato de se ter utilizado o comando Display, são exibidas as soluções das variáveis de decisão e da função objetivo:

```
General Algebraic Modeling System
Execution
----     23 VARIABLE x.L
Produto1 37.500,    Produto2 25.000
----     23 VARIABLE Lucro.L        =      150.000
```

A seção a seguir apresenta um exercício resolvido.

## Exercício resolvido

Agora resolveremos um problema de minimização que utiliza diferentes restrições, de maior ou igual e menor ou igual no LINGO e no GAMS. Considere o seguinte modelo:

**MODELO 7.3**

mín. $4x_1 + 3x_2$ \hfill (7.1)

**Sujeito a:**

$2x_1 + x_2 \leq 240$ \hfill (7.2)

$x_1 + x_2 \geq 60$ \hfill (7.3)

$x_1 \leq 40$ \hfill (7.4)

$x_1 \geq 10$ \hfill (7.5)

$x_2 \geq 40$ \hfill (7.6)

$x_1, x_2 \geq 0$ \hfill (7.7)

Para obter a solução do modelo no LINGO, o seguinte *script* deve ser lançado:

```
min = 4*x1+3*x2;

2*x1+2*x2<=240;
x1+x2>=60;
x1<=40;
x1>=10;
x2>=40;
x1>=0; x2>=0;
```

Após a resolução, o modelo apresenta o seguinte relatório:

```
Global optimal solution found.
Objective value:                              190.0000
Infeasibilities:                              0.000000
Total solver iterations:                             0
Elapsed runtime seconds:                          0.03
Model Class:                                        LP
Total variables:                2
Nonlinear variables:            0
Integer variables:              0
Total constraints:              8
Nonlinear constraints:          0
Total nonzeros:                11
Nonlinear nonzeros:             0
              Variable          Value        Reduced Cost
                    X1       10.00000            0.000000
                    X2       50.00000            0.000000
                   Row  Slack or Surplus          Dual Price
                     1       190.0000           -1.000000
                     2       120.0000            0.000000
                     3       0.000000           -3.000000
                     4       30.00000            0.000000
                     5       0.000000           -1.000000
                     6       10.00000            0.000000
                     7       10.00000            0.000000
                     8       50.00000            0.000000
```

Note que a solução é $x_1 = 10$ e $x_2 = 50$, resultando numa função objetivo de 190.

No GAMS, o modelo pode ser representado da seguinte forma:

```
1   Set         i           / Produto1, Produto2 /
2               j           / Recurso1, Recurso2 /
3               z           / Recurso3*Recurso5/;
4
5   Parameter   c(i)        / Produto1 4, Produto2 3 /
6               b(j)        / Recurso1 240, Recurso2 40/
7               e(z)        / Recurso3 60, Recurso4 10, Recurso5 40/;
8
9   Table       a(j,i)
10                  Produto1    Produto2
11  Recurso1        2           2
12  Recurso2        1                       ;
13
14  Table d(z,i)
15                  Produto1    Produto2
16  Recurso3        1           1
17  Recurso4        1
18  Recurso5                    1           ;
19
20  Positive Variables  x(i);
21  Variables           Custo;
22
23  Equations           FO
24                      Restricoes1(j)
25                      Restricoes2(z);
26
27  FO..            Custo =e= sum(i, (c(i))*x(i));
28  Restricoes1(j)..  sum(i, a(j,i) *x(i))   =l=   b(j);
29  Restricoes2(z)..  sum(i, d(z,i) *x(i))   =g=   e(z);
30
31  Model Modelo_7_2 /all/;
32  Solve Modelo_7_2 using LP minimizing Custo;
33  Display x.1,Custo.1;
```

Veja no *script* do GAMS que, devido ao fato de o problema conter restrições de não negatividade maior ou igual e menor ou igual, foi necessário utilizar um índice para restrições menor ou igual e outro para o outro grupo. Para tanto, foi criado o índice z (linha 3). Veja que o nome da equação passou de Lucro para Custo, por se tratar de um problema de minimização, e utilizou-se o comando *minimizing* (linha 32).

Foi preciso, ainda, dividir os parâmetros dos recursos e utilizar duas tabelas. Com isso, o modelo algorítmico do Modelo 7.3 ficou da seguinte forma:

─────── **MODELO 7.4** ───────

$$\min. \sum_i c_i x_i \qquad (7.8)$$

<u>Sujeito a:</u>

$$\sum_i a_{ij} x_i \leq b_j \qquad \forall\, j \in N \qquad (7.9)$$

$$\sum_i d_{iz} x_i \geq e_z \qquad \forall\, z \in K \qquad (7.10)$$

$$x_i \geq 0 \qquad \forall\, i \in M \qquad (7.11)$$

O Modelo 7.4 apresenta estrutura conforme o *script* elaborado no GAMS. A função objetivo (Equação 7.8) é condizente com a Equação 7.1 do Modelo 7.3. Na Equação de Restrição 7.9, é utilizada a tabela de coeficientes ($a_{ij}$) das restrições que apresentam o sinal menor ou igual ($\leq$), que são as Equações 7.2 e 7.4. Essa equação também utiliza os totais $b_j$ relativos a essas restrições. Da mesma forma, a Equação 7.10 apresenta a tabela de coeficientes $d_{iz}$, relacionada às restrições com sinal maior ou igual ($\geq$). Os totais dessas restrições foram representados pelo conjunto $e_z$.

A solução do modelo obtida pelo GAMS é exibida na seguinte forma:

```
General    Algebraic    Modeling    System
Execution

----      33 VARIABLE x.L
Produto1 10.000,    Produto2 50.000
----      33 VARIABLE Custo.L          =        190.000
```

## Resumo

Neste capítulo, foi vista a resolução de problemas de programação linear com os softwares LINGO e GAMS. O próximo capítulo trabalhará casos especiais de problemas de programação linear.

## Exercícios propostos

Resolva os problemas com uso dos softwares LINGO e GAMS.

1) máx. $3x_1 + 3{,}5x_2$

    Sujeito a:

    $6x_1 + 8x_2 \leq 220$
    $3x_1 + 5x_2 \leq 300$
    $x_1, x_2 \geq 0$

2) máx. $2x_1 + 3x_2$

    Sujeito a:

    $2x_1 + x_2 \leq 10$
    $2x_1 + 5x_2 \leq 20$
    $x_1, x_2 \geq 0$

3) máx. $2{,}5x_1 + 5x_2$

    Sujeito a:

    $0{,}5x_1 + x_2 \leq 160$
    $0{,}2x_1 + x_2 \leq 2000$
    $x_1, x_2 \geq 0$

4) máx. $8x_1 + 3x_2 + 4x_3$

   Sujeito a:

   $2x_1 + 1,5x_2 + 4x_3 \leq 300$
   $0,3x_1 + 0,1x_2 + 0,2x_3 \leq 100$
   $0,05x_1 + 0,04x_2 + 0,045x_3 \leq 50$
   $x_1, x_2, x_3 \geq 0$

5) máx. $20x_1 + 30x_2$

   Sujeito a:

   $2x_1 + 1x_2 \leq 15$
   $3x_1 + 2x_2 \leq 10$
   $x_1, x_2 \geq 0$

6) máx. $5x_1 + 6x_2$

   Sujeito a:

   $2x_1 + 10x_2 \leq 15$
   $6x_1 + 5x_2 \leq 30$
   $x_1, x_2 \geq 0$

7) máx. $35x_1 + 25x_2$

   Sujeito a:

   $x_1 + 3x_2 \leq 800$
   $2x_1 + 8x_2 \leq 700$
   $x_1, x_2 \geq 0$

8) máx. $5x_1 + 7,5x_2$

   Sujeito a:

   $3x_1 + 7x_2 \leq 350$
   $5x_1 + 2x_2 \leq 280$
   $x_1, x_2 \geq 0$

9) mín. $34x_1 + 54x_2 + 88x_3$

Sujeito a:

$10x_1 + 15x_2 + 20x_3 \leq 800$
$x_1 + x_2 + x_3 = 50$
$x_1 \geq 10$
$x_1 + x_3 \geq 30$
$x_1, x_2, x_3 \geq 0$

10) mín. $0{,}5x_1 + 0{,}7x_2 + 0{,}8x_3$

Sujeito a:

$x_1 = 30$
$x_2 \geq 10$
$x_3 \leq 50$
$x_1, x_2, x_3 \geq 0$

CAPÍTULO 8

# Casos especiais de programação linear

Nos capítulos anteriores, foram resolvidos problemas de programação linear que envolviam as restrições de não negatividade que recaíam sobre as variáveis de decisão. Neste capítulo, estudaremos uma classe de problemas que adicionam a condição de que as variáveis de decisão sejam números inteiros. Este será o caso da programação linear inteira. Há, ainda, casos em que os problemas condicionam que algumas variáveis de decisão sejam números inteiros, e outras, apenas que sejam positivos, como é o caso da programação linear inteira mista. Por fim, veremos uma classe de problemas em que as variáveis de decisão são binárias (0 ou 1).

> Objetivos do capítulo

Neste capítulo, você será capaz de:

- Formular e resolver problemas de programação linear inteira.
- Encontrar a solução de problemas de programação linear inteira mista.
- Obter a solução ótima de problemas de programação binária.

# Programação linear inteira

A programação linear inteira se faz necessária quando é preciso que as variáveis de decisão retornem números inteiros. Considere o Modelo 8.1, cuja resolução já foi realizada no Capítulo 5:

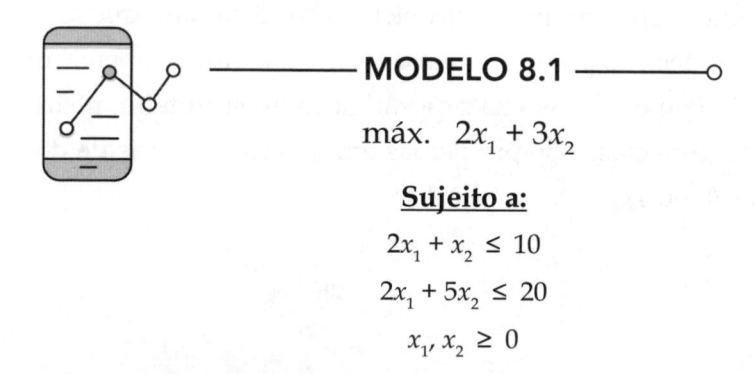

─── MODELO 8.1 ───

máx. $2x_1 + 3x_2$

**Sujeito a:**

$2x_1 + x_2 \leq 10$

$2x_1 + 5x_2 \leq 20$

$x_1, x_2 \geq 0$

A solução ótima do problema é $x_1 = 3{,}75$ e $x_2 = 2{,}5$, com função objetivo de 15. Contudo, suponha que o contexto desse exemplo demandasse que as variáveis de decisão fossem números inteiros. Isso poderia ocorrer em uma situação em que não é viável a produção de itens fracionários.

Assim, as restrições de não negatividade da expressão $x_1, x_2 \geq 0$ poderiam ser reescritas como $x_1, x_2 \in Z^+$:

**———— MODELO 8.2 ————**

máx. $2x_1 + 3x_2$

**Sujeito a:**

$2x_1 + x_2 \leq 10$

$2x_1 + 5x_2 \leq 20$

$x_1, x_2 \in Z^+$

Quando se adiciona essa restrição ao problema, a região de solução passa a considerar apenas os números inteiros que estiverem dentro dos limites das restrições. Esses pontos que representam os números inteiros podem ser vistos na Figura 8.1.

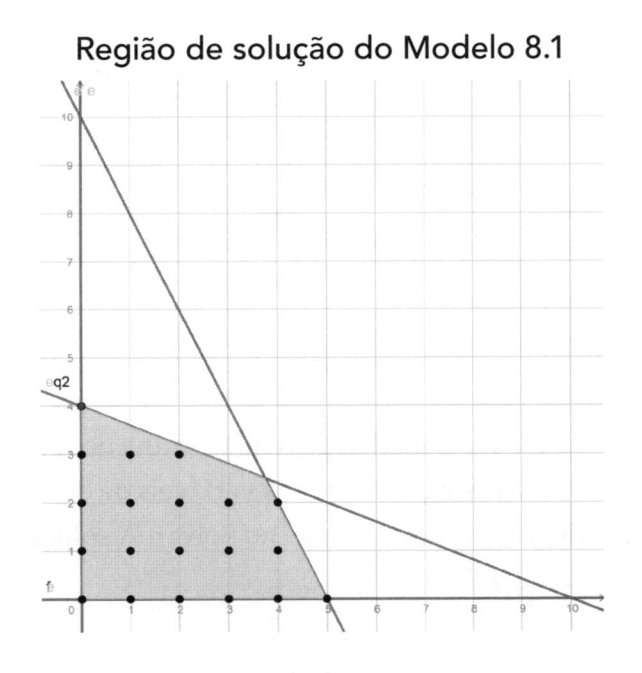

FIGURA 8.1

**Região de solução do Modelo 8.1**

Fonte: O autor.

*Casos especiais de programação linear*

Veja que os pontos plotados no interior e na borda da região de solução (área sombreada) são os candidatos a fazer parte da solução ótima. Diferentemente da solução obtida pelo método Simplex, a maioria dos pontos não está na extremidade da região. Assim, a solução desse problema deve avaliar todos os pontos indicados na Figura 8.1. Como não se pode aplicar o método Simplex para esse problema, geralmente os softwares utilizam algoritmos para encontrar a solução ótima. Tais algoritmos não serão abordados neste livro, pois fogem ao escopo da obra.

A Figura 8.2 apresenta a parametrização do Modelo 8.2, com as restrições de que as variáveis de decisão sejam números inteiros positivos, no Excel.

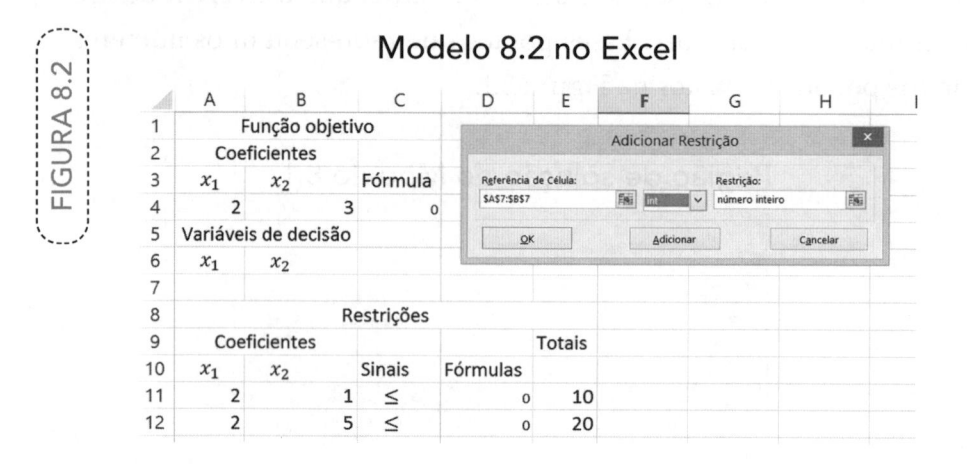

FIGURA 8.2

### Modelo 8.2 no Excel

|   | A | B | C | D | E | F | G | H | I |
|---|---|---|---|---|---|---|---|---|---|
| 1 | Função objetivo | | | | | | | | |
| 2 | Coeficientes | | | | | | | | |
| 3 | $x_1$ | $x_2$ | Fórmula | | | | | | |
| 4 | 2 | 3 | 0 | | | | | | |
| 5 | Variáveis de decisão | | | | | | | | |
| 6 | $x_1$ | $x_2$ | | | | | | | |
| 7 | | | | | | | | | |
| 8 | | | Restrições | | | | | | |
| 9 | Coeficientes | | | | Totais | | | | |
| 10 | $x_1$ | $x_2$ | Sinais | Fórmulas | | | | | |
| 11 | 2 | 1 | ≤ | 0 | 10 | | | | |
| 12 | 2 | 5 | ≤ | 0 | 20 | | | | |

Fonte: O autor.

Veja na Figura 8.2 que a modelagem na planilha do Excel segue sendo a mesma, exceto a restrição de que as variáveis de decisão sejam números inteiros devem ser adicionadas no Solver. A solução do Modelo 8.2 é exibida na Figura 8.3.

## FIGURA 8.3 Solução do Modelo 8.2 no Excel

| | A | B | C | D | E |
|---|---|---|---|---|---|
| 1 | Função objetivo | | | | |
| 2 | Coeficientes | | | | |
| 3 | $x_1$ | $x_2$ | Fórmula | | |
| 4 | 2 | 3 | 14 | | |
| 5 | Variáveis de decisão | | | | |
| 6 | $x_1$ | $x_2$ | | | |
| 7 | 4 | 2 | | | |
| 8 | | | Restrições | | |
| 9 | Coeficientes | | | | Totais |
| 10 | $x_1$ | $x_2$ | Sinais | Fórmulas | |
| 11 | 2 | 1 | ≤ | 10 | 10 |
| 12 | 2 | 5 | ≤ | 18 | 20 |
| 13 | | | | | |

Fonte: O autor.

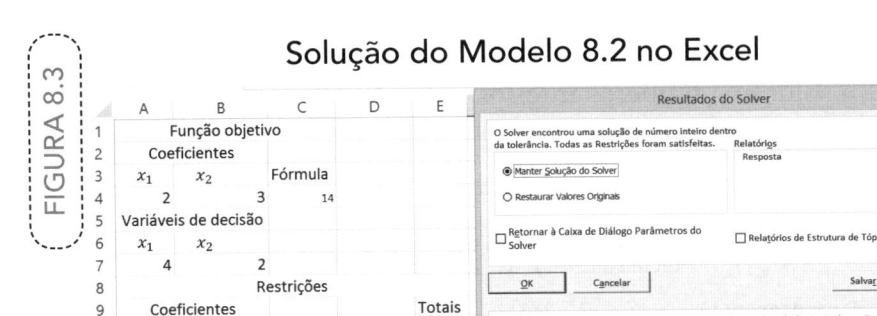

É possível constatar que a solução ótima do problema de programação linear inteira do Modelo 8.2 é $x_1 = 4$ e $x_2 = 2$, com função objetivo de 14. Note que a restrição de que a solução seja inteira causou uma redução na função objetivo.

O modelo também pode ser resolvido no LINGO, com o seguinte *script*:

```
max = 2*x1+3*x2;
2*x1+x2<=10;
2*x1+5*x2<=20;
@GIN(x1);@GIN(x2);
```

*Casos especiais de programação linear*

Veja que, na solução do LINGO, utilizou-se a condição @GIN, que restringe a solução a números inteiros. No GAMS, a solução pode ser obtida pelo seguinte *script*:

```
1   Set        i      Variáveis de decisão     / 1, 2 /
2              j      Recursos      / 1, 2/;
3
4   Parameter c(i)       / 1 2, 2 3 /
5             b(j)       / 1 10,  2 20 /;
6
7   Table    a(j,i)
8                   1      2
9   1               2      1
10  2               2      5 ;
11
12  Integer Variables x(i);
13  Variables         Z;
14
15  Equations         FO
16                    Restricoes(j) ;
17
18  FO..         Z =e= sum(i, (c(i))*x(i));
19  Restricoes(j)..  sum(i, a(j,i) *x(i)) =l=    b(j);
20
21  Model Modelo8_2 /all/;
22  Solve Modelo8_2 using MIP maximizing Z;
23  Display x.l,Z.l;
```

No GAMS, note que se substituiu o comando Positive Variables por Integer Variables (linha 12), e o resolvedor escolhido foi o MIP, em vez do LP (linha 22).

A seção a seguir apresenta a solução de problemas mistos, cujas restrições das variáveis de decisão podem ser inteiras ou positivas.

## Programação linear inteira mista

Em muitos casos de programação linear, pode-se encontrar problemas em que algumas variáveis devem ser números inteiros ou binários, e outras, apenas positivas. Considere o caso do Modelo 8.1, em que a restrição da solução ser um número inteiro recaía apenas sobre a variável $x_1$. Neste caso, o modelo é alterado da seguinte forma:

─── **MODELO 8.3** ───

$$\text{máx.} \quad 2x_1 + 3x_2$$

**Sujeito a:**

$$2x_1 + x_2 \leq 10$$
$$2x_1 + 5x_2 \leq 20$$
$$x_1 \in Z^+$$
$$x_2 \geq 0$$

No Excel, apenas a variável $x_1$ deve ter a restrição de inteiro, conforme mostra a Figura 8.4.

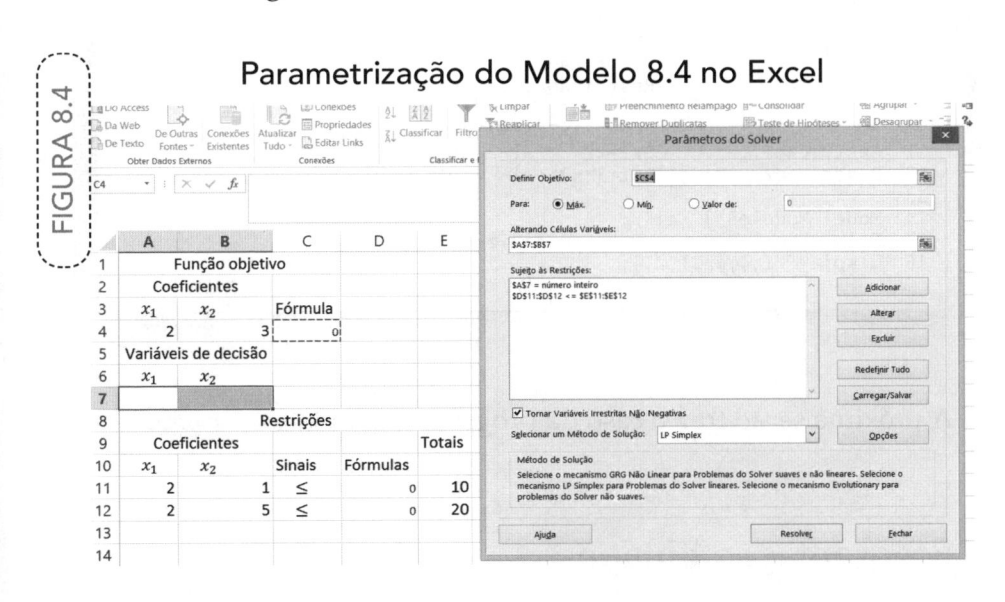

**FIGURA 8.4** — Parametrização do Modelo 8.4 no Excel

Fonte: O autor.

Ao resolver esse modelo no Excel, a solução ótima é $x_1 = 3$ e $x_2 = 2{,}8$, com função objetivo de 14,4. Note que, liberando a segunda variável de decisão da restrição de que seja número inteiro, houve um aumento na função objetivo de 0,4. O Modelo 8.3 pode ser resolvido da seguinte forma no LINGO:

```
max = 2*x1+3*x2;

2*x1+x2<=10;
2*x1+5*x2<=20;
@GIN(x1);x2>=0;
```

O *script* do GAMS para esse modelo pode ser redigido da seguinte forma:

```
1   Integer Variable x1;
2   Positive Variable x2;
3
4   Variable         Z;
5
6   Equations        FO
7                    Restricao1
8                    Restricao2;
9
10  FO..             Z =e= 2*x1+3*x2;
11  Restricao1..     2*x1+x2    =l=   10;
12  Restricao2..     2*x1+5*x2  =l=   20;
13
14  Model Modelo8_3 /all/;
15  Solve Modelo8_3 using MIP maximizing Z;
16  Display x1.l,x2.l,Z.l;
```

A próxima seção traz o caso da programação binária.

## Programação binária

A programação binária é um caso da programação inteira em que há a restrição de que as variáveis de decisão sejam binárias (entre 0 e 1). Esse tipo de problema é recorrente quando escolhas estão envolvidas. Neste caso, quando a solução ótima apresenta variável de decisão com valor nulo, a escolha não é realizada; ocorre o contrário quando o resultado é 1.

Considere o problema apresentado no Exemplo 1.1 do orçamento familiar, que é resgatado como Exemplo 8.1.

**EXEMPLO 8.1.** Determinada família deve montar uma cesta de compras para consumo cujas opções obrigatórias são arroz e feijão e devem decidir sobre a escolha do complemento dentre carne, ovos e peixe. A restrição orçamentária dessa família é de R$60. Sabe-se que o custo e a satisfação de cada opção são apresentados na Tabela 8.1.

TABELA 8.1

### Custo e satisfação dos itens componentes do orçamento familiar

| ITEM | CUSTO (R$) | SATISFAÇÃO (0 A 10) |
|---|---|---|
| Arroz | 25 | 10 |
| Feijão | 5 | 8 |
| Carne | 40 | 10 |
| Ovos | 15 | 5 |
| Peixe | 25 | 8 |

Fonte: O autor.

Esse problema é de programação linear inteira, mais especificamente de programação binária. Note que, dentre as variáveis de decisão $x_1$ = Arroz, $x_2$ = Feijão, $x_3$ = Carne, $x_4$ = Ovos e $x_5$ = Peixe, há a restrição de que o arroz e o feijão sejam obrigatoriamente escolhidos, ou seja, $x_1$, $x_2$ = 1. Com essas duas variáveis de decisão com valores já definidos, resta escolher o complemento entre carne, ovos e peixe para maximizar a satisfação e atender a restrição orçamentária de R$60. Aqui, pode-se visualizar o papel da programação binária, que atribuirá valor 0 para o complemento não escolhido e 1 para o complemento que fará parte da compra. Dessa forma, o Modelo 8.4 apresenta as equações desse problema com a devida restrição binária para $x_3$, $x_4$ e $x_4$.

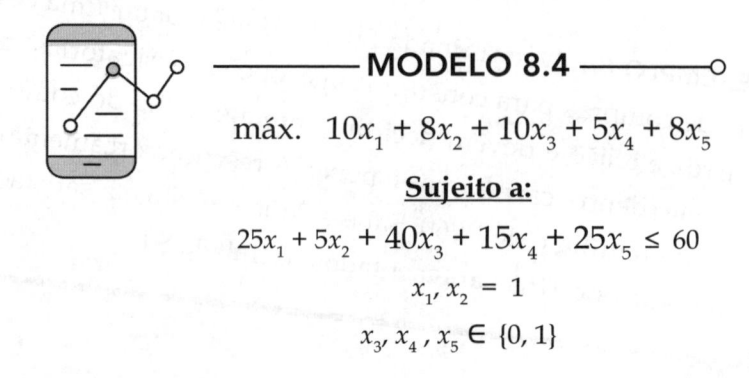

──────── MODELO 8.4 ────────

$$\text{máx.} \quad 10x_1 + 8x_2 + 10x_3 + 5x_4 + 8x_5$$

**Sujeito a:**

$$25x_1 + 5x_2 + 40x_3 + 15x_4 + 25x_5 \leq 60$$

$$x_1, x_2 = 1$$

$$x_3, x_4, x_5 \in \{0, 1\}$$

A Figura 8.5 mostra a parametrização do Modelo 8.4 no Excel.

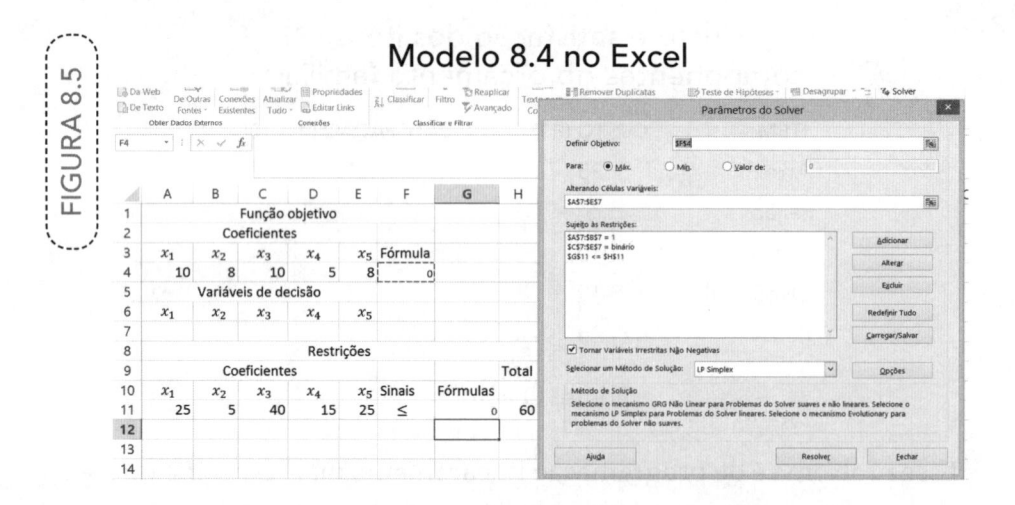

FIGURA 8.5

Modelo 8.4 no Excel

Fonte: O autor.

Veja que as variáveis relativas ao complemento foram restringidas como binário na janela do Solver. A solução do problema é apresentada na Figura 8.6.

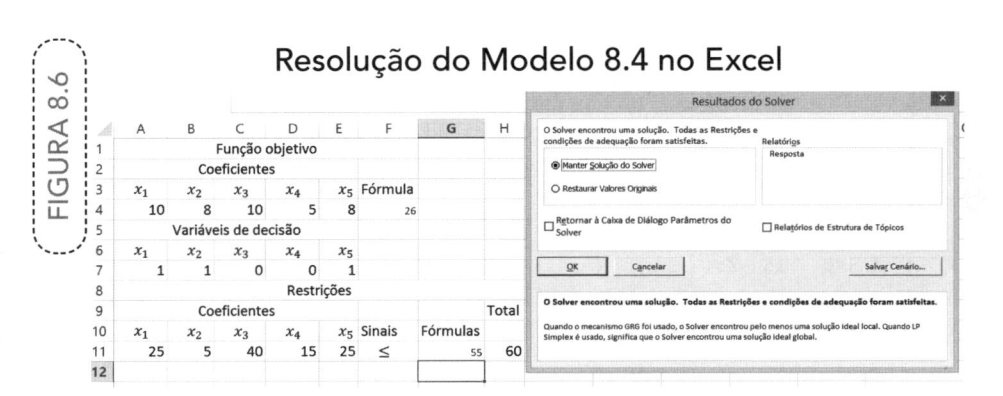

**FIGURA 8.6** Resolução do Modelo 8.4 no Excel

Fonte: O autor.

Veja que, devido às restrições, o único complemento possível adicionado na cesta foi o peixe, gerando uma satisfação total de 26 e um custo de R$55. No LINGO, é necessário utilizar o comando @BIN para restringir as variáveis a resultados binários, conforme o seguinte *script*:

```
max = 10*x1+8*x2+10*x3+5*x4+8*x5;

25*x1+5*x2+40*x3+15*x4+25*x5<=60;
x1=1;x2=1;@BIN(x3);@BIN(x4);@BIN(x5);
```

No GAMS, a mesma solução é obtida com o *script*:

```
1    Set i índices das variáveis positivas(vp) /1, 2/
2        j índices das variáveis binárias(vb) / 1, 2, 3/
3        z índice da restrição orçamentária /1/;
4
5    Parameters c(i) coeficientes FO vp / 1 10, 2 8 /
6               d(j) coeficientes FO vb /1 10, 2 5, 3 8 /;
7
8    Table e(z,i) coeficientes da restrição orçamentária vp
9            1   2
10   1      25   5 ;
11
12   Table f(z,j) coeficientes da restrição orçamentária vb
13          1    2    3
14   1     40   15   25;
15
16   Positive Variables x(i);
17   Binary Variables y(j);
18
19   Variable         Satisfacao;
20
21   Equations         FO
22                     Restricao1
23                     Restricao2;
24
25   FO..      Satisfacao =e= sum(i, c(i)*x(i))+ sum(j, d(j)*y(j));
26   Restricao1(z)..sum(i, x(i)*e(z,i))+sum(j, y(j)*f(z,j))  =l= 60;
27   Restricao2(i)..x(i) =e= 1;
28
29   Model Modelo8_4 /all/;
30   Solve Modelo8_4 using MIP maximizing Satisfacao;
31   Display x.l, y.l,Satisfacao.l;
```

A próxima seção apresenta dois exercícios resolvidos de um tipo de problema clássico em programação linear binária, que é o problema da mochila.

## Exercícios resolvidos

Suponha que uma empresa precisa carregar um caminhão para realizar entregas com vários pedidos de clientes. É necessário decidir quais entregas serão carregadas no caminhão considerando os valores dos pedidos dos clientes, pois é desejável maximizar o valor total transportado e atender à capacidade de peso do caminhão. Trata-se de um problema de programação binária, pois deve-se decidir, para cada pedido, se ele será ou não carregado no caminhão a partir dos atributos de valor e peso.

O problema configurado dessa forma é um problema clássico de otimização, chamado problema da mochila. Nesse tipo de problema, deve-se decidir quais itens carregar a partir dos atributos de valor para o usuário e volume, devendo-se respeitar a capacidade da mochila.

Voltando para o contexto do problema do carregamento do pedido, a Tabela 8.2 mostra os dados referentes ao contexto da situação.

**TABELA 8.2** Dados do problema do carregamento do caminhão

| PEDIDO | VALOR TOTAL (R$) | PESO (KG) |
|---|---|---|
| 1 | 123,45 | 246 |
| 2 | 89 | 178 |
| 3 | 345 | 690 |
| 4 | 1.230,48 | 2.460 |
| 5 | 34 | 68 |
| 6 | 567 | 1.134 |
| 7 | 890 | 1.780 |
| 8 | 560 | 1.120 |
| 9 | 340 | 680 |
| 10 | 23 | 46 |

Fonte: O autor.

Sabendo que o caminhão tem capacidade para 6 mil quilos, esse problema pode ser formulado conforme o Modelo 8.5.

## MODELO 8.5

$$\min. \sum_i x_i c_i$$

**Sujeito a:**

$$\sum_i x_i p_i \leq c$$

$$x_i \in \{0, 1\} \quad \forall i$$

Onde:

$i$ = índice dos pedidos

$c_i$ = valores dos pedidos

$p_i$ = peso dos pedidos

$c$ = capacidade do caminhão

$x_i$ = 1, se o pedido do cliente i é alocado no caminhão, e 0, caso contrário

O Modelo 8.5 pode ser formulado no Excel conforme mostra a Figura 8.7.

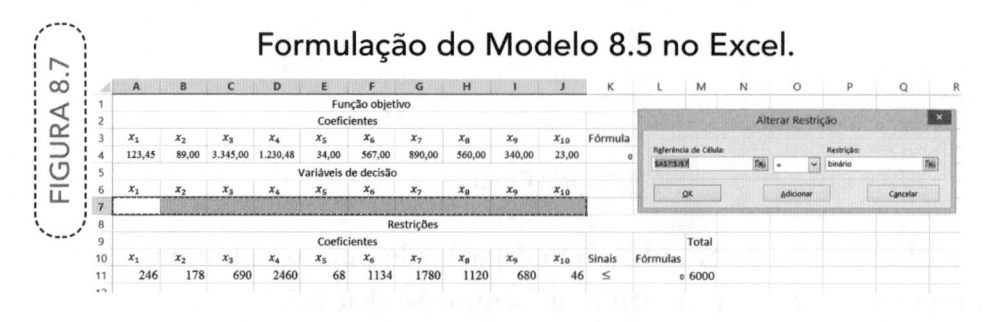

**FIGURA 8.7** Formulação do Modelo 8.5 no Excel.

Fonte: O autor.

Note que todas as variáveis de decisão têm a restrição de valor binário, sendo que isso foi adicionado no Solver. A Figura 8.8 mostra a solução do Modelo 8.5 no Excel.

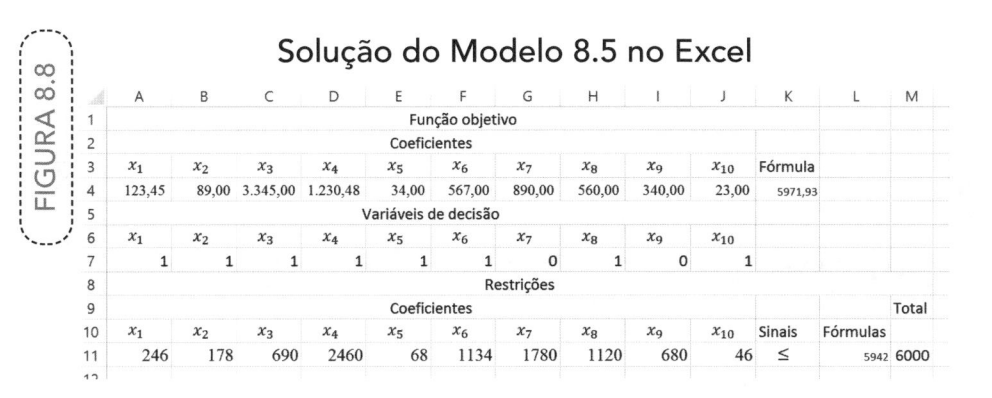

**FIGURA 8.8**

### Solução do Modelo 8.5 no Excel

| | A | B | C | D | E | F | G | H | I | J | K | L | M |
|---|---|---|---|---|---|---|---|---|---|---|---|---|---|
| 1 | | | | | Função objetivo | | | | | | | | |
| 2 | | | | | Coeficientes | | | | | | | | |
| 3 | $x_1$ | $x_2$ | $x_3$ | $x_4$ | $x_5$ | $x_6$ | $x_7$ | $x_8$ | $x_9$ | $x_{10}$ | Fórmula | | |
| 4 | 123,45 | 89,00 | 3.345,00 | 1.230,48 | 34,00 | 567,00 | 890,00 | 560,00 | 340,00 | 23,00 | 5971,93 | | |
| 5 | | | | | Variáveis de decisão | | | | | | | | |
| 6 | $x_1$ | $x_2$ | $x_3$ | $x_4$ | $x_5$ | $x_6$ | $x_7$ | $x_8$ | $x_9$ | $x_{10}$ | | | |
| 7 | 1 | 1 | 1 | 1 | 1 | 1 | 0 | 1 | 0 | 1 | | | |
| 8 | | | | | | | Restrições | | | | | | |
| 9 | | | | | Coeficientes | | | | | | | | Total |
| 10 | $x_1$ | $x_2$ | $x_3$ | $x_4$ | $x_5$ | $x_6$ | $x_7$ | $x_8$ | $x_9$ | $x_{10}$ | Sinais | Fórmulas | |
| 11 | 246 | 178 | 690 | 2460 | 68 | 1134 | 1780 | 1120 | 680 | 46 | ≤ | 5942 | 6000 |

Fonte: O autor.

Veja que a solução encontrada não incluiu no caminhão, apenas os pedidos 7 e 9. O valor total obtido foi de R$5.971,93, com peso total de 5.942kg.

No LINGO, o problema é modelado da seguinte forma:

```
max = 123.45*x1+89*x2+3345*x3+1230.48*x4+34*x5+
      567*x6+890*x7+560*x8+340*x9+23*x10;

246*x1+178*x2+690*x3+2460*x4+68*x5+
1134*x6+1780*x7+1120*x8+680*x9+46*x10<=6000;
@BIN(x1);@BIN(x2);@BIN(x3);@BIN(x4);@BIN(x5);
@BIN(x6);@BIN(x7);@BIN(x8);@BIN(x9);@BIN(x10);
```

A solução do LINGO difere do Excel, conforme apresentado no seguinte relatório:

```
General  Algebraic   Modeling   System
Execution


----      24 VARIABLE x.L

1 1.000,    3 1.000,    4 1.000,    5 1.000,    7 1.000,    9
1.000,    10 1.000


----      24 VARIABLE Valor.L         =        5985.930
```

Veja que se obteve um valor total maior que no Excel, sendo deixados os pedidos 2, 6 e 8 de fora da carga. No GAMS, o modelo é codificado da seguinte forma:

```
1    Set i índices dos pedidos /1*10/
2        j índice da restrição /1 /;
3
4    Parameters c(i) coef. dos valores de pedidos /1 123.45,2 89,
5         3 3345, 4 1230.48, 5 34, 6 567, 7 890, 8 560, 9 340, 10 23/
6              b(j) total da restrição de peso /1 6000/;
7
8    Table d(j,i) coeficientes da restrição de peso
9              1    2    3    4    5    6    7    8    9    10
10   1    246  178  690 2460  68 1134 1780 1120 680  46;
11
12   Binary Variables x(i);
13
14   Variable         Valor;
15
16   Equations        FO
17                    Restricao1;
18
19   FO..             Valor =e= sum(i, c(i)*x(i));
20   Restricao1(j)..  sum(i, x(i)*d(j,i)) =l= b(j);
21
22   Model Modelo8_5 /all/;
23   Solve Modelo8_5 using MIP maximizing Valor;
24   Display x.l, Valor.l;
```

Pode-se observar que a solução obtida pelo GAMS foi semelhante à obtida pelo LINGO:

```
General  Algebraic   Modeling   System
Execution

----      24 VARIABLE x.L

1  1.000,     3  1.000,    4  1.000,    5  1.000,    7  1.000,    9
1.000,    10  1.000


----      24 VARIABLE Valor.L          =        5985.930
```

Uma variação muito útil do problema do carregamento é o caso em que se tem múltiplos caminhões e, por consequência, múltiplas mochilas. Esse caso pode ser representado pelo seguinte modelo:

―――――― MODELO 8.6 ――――――

$$\min. \sum_i \sum_j x_{ij} c_i \quad (8.1)$$

**Sujeito a:**

$$\sum_i x_{ij} p_i \leq c_j \quad \forall j \quad (8.2)$$

$$\sum_j x_{ij} \leq 1 \quad \forall i \quad (8.3)$$

$$x_{ij} \in \{0, 1\} \quad (8.4)$$

Onde:

$i$ = índice dos pedidos

$j$ = índice dos caminhões

$c_i$ = valores dos pedidos

$p_i$ = peso dos pedidos

$c_j$ = capacidade do caminhão $j$

$x_{ij}$ = 1, se o pedido do cliente i é alocado no caminhão j, e 0, caso contrário

A Equação 8.1 do Modelo 8.6 acrescenta à função objetivo o índice j atrelado à quantidade de caminhões. A Equação 8.2 restringe a carga total carregada à capacidade do caminhão, e a Equação 8.3 indica que um pedido é alocado a um único caminhão.

Considere uma variação do exemplo anterior em que há três caminhões, com capacidades de 3.000, 1.000 e 2.000 quilos, respectivamente. Agora o problema envolve verificar a alocação de cada pedido em cada caminhão para maximizar o valor das três entregas. O código do problema no GAMS pode ser redigido da seguinte forma:

```
1  Set i índices dos pedidos /1*10/
2      j índice do caminhão /1*3/;
3
4  Parameters c(i) coef. dos valores de pedidos /1 123.45,2 89,
5       3 3345, 4 1230.48, 5 34, 6 567, 7 890, 8 560, 9 340, 10 23/
6           b(j) total da restrição de peso /1 3000, 2 1000, 3 2000/
7           d(i) coeficientes dos pesos de cada pedido /1 246, 2 178,
8       3 690, 4 2460, 5 68, 6 1134, 7 1780, 8 1120, 9 680, 10 46/;
9
10 Binary Variables x(i,j);
11
12 Variable         Valor;
13
14 Equations        FO
15                  Restricao1
16                  Restricao2;
17
18 FO..             Valor =e= sum((i,j), c(i)*x(i,j));
19 Restricao1(j)..  sum(i, x(i,j)*d(i)) =l= b(j);
20 Restricao2(i)..  sum(j, x(i,j))      =l= 1;
21
22 Model Modelo8_6 /all/;
23 Solve Modelo8_6 using MIP maximizing Valor;
24 Display x.l, Valor.l;
```

A solução apresentada pelo GAMS é configurada da seguinte forma:

```
General   Algebraic   Modeling   System
Execution

----        24 VARIABLE x.L

                    1           2           3
1                1.000
2                            1.000
3                            1.000
5                1.000
6     1.000
7     1.000
8                            1.000
9                1.000
10    1.000


----        24 VARIABLE Valor.L        =      5971.450
```

Essa solução obtém um valor total de R$5.971,45, sendo que apenas o pedido 4 não é alocado para entrega.

## Resumo

Este capítulo tratou de casos especiais da programação linear que serão bastante utilizados nos próximos capítulos. Vimos que a programação linear inteira possibilita a geração de soluções ótimas com números inteiros, e a programação binária é útil para problemas que envolvem escolhas. Muitos dos modelos aplicados à logística que serão vistos nos próximos capítulos utilizarão a programação linear inteira mista e binária para encontrar a solução ótima.

## ⁞⁞ Exercícios propostos

1) Resolva o problema do orçamento doméstico com programação binária tendo apenas o complemento como variáveis de decisão:

   máx. $10x_1 + 5x_2 + 8x_3$

   Sujeito a:

   $40x_1 + 15x_2 + 25x_3 \leq 60$

   $x_1, x_2, x_3 \in \{0,1\}$

2) Encontre a solução do problema do orçamento doméstico em que o objetivo seja minimizar o custo.

   máx. $25x_1 + 5x_2 + 40x_3 + 15x_4 + 25x_5$

   Sujeito a:

   $10x_1 + 8x_2 + 10x_3 + 5x_4 + 8x_5 \geq 23$

   $x_1 = 1$

   $x_2 = 1$

   $x_3, x_4, x_5 \in \{0,1\}$

3) Resolva o problema da escolha do deslocamento com programação binária, em que o objetivo é maximizar o conforto.

   máx. $2x_1 + 4x_2 + 7x_3 + 10x_4$

   Sujeito a:

   $25x_1 + 50x_2 + 90x_3 + 260x_4 \leq 100$

   $45x_1 + 13x_2 + 18x_3 + 8x_4 \leq 20$

   $x_1, x_2, x_3, x_4 \in \{0,1\}$

4) Encontre a solução do problema da escolha do deslocamento com programação binária, em que o objetivo é minimizar o custo.

mín. $25x_1 + 50x_2 + 90x_3 + 260x_4$

Sujeito a:

$2x_1 + 4x_2 + 7x_3 + 10x_4 \geq 5$

$45x_1 + 13x_2 + 18x_3 + 8x_4 \leq 20$

$x_1, x_2, x_3, x_4 \in \{0,1\}$

5) Determinada empresa precisa carregar um contêiner com diversos produtos com os seguintes pesos, valores unitários e quantidades a serem carregadas:

| Produto | Preço (R$) | Peso (Kg) | Qtde. | Peso total (Kg) | Valor total (R$) |
|---|---|---|---|---|---|
| A | 2,53 | 5 | 680 | 3.400 | 1.718,27 |
| B | 0,79 | 1 | 1.221 | 1.221 | 963,63 |
| C | 2,03 | 5 | 2.514 | 12.570 | 5.101,52 |
| D | 9,95 | 1 | 1.562 | 1.562 | 15.536,84 |
| E | 5,27 | 5 | 1.330 | 6.650 | 7.010,75 |
| F | 7,20 | 1 | 2.679 | 2.679 | 19.290,20 |
| G | 7,93 | 2 | 1.902 | 3.804 | 15.079,07 |
| H | 7,89 | 4 | 952 | 3.808 | 7.515,46 |

Sabendo que o contêiner suporta 26 mil quilos e que o objetivo é maximizar o valor da carga, quais produtos devem ser despachados?

6) Considerando o contexto do Exercício 5, suponha que o objetivo é dividir a carga em dois contêineres com capacidade de 13 mil quilos cada. Quais produtos serão carregados?

7) Qual é a solução do seguinte modelo, assumindo que as variáveis de decisão são inteiras?

máx. $3x_1 + 3{,}5x_2$

Sujeito a:

$6x_1 + 8x_2 \leq 220$

$3x_1 + 5x_2 \leq 300$

$x_1, x_2 \in Z^+$

8) Analisando o contexto do Exercício 7, qual é a solução do modelo, considerando que apenas $x_1$ é inteiro?

9) Encontre a solução do seguinte problema:

mín. $8x_1 + 9x_2$

Sujeito a:

$x_1 + 15x_2 \geq 60$

$8x_1 + 9x_2 \geq 200$

$x_1, x_2 \in Z^+$

10) Obtenha a solução do modelo:

mín. $8x_1 + 9x_2$

Sujeito a:

$x_1 + 15x_2 \geq 60$

$8x_1 + 9x_2 \geq 200$

$x_1 \geq 0$

$x_2 \in Z^+$

CAPÍTULO 9

# Solução de problemas logísticos com programação linear

No capítulo anterior, estudamos os modelos que utilizam, em pelo menos algumas variáveis de decisão, a restrição de números inteiros ou binária, que são chamados de modelos de programação linear inteira mista. Neste capítulo, veremos como modelar e resolver diversos problemas logísticos e de cadeia de suprimentos com programação linear. Utilizaremos principalmente a linguagem algorítmica e algébrica desenvolvida no Capítulo 7.

## Objetivos do capítulo

Neste capítulo, você será capaz de:

- Modelar e resolver problemas clássicos aplicados à logística e cadeia de suprimentos.
- Estudar os diferentes tipos e problemas logísticos que podem ser resolvidos com programação linear, tal

como o de transporte, de localização de instalações, do menor caminho e do caixeiro viajante.

## Problema de transporte

O problema de transporte é considerado o problema mais fundamental em logística, em que é necessário escolher quais fontes de suprimento atenderão os pontos de consumo. O problema pode ser exemplificado pela Figura 9.1. Esse é o mesmo problema visto no Capítulo 1. A variação que será apresentada aqui é a de que o exemplo visto foi modelado com restrições de igualdade (=). Neste modelo, veremos que as restrições de capacidade também podem ser modeladas com menor ou igual (≤), e as restrições de demanda, com maior ou igual (≥).

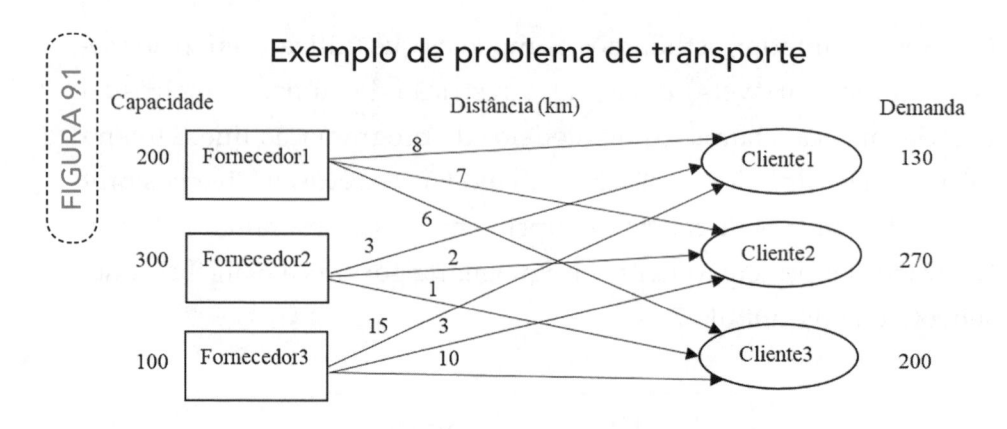

**FIGURA 9.1**

**Exemplo de problema de transporte**

| Capacidade | | Distância (km) | | Demanda |
|---|---|---|---|---|
| 200 | Fornecedor1 | 8, 7, 6 | Cliente1 | 130 |
| 300 | Fornecedor2 | 3, 2, 1 | Cliente2 | 270 |
| 100 | Fornecedor3 | 15, 3, 10 | Cliente3 | 200 |

Fonte: O autor.

Conforme pode-se verificar na Figura 9.1, há três fornecedores que distribuem para três clientes. Cada fornecedor tem uma capacidade de atendimento, e, por sua vez, os clientes têm cada qual uma demanda diferente. Note, ainda, que é apresentada a distância de cada fornecedor para cada cliente, informação que será levada em conta na solução.

A lógica desse problema consiste em escolher qual fornecedor atenderá qual cliente buscando minimizar o custo de transporte, tendo em conta as distâncias de cada fornecedor para cada cliente. Por exemplo, veja que o fornecedor mais próximo do Cliente 1 é o Fornecedor 2, com uma distância de 3 quilômetros.

Assim, o modelo busca minimizar a distância percorrida pelos envios aos clientes pelos fornecedores, considerando as questões de capacidade de fornecimento de cada um destes às demandas daqueles. Esse modelo pode ser representado da seguinte forma:

―――――― MODELO 9.1 ――――――

$$\min. \sum_i \sum_j c_{ij} x_{ij} \quad (9.1)$$

**Sujeito a:**

$$\sum_j x_{ij} \leq S_i \quad \forall i \in S \quad (9.2)$$

$$\sum_i x_{ij} \geq D_j \quad \forall j \in D \quad (9.3)$$

$$x_{ij} \geq 0 \quad \forall ij \quad (9.4)$$

Onde:

i = [Fornecedor 1, Fornecedor 2, Fornecedor 3]

j = [Cliente 1, Cliente 2, Cliente 3]

$x_{ij}$: Fluxo do fornecedor i para o cliente j

$c_{ij}$: Matriz de custo de envio do fornecedor i para o cliente j, conforme Tabela 9.1.

**TABELA 9.1** Custo de envio do fornecedor ao cliente

| $c_{ij}$ | CLIENTE1 | CLIENTE2 | CLIENTE3 |
|---|---|---|---|
| Fornecedor 1 | 8 | 7 | 6 |
| Fornecedor 2 | 3 | 2 | 1 |
| Fornecedor 3 | 15 | 3 | 10 |

Fonte: O autor.

$S_i$ = [200, 300, 100]: Capacidade dos fornecedores

$D_j$ = [130, 270, 200]: Demanda dos clientes

A função objetivo do problema (Equação 9.1) minimiza o custo total do fluxo dos fornecedores aos clientes ($x_{ij}$) associados aos custos de cada envio ($c_{ij}$). A Equação 9.2 garante que o total fornecido não exceda a capacidade dos fornecedores, e a Equação 9.3 determina que a demanda seja minimamente atendida. Por fim, a Equação 9.4 representa a restrição de não negatividade. Esse problema pode ser formulado no Excel conforme mostra a Figura 9.2.

**FIGURA 9.2** Formulação do problema de transporte no Excel

| | A | B | C | D | E | F | G | H | I | J | K | L |
|---|---|---|---|---|---|---|---|---|---|---|---|---|
| 1 | | | | | Função objetivo | | | | | | | |
| 2 | | | | | Coeficientes | | | | | Fórmula | | |
| 3 | 8 | 7 | 6 | 3 | 2 | 1 | 15 | 3 | 10 | 0 | | |
| 4 | x11 | x12 | x13 | x21 | x22 | x23 | x31 | x32 | x33 | | | |
| 5 | | | | Variáveis de decisão | | | | | | | | |
| 6 | x11 | x12 | x13 | x21 | x22 | x23 | x31 | x32 | x33 | | | |
| 7 | | | | | | | | | | | | |
| 8 | | | | | | Restrições | | | | | | |
| 9 | | | | | Coeficientes | | | | | | | |
| 10 | x11 | x12 | x13 | x21 | x22 | x23 | x31 | x32 | x33 | Sinais | Fórmulas | Totais |
| 11 | 1 | 1 | 1 | | | | | | | <= | 0 | 200 |
| 12 | | | | 1 | 1 | 1 | | | | <= | 0 | 300 |
| 13 | | | | | | | 1 | 1 | 1 | <= | 0 | 100 |
| 14 | 1 | | | 1 | | | 1 | | | >= | 0 | 130 |
| 15 | | 1 | | | 1 | | | 1 | | >= | 0 | 270 |
| 16 | | | 1 | | | 1 | | | 1 | >= | 0 | 200 |

Fonte: O autor.

A Tabela 9.2 mostra as fórmulas utilizadas.

**TABELA 9.2**

### Fórmulas utilizadas no problema de transporte

| CÉLULA | FÓRMULA |
|---|---|
| J3 | =SOMARPRODUTO(A3:I3;A7:I7) |
| K11 | =SOMARPRODUTO(A11:I11;$A$7:$I$7) |
| K16 | =SOMARPRODUTO(A16:I16;$A$7:$I$7) |

Fonte: O autor.

O lançamento das restrições no Solver é mostrado na Figura 9.3.

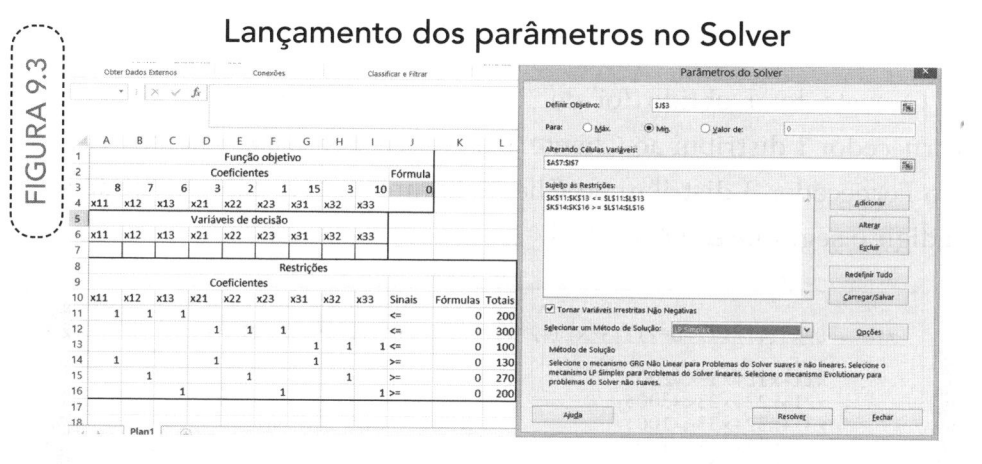

**FIGURA 9.3**

### Lançamento dos parâmetros no Solver

Fonte: O autor.

Ao resolver esse problema no Excel, obtém-se a solução como pode ser visto na Figura 9.4.

**FIGURA 9.4** Solução do problema no Excel

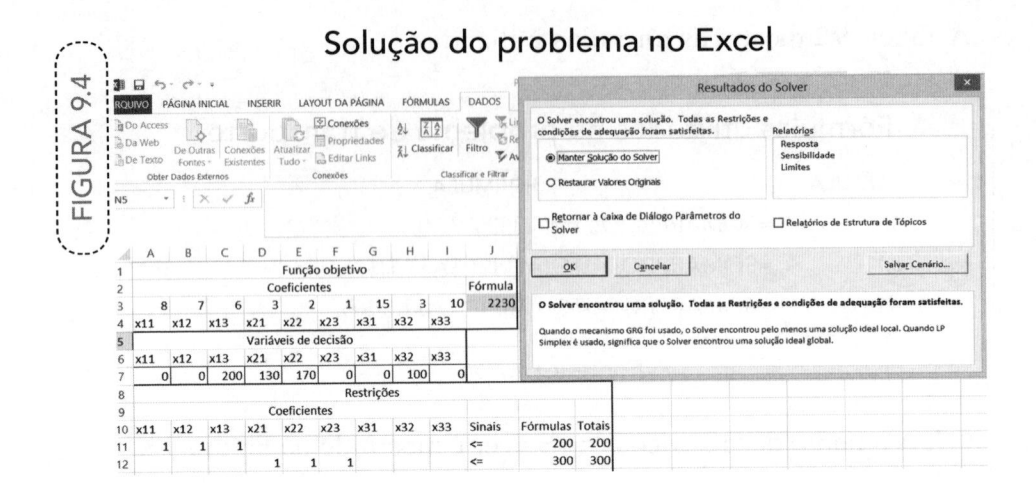

Fonte: O autor.

O custo total obtido foi de R$2.230, tendo como solução que o Fornecedor 1 distribui ao Cliente 3; o Fornecedor 2, aos Clientes 1 e 2; e o Fornecedor 3 distribui ao Cliente 2 também. No LINGO, pode-se redigir o seguinte *script*:

```
min = 8*x11+7*x12+6*x13+3*x21+2*x22+x23+15*x31+3*x32+10*x33;

    x11+x12+x13<=200;
    x21+x22+x23<=300;
    x31+x32+x33<=100;
    x11+x21+x31>=130;
    x12+x22+x32>=270;
    x13+x23+x33>=200;
    x11>=0;x12>=0;x13>=0;x21>=0;x22>=0;x23>=0;
    x31>=0;x32>=0;x33>=0;
```

A solução encontrada pelo LINGO é similar à do Excel:

```
Global optimal solution found.
Objective value:                    2230.000
                    Variable           Value        Reduced Cost
                         X11        0.000000            0.000000
                         X12        0.000000            0.000000
                         X13        200.0000            0.000000
                         X21        130.0000            0.000000
                         X22        170.0000            0.000000
                         X23        0.000000            0.000000
                         X31        0.000000            11.00000
                         X32        100.0000            0.000000
                         X33        0.000000            8.000000
```

No GAMS, o problema de transporte pode ser modelado da seguinte forma:

```
1   Set
2   i fornecedor / f1, f2, f3/
3   j cliente / c1, c2, c3/
4
5   Parameters d(j) demanda do cliente / c1 130, c2 270, c3 200/
6              s(i) capacidade do fornecedor/ f1 200, f2 300, f3 100/;
7
8
9   Table    c(i,j)  custo de transporte
10           c1   c2   c3
11   f1      8    7    6
12   f2      3    2    1
13   f3      15   3    10   ;
14
15   Positive Variables x(i,j);
16   Variables Custo;
17
18   Equations         FO
19                     Capacidade
20                     Demanda;
21
22   FO..              Custo =e= sum((i,j),c(i,j)*x(i,j));
23   Capacidade(i)..   sum(j, x(i,j)) =l= s(i);
24   Demanda(j)..      sum(i, x(i,j)) =g= d(j);
25
26   Model Modelo9_1 /all/;
27   Solve Modelo9_1 using LP minimizing Custo;
28   Display x.l, Custo.l;
```

A solução obtida no GAMS consegue o mesmo valor de função objetivo, porém apresenta diferença nos fluxos, conforme pode-se perceber a seguir:

```
              c1           c2           c3
    f1      130.000       70.000
    f2                   100.000      200.000
    f3                   100.000

    ----   28 VARIABLE Custo.L        =    2230.000
```

Note que, no Modelo 9.1, o total da capacidade dos fornecedores foi equivalente ao total da demanda dos clientes. O problema de transporte configurado dessa forma é dito balanceado. A próxima seção trata de um problema de transporte desbalanceado

## PROBLEMA DE TRANSPORTE DESBALANCEADO

Note que o problema resolvido era um problema de transporte balanceado, ou seja, a quantidade total de capacidade é igual à quantidade total demandada. Quando as capacidades de fornecimento e demanda não são equivalentes, será necessário balancear o problema criando um cliente fantasma para o caso de a capacidade ser maior que a demanda, ou um fornecedor fantasma, caso a demanda seja maior que a capacidade. Para o primeiro caso, vamos supor que a capacidade do Fornecedor 1 aumente em 100, ou seja, passe para 300. No Excel, o problema será resolvido criando-se um novo cliente cuja demanda será a capacidade em excesso (100). Não há alteração na função objetivo. Assim, os coeficientes das novas variáveis de decisão correspondentes ao cliente fantasma ($x_{14}$, $x_{24}$ e $x_{34}$) devem ser nulos. Nas restrições, há apenas a adição de uma restrição de demanda cuja soma é 100.

A Figura 9.5 mostra a formulação da planilha em Excel com a capacidade do fornecedor aumentada e o novo cliente.

**FIGURA 9.5** — Formulação do problema desbalanceado na oferta

| | A | B | C | D | E | F | G | H | I | J | K | L | M | N | O |
|---|---|---|---|---|---|---|---|---|---|---|---|---|---|---|---|
| 1 | | | | | | Função objetivo | | | | | | | | | |
| 2 | | | | | | Coeficientes | | | | | | | | | |
| 3 | 8 | 7 | 6 | 0 | 3 | 2 | 1 | 0 | 15 | 3 | 10 | 0 | Fórmula | | |
| 4 | x11 | x12 | x13 | x14 | x21 | x22 | x23 | x24 | x31 | x32 | x33 | x34 | 0 | | |
| 5 | | | | | | Variáveis de decisão | | | | | | | | | |
| 6 | x11 | x12 | x13 | x14 | x21 | x22 | x23 | x24 | x31 | x32 | x33 | x34 | | | |
| 7 | | | | | | | | | | | | | | | |
| 8 | | | | | | | Restrições | | | | | | | | |
| 9 | | | | | | Coeficientes | | | | | | | | | |
| 10 | x11 | x12 | x13 | x14 | x21 | x22 | x23 | x24 | x31 | x32 | x33 | x34 | Sinais | Fórmulas | Totais |
| 11 | 1 | 1 | 1 | | | | | | | | | | <= | 0 | 300 |
| 12 | | | | | 1 | 1 | 1 | | | | | | <= | 0 | 300 |
| 13 | | | | | | | | | 1 | 1 | 1 | | <= | 0 | 100 |
| 14 | 1 | | | | 1 | | | | 1 | | | | >= | 0 | 130 |
| 15 | | 1 | | | | 1 | | | | 1 | | | >= | 0 | 270 |
| 16 | | | 1 | | | | 1 | | | | 1 | | >= | 0 | 200 |
| 17 | | | | 1 | | | | 1 | | | | 1 | >= | 0 | 100 |

Fonte: O autor.

A Figura 9.6 apresenta a solução do problema.

**FIGURA 9.6** — Solução do problema de transporte desbalanceado na oferta

| | A | B | C | D | E | F | G | H | I | J | K | L | M | N | O |
|---|---|---|---|---|---|---|---|---|---|---|---|---|---|---|---|
| 1 | | | | | | Função objetivo | | | | | | | | | |
| 2 | | | | | | Coeficientes | | | | | | | | | |
| 3 | 8 | 7 | 6 | 0 | 3 | 2 | 1 | 0 | 15 | 3 | 10 | 0 | Fórmula | | |
| 4 | x11 | x12 | x13 | x14 | x21 | x22 | x23 | x24 | x31 | x32 | x33 | x34 | 2230 | | |
| 5 | | | | | | Variáveis de decisão | | | | | | | | | |
| 6 | x11 | x12 | x13 | x14 | x21 | x22 | x23 | x24 | x31 | x32 | x33 | x34 | | | |
| 7 | 0 | 0 | 200 | 100 | 130 | 170 | 0 | 0 | 0 | 100 | 0 | 0 | | | |
| 8 | | | | | | | Restrições | | | | | | | | |
| 9 | | | | | | Coeficientes | | | | | | | | | |
| 10 | x11 | x12 | x13 | x14 | x21 | x22 | x23 | x24 | x31 | x32 | x33 | x34 | Sinais | Fórmulas | Totais |
| 11 | 1 | 1 | 1 | | | | | | | | | | <= | 200 | 300 |
| 12 | | | | | 1 | 1 | 1 | | | | | | <= | 300 | 300 |
| 13 | | | | | | | | | 1 | 1 | 1 | | <= | 100 | 100 |
| 14 | 1 | | | | 1 | | | | 1 | | | | >= | 130 | 130 |
| 15 | | 1 | | | | 1 | | | | 1 | | | >= | 270 | 270 |
| 16 | | | 1 | | | | 1 | | | | 1 | | >= | 200 | 200 |
| 17 | | | | 1 | | | | 1 | | | | 1 | >= | 100 | 100 |

Fonte: O autor.

Note que, na solução do Solver do Excel, o custo é similar e que o fornecedor com excesso de capacidade atendeu à demanda do cliente fantasma.

No LINGO, alterou-se apenas a quantidade de restrição do primeiro fornecedor, sendo que o ajuste do cliente fantasma não foi necessário, conforme pode-se verificar no *script*:

```
min = 8*x11+7*x12+6*x13+3*x21+2*x22+x23+15*x31+3*x32+10*x33;

    x11+x12+x13<=300;
    x21+x22+x23<=300;
    x31+x32+x33<=100;
    x11+x21+x31>=130;
    x12+x22+x32>=270;
    x13+x23+x33>=200;
    x11>=0;x12>=0;x13>=0;x21>=0;x22>=0;x23>=0;
    x31>=0;x32>=0;x33>=0;
```

Nota-se que o LINGO gerou solução semelhante ao Excel:

```
Objective value:                    2230.000
                    Variable           Value        Reduced Cost
                         X11        0.000000            0.000000
                         X12        0.000000            0.000000
                         X13        200.0000            0.000000
                         X21        130.0000            0.000000
                         X22        170.0000            0.000000
                         X23        0.000000            0.000000
                         X31        0.000000            11.00000
                         X32        100.0000            0.000000
                         X33        0.000000            8.000000
```

No GAMS, esse ajuste também não foi necessário:

```
1   Set
2   i fornecedor / f1, f2, f3/
3   j cliente / c1, c2, c3/
4
5   Parameters d(j) demanda do cliente / c1 130, c2 270, c3 200/
6              s(i) capacidade do fornecedor/ f1 300, f2 300, f3 100/;
7
8
9   Table    c(i,j) custo de transporte
10          c1    c2    c3
11  f1      8     7     6
12  f2      3     2     1
13  f3      15    3     10   ;
14
15  Positive Variables x(i,j);
16  Variables Custo;
17
18  Equations       FO
19                  Capacidade
20                  Demanda;
21
22  FO..            Custo =e= sum((i,j),c(i,j)*x(i,j));
23  Capacidade(i)..     sum(j, x(i,j)) =l= s(i);
24  Demanda(j)..        sum(i, x(i,j)) =g= d(j);
25
26  Model Modelo9_1_desb_oferta /all/;
27  Solve Modelo9_1_desb_oferta using LP minimizing Custo;
28  Display x.l, Custo.l;
```

A solução do GAMS é diferente daquela obtida pelo Excel e pelo LINGO, contudo, com o mesmo valor da função objetivo:

|    | c1      | c2      | c3      |
|----|---------|---------|---------|
| f1 | 130.000 | 70.000  |         |
| f2 |         | 100.000 | 200.000 |
| f3 |         | 100.000 |         |

```
----            28 VARIABLE Custo.L            =      2230.000
```

Analisaremos agora o caso do desbalanceamento por parte da demanda. Suponha que o Cliente 1 tenha demanda de 200, em vez de 130. Para resolver o problema no Excel, será necessário criar um fornecedor fantasma, conforme pode ser visualizado na Figura 9.7.

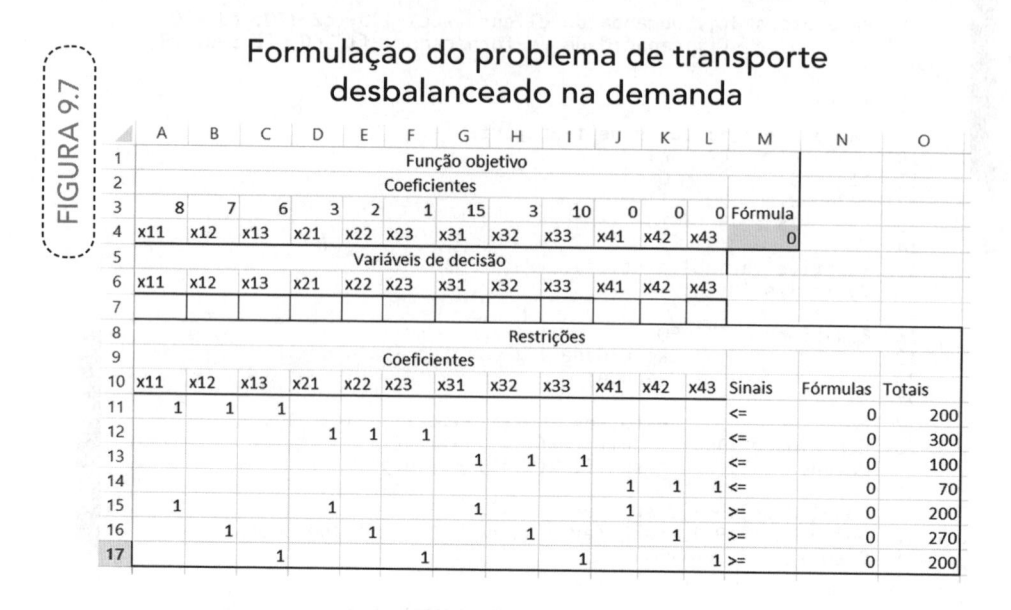

**FIGURA 9.7**

### Formulação do problema de transporte desbalanceado na demanda

| | A | B | C | D | E | F | G | H | I | J | K | L | M | N | O |
|---|---|---|---|---|---|---|---|---|---|---|---|---|---|---|---|
| 1 | | | | | | Função objetivo | | | | | | | | | |
| 2 | | | | | Coeficientes | | | | | | | | | | |
| 3 | 8 | 7 | 6 | 3 | 2 | 1 | 15 | 3 | 10 | 0 | 0 | 0 | Fórmula | | |
| 4 | x11 | x12 | x13 | x21 | x22 | x23 | x31 | x32 | x33 | x41 | x42 | x43 | | 0 | |
| 5 | | | | | Variáveis de decisão | | | | | | | | | | |
| 6 | x11 | x12 | x13 | x21 | x22 | x23 | x31 | x32 | x33 | x41 | x42 | x43 | | | |
| 7 | | | | | | | | | | | | | | | |
| 8 | | | | | | Restrições | | | | | | | | | |
| 9 | | | | | Coeficientes | | | | | | | | | | |
| 10 | x11 | x12 | x13 | x21 | x22 | x23 | x31 | x32 | x33 | x41 | x42 | x43 | Sinais | Fórmulas | Totais |
| 11 | 1 | 1 | 1 | | | | | | | | | | <= | 0 | 200 |
| 12 | | | | 1 | 1 | 1 | | | | | | | <= | 0 | 300 |
| 13 | | | | | | | 1 | 1 | 1 | | | | <= | 0 | 100 |
| 14 | | | | | | | | | | 1 | 1 | 1 | <= | 0 | 70 |
| 15 | 1 | | | 1 | | | 1 | | | 1 | | | >= | 0 | 200 |
| 16 | | 1 | | | 1 | | | 1 | | | 1 | | >= | 0 | 270 |
| 17 | | | 1 | | | 1 | | | 1 | | | 1 | >= | 0 | 200 |

Fonte: O autor

A solução desse problema é exibida na Figura 9.8.

**FIGURA 9.8**

## Solução do problema de transporte desbalanceado na demanda

| | A | B | C | D | E | F | G | H | I | J | K | L | M | N | O |
|---|---|---|---|---|---|---|---|---|---|---|---|---|---|---|---|
| 1 | | | | | | | Função objetivo | | | | | | | | |
| 2 | | | | | | | Coeficientes | | | | | | | | |
| 3 | 8 | 7 | 6 | 3 | 2 | 1 | 15 | 3 | 10 | 0 | 0 | 0 | Fórmula | | |
| 4 | x11 | x12 | x13 | x21 | x22 | x23 | x31 | x32 | x33 | x41 | x42 | x43 | 2230 | | |
| 5 | | | | | | Variáveis de decisão | | | | | | | | | |
| 6 | x11 | x12 | x13 | x21 | x22 | x23 | x31 | x32 | x33 | x41 | x42 | x43 | | | |
| 7 | 0 | 0 | 200 | 130 | 170 | 0 | 0 | 100 | 0 | 70 | 0 | 0 | | | |
| 8 | | | | | | | Restrições | | | | | | | | |
| 9 | | | | | | | Coeficientes | | | | | | | | |
| 10 | x11 | x12 | x13 | x21 | x22 | x23 | x31 | x32 | x33 | x41 | x42 | x43 | Sinais | Fórmulas | Totais |
| 11 | 1 | 1 | 1 | | | | | | | | | | <= | 200 | 200 |
| 12 | | | | 1 | 1 | 1 | | | | | | | <= | 300 | 300 |
| 13 | | | | | | | 1 | 1 | 1 | | | | <= | 100 | 100 |
| 14 | | | | | | | | | | 1 | 1 | 1 | <= | 70 | 70 |
| 15 | 1 | | | 1 | | | 1 | | | 1 | | | >= | 200 | 200 |
| 16 | | 1 | | | 1 | | | 1 | | | 1 | | >= | 270 | 270 |
| 17 | | | 1 | | | 1 | | | 1 | | | 1 | >= | 200 | 200 |

Fonte: O autor.

Para esse caso, no LINGO, será necessário criar um fornecedor fantasma, adicionado na quarta restrição:

```
min = 8*x11+7*x12+6*x13+3*x21+2*x22+x23+15*x31+3*x32+10*x33;

    x11+x12+x13<=200;
    x21+x22+x23<=300;
    x31+x32+x33<=100;
    x41+x42+x43<=70;
    x11+x21+x31+x41>=200;
    x12+x22+x32+x42>=270;
    x13+x23+x33+x43>=200;
    x11>=0;x12>=0;x13>=0;x21>=0;x22>=0;x23>=0;
    x31>=0;x32>=0;x33>=0;x41>=0;x42>=0;x43>=0;
```

A resolução do LINGO obteve valores diferentes do Excel, porém resultando na mesma função objetivo:

```
Objective value:                    2230.000
                Variable            Value           Reduced Cost
                X11                 130.0000        0.000000
                X12                 70.00000        0.000000
                X13                 0.000000        0.000000
                X21                 0.000000        0.000000
                X22                 100.0000        0.000000
                X23                 200.0000        0.000000
                X31                 0.000000        11.00000
                X32                 100.0000        0.000000
                X33                 0.000000        8.000000
                X41                 70.00000        0.000000
                X42                 0.000000        1.000000
                X43                 0.000000        2.000000
```

No GAMS, também foi necessária a adição de um fornecedor fantasma:

```
1   Set
2   i fornecedor / f1, f2, f3, f4/
3   j cliente / c1, c2, c3/
4
5   Parameters d(j) demanda do cliente / c1 200, c2 270, c3 200/
6       s(i) capacidade do fornecedor/ f1 200, f2 300, f3 100, f4 70/;
7
8
9   Table    c(i,j)  custo de transporte
10           c1      c2      c3
11   f1      8       7       6
12   f2      3       2       1
13   f3      15      3       10    ;
14
15  Positive Variables x(i,j);
16  Variables Custo;
17
18  Equations       FO
19                  Capacidade
20                  Demanda;
21
22  FO..            Custo =e= sum((i,j),c(i,j)*x(i,j));
23  Capacidade(i)..    sum(j, x(i,j)) =l= s(i);
24  Demanda(j)..       sum(i, x(i,j)) =g= d(j);
25
26  Model Modelo9_1_desb_demanda /all/;
27  Solve Modelo9_1_desb_demanda using LP minimizing Custo;
28  Display x.l, Custo.l;
```

O resultado no GAMS é similar ao obtido pelo LINGO:

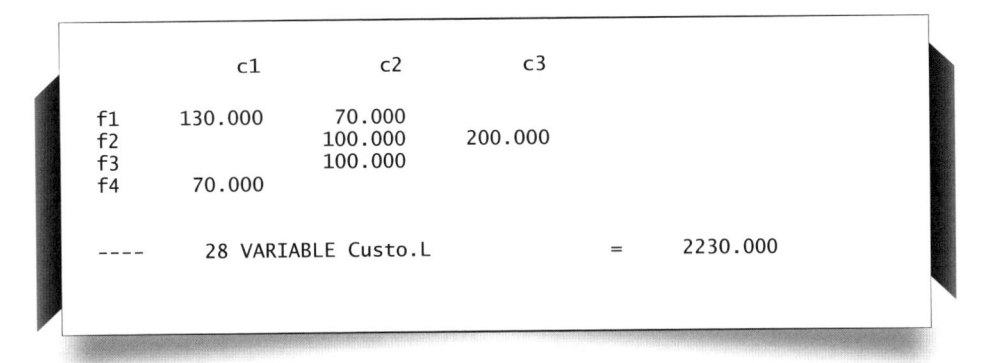

```
              c1           c2           c3
    f1    130.000       70.000
    f2               100.000      200.000
    f3               100.000
    f4     70.000


    ----   28 VARIABLE Custo.L         =      2230.000
```

O problema de transporte também pode ser reformulado de forma que haja um intermediário entre o ponto de fornecimento e o ponto de consumo. Esse tipo de problema é conhecido como o problema do transbordo, que será visto na próxima seção.

## Problema de transbordo

O problema de transbordo é similar ao problema de transporte. A diferença é que há pontos intermediários de consolidação que, necessariamente, intermedeiam o fluxo da distribuição entre fornecedores e clientes, conforme pode-se verificar na Figura 9.9.

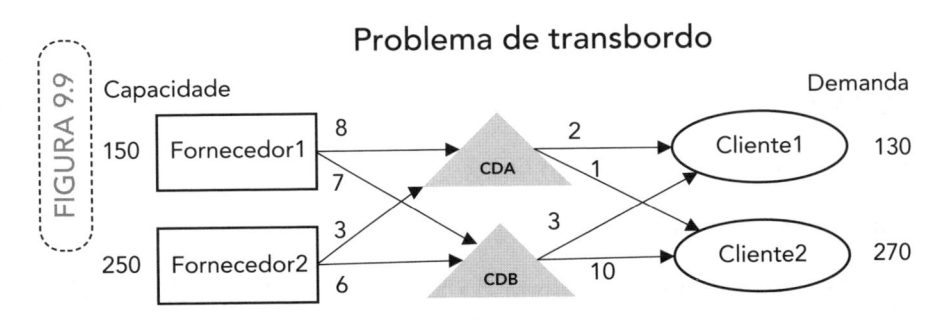

**FIGURA 9.9**

**Problema de transbordo**

Capacidade                                                    Demanda

150  Fornecedor1  —8→  CDA  —2→  Cliente1  130
                 —7→       —1↗
                 —3↗       —3↘
250  Fornecedor2  —6→  CDB  —10→ Cliente2  270

Fonte: O autor.

Veja que, agora, entre fornecedores e clientes há dois centros de distribuição, A e B, que mediam os fluxos de produtos. A modelagem desse tipo de problema pode ser realizada da seguinte forma:

---- MODELO 9.2 ----

$$\min. \sum_i \sum_k c_{ik} x_{ik} + \sum_k \sum_j e_{kj} y_{kj} \quad (9.5)$$

**Sujeito a:**

$$\sum_k x_{ik} \leq S_i \quad \forall i \quad (9.6)$$

$$\sum_j y_{kj} \geq D_j \quad \forall j \quad (9.7)$$

$$\sum_i x_{ik} - \sum_j y_{kj} = 0 \quad \forall k \quad (9.8)$$

$$x_{ij}, y_{kj} \geq 0 \quad (9.9)$$

Onde:

i = [Fornecedor 1, Fornecedor 2]

j = [Cliente 1, Cliente 2]

k = [CDA, CDB]

$x_{ik}$: Fluxo do fornecedor i para o CD k

$y_{kj}$: Fluxo do CD k para o cliente j

$c_{ik}$, $e_{kj}$: Matrizes de custo de envio do fornecedor/CD e CD/cliente (Tabela 9.3)

## TABELA 9.3 — Matrizes de custo dos fluxos

| $C_{IK}$, $E_{KJ}$ | CDA | CDB | CLIENTE1 | CLIENTE2 |
|---|---|---|---|---|
| Fornecedor 1 | 8 | 7 | | |
| Fornecedor 2 | 3 | 6 | | |
| CDA | | | 2 | 1 |
| CDB | | | 3 | 10 |

Fonte: O autor.

$S_i$ = [150, 250]: Capacidade dos fornecedores

$D_j$ = [130, 270]: Demanda dos clientes

A Equação 9.5 é a função objetivo do problema e minimiza os custos dos fluxos do itens do fornecedor ao CD e do CD aos clientes. As Equações 9.6 e 9.7 são conhecidas do problema de transporte e garantem o atendimento da demanda considerando a capacidade disponível. Note que assume-se que os CDs têm capacidade ilimitada. A Equação 9.8 balanceia os fluxos de modo que todos os itens remetidos dos fornecedores aos CDs também sejam enviados dos CDs aos clientes, pois assume-se que os CDs não armazenam itens. Essa equação também poderia ser utilizada na seguinte forma:

$$\sum_i x_{ik} = \sum_j y_{kj} \quad \forall\, k$$

A formulação desse modelo no Excel é apresentada na Figura 9.10.

**FIGURA 9.10** Formulação do problema de transbordo no Excel

|    | A | B | C | D | E | F | G | H | I | J | K |
|----|---|---|---|---|---|---|---|---|---|---|---|
| 1  | \multicolumn{8}{c|}{Função objetivo} | | | |
| 2  | \multicolumn{8}{c|}{Coeficientes} | | | |
| 3  | 8 | 7 | 3 | 6 | 2 | 1 | 3 | 10 | Fórmula | | |
| 4  | x1A | x1B | x2A | x2B | xA1 | xA2 | xB1 | xB2 | 0 | | |
| 5  | \multicolumn{8}{c|}{Variáveis de decisão} | | | |
| 6  | x1A | x1B | x2A | x2B | xA1 | xA2 | xB1 | xB2 | | | |
| 7  | | | | | | | | | | | |
| 8  | \multicolumn{8}{c|}{Restrições} | | | |
| 9  | \multicolumn{8}{c|}{Coeficientes} | | | |
| 10 | x1A | x1B | x2A | x2B | xA1 | xA2 | xB1 | xB2 | Sinais | Fórmulas | Totais |
| 11 | 1 | 1 | | | | | | | <= | 0 | 150 |
| 12 | | | 1 | 1 | | | | | <= | 0 | 250 |
| 13 | 1 | | 1 | | -1 | -1 | | | = | 0 | 0 |
| 14 | | 1 | | 1 | | | -1 | -1 | = | 0 | 0 |
| 15 | | | | | 1 | | 1 | | >= | 0 | 130 |
| 16 | | | | | | 1 | | 1 | >= | 0 | 270 |

Fonte: O autor.

Como há três tipos de restrições, a Figura 9.11 mostra a janela do Solver com o modelo parametrizado.

**FIGURA 9.11** Janela do Solver do problema de transbordo

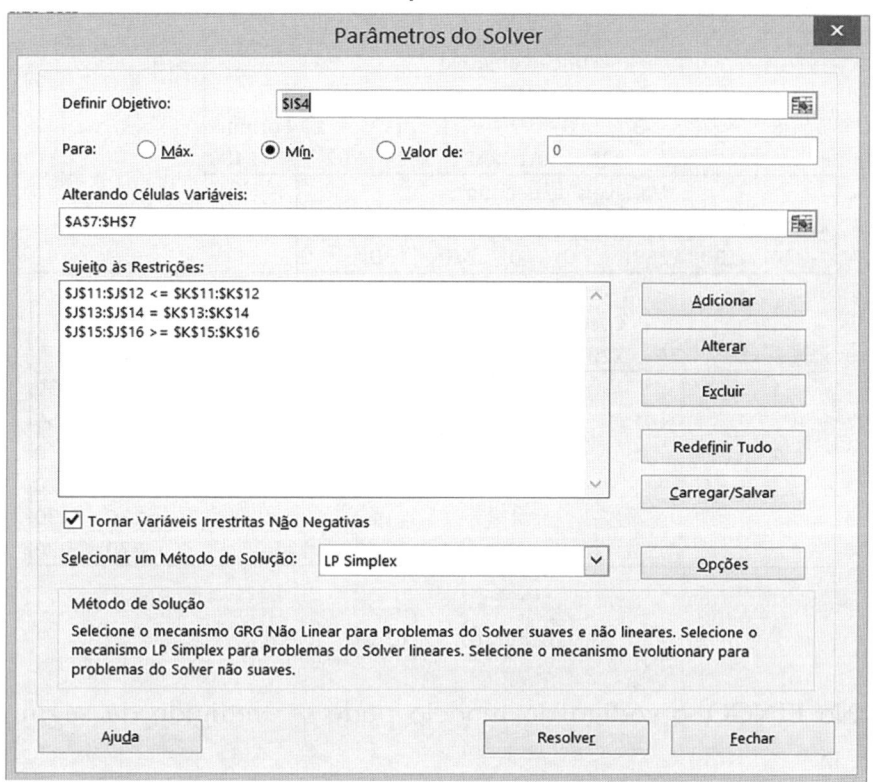

Fonte: O autor.

A solução do problema é apresentada na Figura 9.12.

## Solução do problema de transbordo no Excel

FIGURA 9.12

| | A | B | C | D | E | F | G | H | I | J | K |
|---|---|---|---|---|---|---|---|---|---|---|---|
| 1 | | | | Função objetivo | | | | | | | |
| 2 | | | | Coeficientes | | | | | | | |
| 3 | 8 | 7 | 3 | 6 | 2 | 1 | 3 | 10 | Fórmula | | |
| 4 | x1A | x1B | x2A | x2B | xA1 | xA2 | xB1 | xB2 | 2480 | | |
| 5 | | | | Variáveis de decisão | | | | | | | |
| 6 | x1A | x1B | x2A | x2B | xA1 | xA2 | xB1 | xB2 | | | |
| 7 | 20 | 130 | 250 | 0 | 0 | 270 | 130 | 0 | | | |
| 8 | | | | | | Restrições | | | | | |
| 9 | | | | | Coeficientes | | | | | | |
| 10 | x1A | x1B | x2A | x2B | xA1 | xA2 | xB1 | xB2 | Sinais | Fórmulas | Totais |
| 11 | 1 | 1 | | | | | | | <= | 150 | 150 |
| 12 | | | 1 | 1 | | | | | <= | 250 | 250 |
| 13 | 1 | | 1 | | -1 | -1 | | | = | 0 | 0 |
| 14 | | 1 | | 1 | | | -1 | -1 | = | 0 | 0 |
| 15 | | | | | 1 | | 1 | | >= | 130 | 130 |
| 16 | | | | | | 1 | | 1 | >= | 270 | 270 |
| 17 | | | | | | | | | | | |

Fonte: O autor.

No LINGO, o código do modelo pode ser redigido da seguinte forma:

```
min = 8*x1a+7*x1b+3*x2a+6*x2b+2*xa1+xa2+3*xb1+10*xb2;

    x1a+x1b<=150;
    x2a+x2b<=250;
    x1a+x2a-xa1-xa2=0;
    x1b+x2b-xb1-xb2=0;
    xa1+xb1>=130;
    xa2+xb2>=270;
    x1a>=0;x1b>=0;x2a>=0;x2b>=0;
    xa1>=0;xa2>=0;xb1>=0;xb2>=0;
```

A solução do LINGO difere daquela do Excel, sendo que a função objetivo é a mesma:

```
Objective value:                          2480.000
                    Variable         Value      Reduced Cost
                         X1A      150.0000          0.000000
                         X1B        0.000000         0.000000
                         X2A      250.0000          0.000000
                         X2B        0.000000         4.000000
                         XA1      130.0000          0.000000
                         XA2      270.0000          0.000000
                         XB1        0.000000         0.000000
                         XB2        0.000000         8.000000
```

O código do Modelo 9.2 no GAMS segue estritamente a estrutura algorítmica, sendo apresentado da seguinte forma:

```
1    Set
2    i fornecedor / f1, f2/
3    j cliente / c1, c2/
4    k cds /cda, cdb/
5
6    Parameters d(j) / c1 130, c2 270/
7               s(i) / f1 150, f2 250/;
8
9    Table   c(i,k)
10           cda     cdb
11   f1      8       7
12   f2      3       6  ;
13
14   Table e(k,j)
15           c1      c2
16   cda     2       1
17   cdb     3       10  ;
18
19   Positive Variables x(i,k), y(k,j);
20   Variables Custo;
21
22   Equations       FO
23                   Capacidade
24                   Demanda
25                   Equilibrio;
26
27   FO..Custo=e=sum((i,k),c(i,k)*x(i,k))+ sum ((k,j),e(k,j)*y(k,j));
28   Capacidade(i)..    sum(k, x(i,k)) =l= s(i);
29   Demanda(j)..       sum(k, y(k,j)) =g= d(j);
30   Equilibrio(k)..      sum(i, x(i,k)) - sum(j, y(k,j))=e= 0;
31
32   Model Modelo9_2 /all/;
33   solve Modelo9_2 using LP minimizing Custo;
34   Display x.l,y.l,Custo.l;
```

A solução obtida pelo GAMS é similar à do LINGO:

```
----        34 VARIABLE x.L

                cda

    f1      150.000
    f2      250.000

----        34 VARIABLE y.L

                c1              c2
    cda     130.000         270.000

----        34 VARIABLE Custo.L      =       2480.000
```

A próxima seção apresenta o problema da localização de instalações.

## Localização de instalações

Um problema muito comum em logística e cadeia de suprimentos é o da localização de instalações. Apesar de existirem variações desse modelo, basicamente busca-se localizar as instalações próximas às suas unidades de consumo. Um modelo simples de localização de instalações é o que encontra uma localização central que minimiza a distância total entre os pontos de consumo.

Essa abordagem também é chamada de modelo gravitacional. Considere, por exemplo, três clientes localizados em diferentes pontos e suas respectivas coordenadas x e y, conforme a Figura 9.13.

**FIGURA 9.13**

### Localização de consumidores

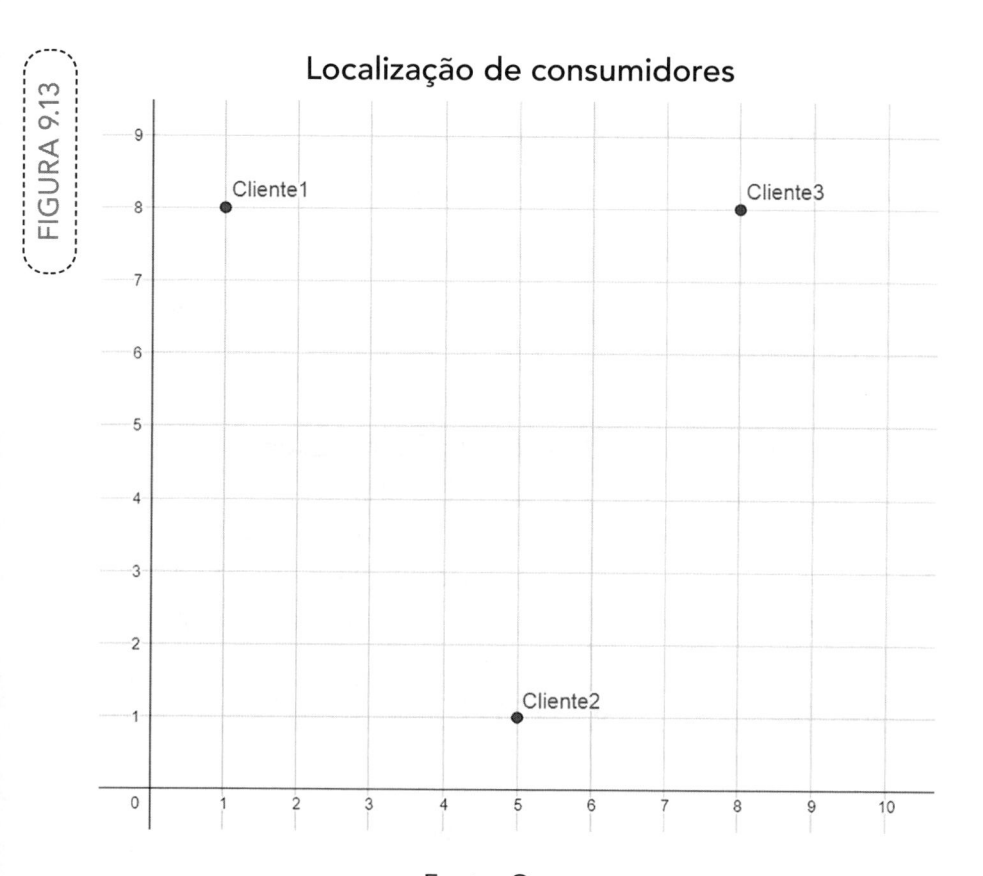

(gráfico: Cliente1 em (1, 8); Cliente2 em (5, 1); Cliente3 em (8, 8))

Fonte: O autor.

Veja que cada consumidor está localizado em um ponto diferente com suas respectivas coordenadas x e y. O Cliente 1 está localizado nas coordenadas x = 1 e y = 8; o Cliente 2, em x = 5 e y = 1; e o Cliente 3, em x = 8 e y = 8. Assumindo que a apenas a localização será o fator preponderante na escolha da instalação que atenderá os clientes, o modelo que resolve esse problema pode ser descrito da seguinte forma:

───── MODELO 9.3 ─────

$$\min. \sum_i \sqrt{(x-x_i)^2 + (y-y_i)^2}$$

Onde:

*i* é o índice associado aos pontos

*x* e *y* são as coordenadas da localização do ponto de fornecimento

Note que esse é um modelo não linear.

A modelagem desse problema no Excel pode ser realizada como mostra a Figura 9.14.

**FIGURA 9.14** — Formulação do Modelo 9.3 no Excel

|   | A | B | C | D | E | F |
|---|---|---|---|---|---|---|
| 1 |   | Coordenadas | | | Função objetivo | |
| 2 | Pontos | x | y | Distância | Fórmula | 24,475 |
| 3 | Cliente1 | 1 | 8 | 8,06226 | Variáveis de decisão | |
| 4 | Cliente2 | 5 | 1 | 5,09902 | x | y |
| 5 | Cliente3 | 8 | 8 | 11,3137 | | |
| 6 |   |   |   |   |   |   |

Fonte: O autor.

As fórmulas utilizadas na planilha são descritas na Tabela 9.3.

**TABELA 9.3** — Fórmulas utilizadas no Excel

| CÉLULA | FÓRMULA |
|---|---|
| F2 | =SOMA(D3:D5) |
| D3 | =RAIZ(($E$5-B3)^2+($F$5-C3)^2) |
| D5 | =RAIZ(($E$5-B5)^2+($F$5-C5)^2) |

Fonte: O autor.

Por se tratar de um problema não linear, na janela do Solver, conforme mostra a Figura 9.15, deverá ser selecionado o método de solução "GRG não linear".

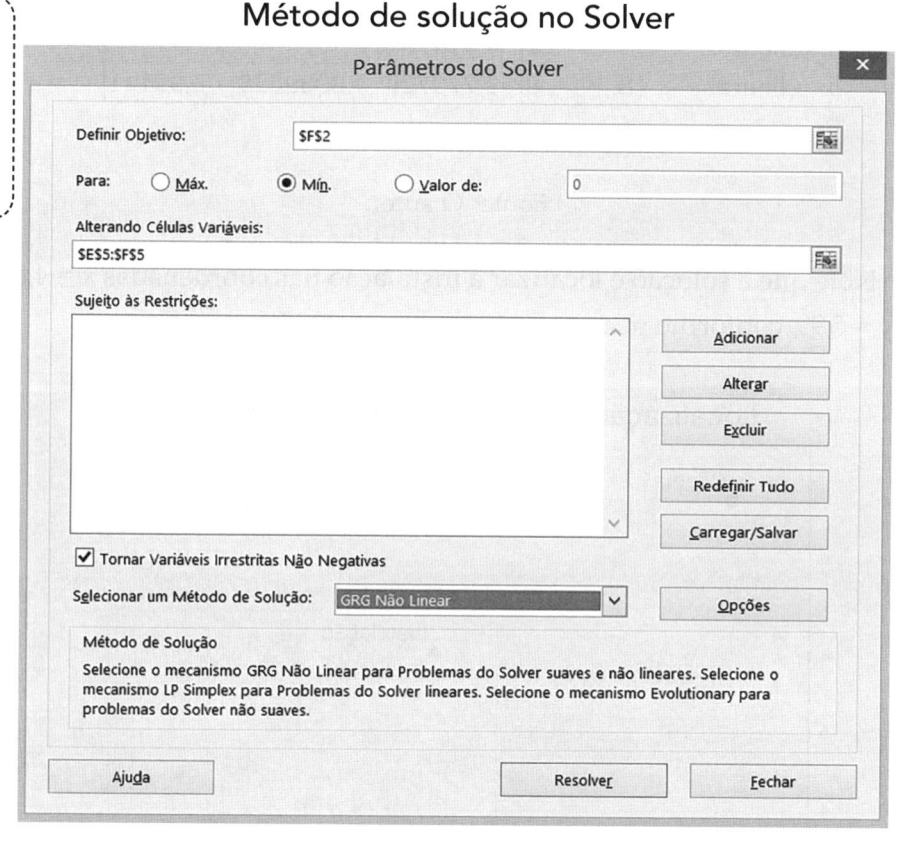

**FIGURA 9.15**

Método de solução no Solver

Fonte: O autor.

A Figura 9.16 mostra a solução do modelo no Excel.

**FIGURA 9.16**

### Solução do Modelo no Excel

|   | A | B | C | D | E | F |
|---|---|---|---|---|---|---|
| 1 |   | Coordenadas | |   | Função objetivo | |
| 2 | Pontos | x | y | Distância | Fórmula | 13,0717 |
| 3 | Cliente1 | 1 | 8 | 4,30626 | Variáveis de decisão | |
| 4 | Cliente2 | 5 | 1 | 4,99476 | x | y |
| 5 | Cliente3 | 8 | 8 | 3,77072 | 4,8089658 | 5,99111 |
| 6 |   |   |   |   |   |   |

Fonte: O autor.

Note que a solução é localizar a instalação nas coordenadas x = 4,80 e y = 5,99, conforme pode-se notar na Figura 9.17.

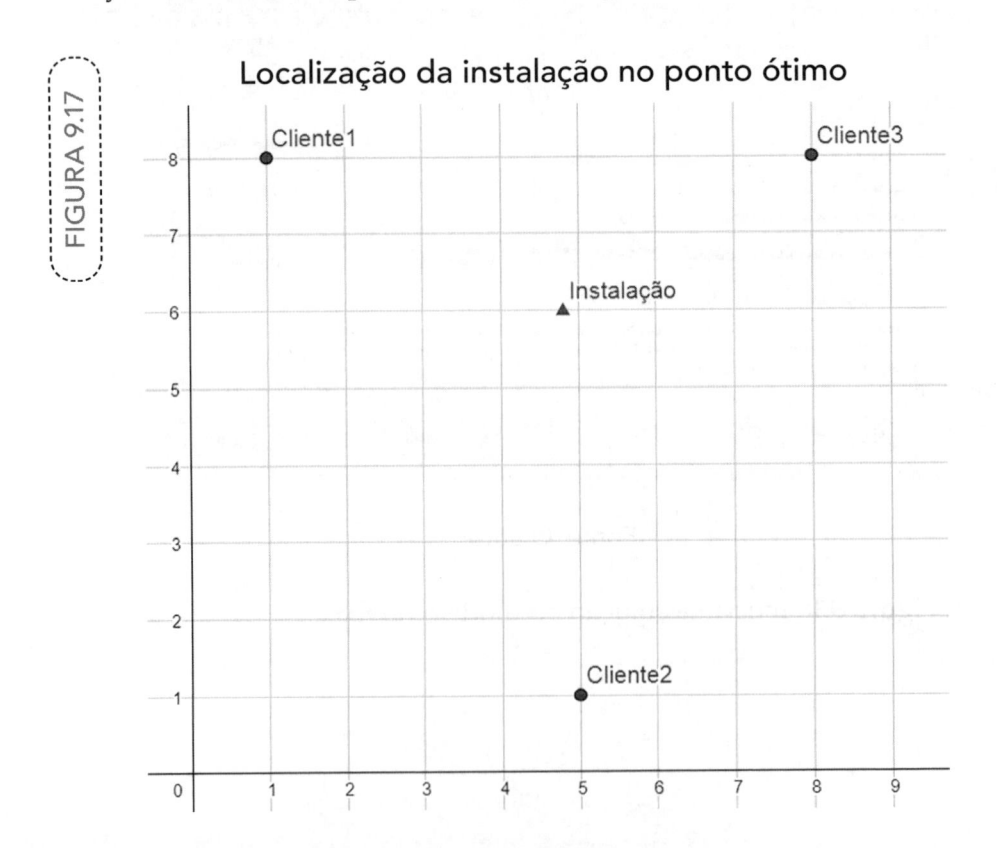

**FIGURA 9.17**

### Localização da instalação no ponto ótimo

Fonte: O autor.

230 PESQUISA OPERACIONAL APLICADA À LOGÍSTICA

No LINGO, a formulação do problema pode ser feita da seguinte forma:

```
min = ((x-1)^2+(y-8)^2)^0.5+
      ((x-5)^2+(y-1)^2)^0.5+
      ((x-8)^2+(y-8)^2)^0.5;
```

A solução obtida no LINGO é similar à do Excel:

```
Objective value:                          13.07174
Model Class:                                   NLP
                      Variable         Value      Reduced Cost
                             X      4.808948      0.1299302E-07
                             Y      5.991100     -0.1142572E-07
```

No GAMS, o modelo é formulado da seguinte forma:

```
1   Set
2   i pontos / p1,p2,p3/
3
4   Parameters a(i) coordenadas x / p1 1, p2 5, p3 8/
5              o(i) coordenadas y/ p1 8, p2 1, p3 8/;
6
7   Positive Variables x , y;
8   Variables Distancia;
9
10  Equations  FO ;
11
12  FO..       Distancia =e= sum(i, sqrt(sqr(x-a(i))+sqr(y-o(i))));
13
14  Model Modelo9_3 /all/;
15  Solve Modelo9_3 using NLP minimizing Distancia;
16  Display x.l, y.l, Distancia.l;
```

A solução obtida no GAMS é similar à dos softwares anteriores:

```
----    16 VARIABLE x.L              =       4.809
           VARIABLE y.L              =       5.991
           VARIABLE Distancia.L      =      13.072
```

A seção a seguir apresenta a localização de instalações quando os pontos de consumo diferem entre si.

## LOCALIZAÇÃO DE INSTALAÇÕES COM PONDERAÇÃO

Uma variação bem comum desse modelo é incluir uma ponderação adicional a cada cliente de modo que clientes com maior ponderação possam ter mais atração do ponto de fornecimento. Por exemplo, suponha que cada ponto tenha a ponderação qi. Assim, o modelo pode ser estabelecido da seguinte forma:

$$\min. \sum_i q_i \sqrt{(x-x_i)^2 + (y-y_i)^2}$$

Nesta mesma linha, outras variáveis poderiam ser adicionadas. Suponha por exemplo que há custo de transporte associado a cada ponto ($t_i$). Assim, o modelo seria reescrito da seguinte forma:

─────── **MODELO 9.4** ───────

$$\min. \sum_{i \in L} q_i t_i \sqrt{(x-x_i)^2 + (y-y_i)^2}$$

Suponha que uma extensão do exemplo considere cada cliente com diferentes demandas e custo, conforme mostra a Tabela 9.4.

## TABELA 9.4 — Dados do exemplo ampliado

| CLIENTE | COORDENADA X | COORDENADA Y | DEMANDA | CUSTO DE TRANSPORTE |
|---|---|---|---|---|
| Cliente 1 | 1 | 8 | 450 | 0,90 |
| Cliente 2 | 5 | 1 | 200 | 0,80 |
| Cliente 3 | 8 | 8 | 350 | 0,92 |

Fonte: O autor.

A formulação do Modelo 9.4 com os dados apresentados no Excel é exibida na Figura 9.18.

## FIGURA 9.18 — Formulação do exemplo ampliado no Excel

| | A | B | C | D | E | F | G | H |
|---|---|---|---|---|---|---|---|---|
| 1 | | Coordenadas | | L(i) | q(i) | t(i) | Função objetivo | |
| 2 | Pontos | x | y | Distância | Qtd | custo | Fórmula | 7724,07 |
| 3 | Cliente1 | 1 | 8 | 8,06226 | 450 | 0,9 | Variáveis de decisão | |
| 4 | Cliente2 | 5 | 1 | 5,09902 | 200 | 0,8 | x | y |
| 5 | Cliente3 | 8 | 8 | 11,3137 | 350 | 0,92 | | |
| 6 | | | | | | | | |

Fonte: O autor.

Agora, a função objetivo, localizada na célula H2, utilizou a seguinte fórmula "=SOMARPRODUTO(D3:D5;E3:E5;F3:F5)" para que pudesse considerar a inclusão das outras variáveis. A solução do Modelo 9.4 é exibida na Figura 9.19.

## FIGURA 9.19 — Solução do Modelo 9.4

| | A | B | C | D | E | F | G | H |
|---|---|---|---|---|---|---|---|---|
| 1 | | Coordenadas | | L(i) | q(i) | t(i) | Função objetivo | |
| 2 | Pontos | x | y | Distância | Qtd | custo | Fórmula | 3531,37 |
| 3 | Cliente1 | 1 | 8 | 1,19872 | 450 | 0,9 | Variáveis de decisão | |
| 4 | Cliente2 | 5 | 1 | 7,21726 | 200 | 0,8 | x | y |
| 5 | Cliente3 | 8 | 8 | 5,87307 | 350 | 0,92 | 2,1388577 | 7,62591 |

Fonte: O autor.

A localização da nova instalação pode ser visualizada na Figura 9.20.

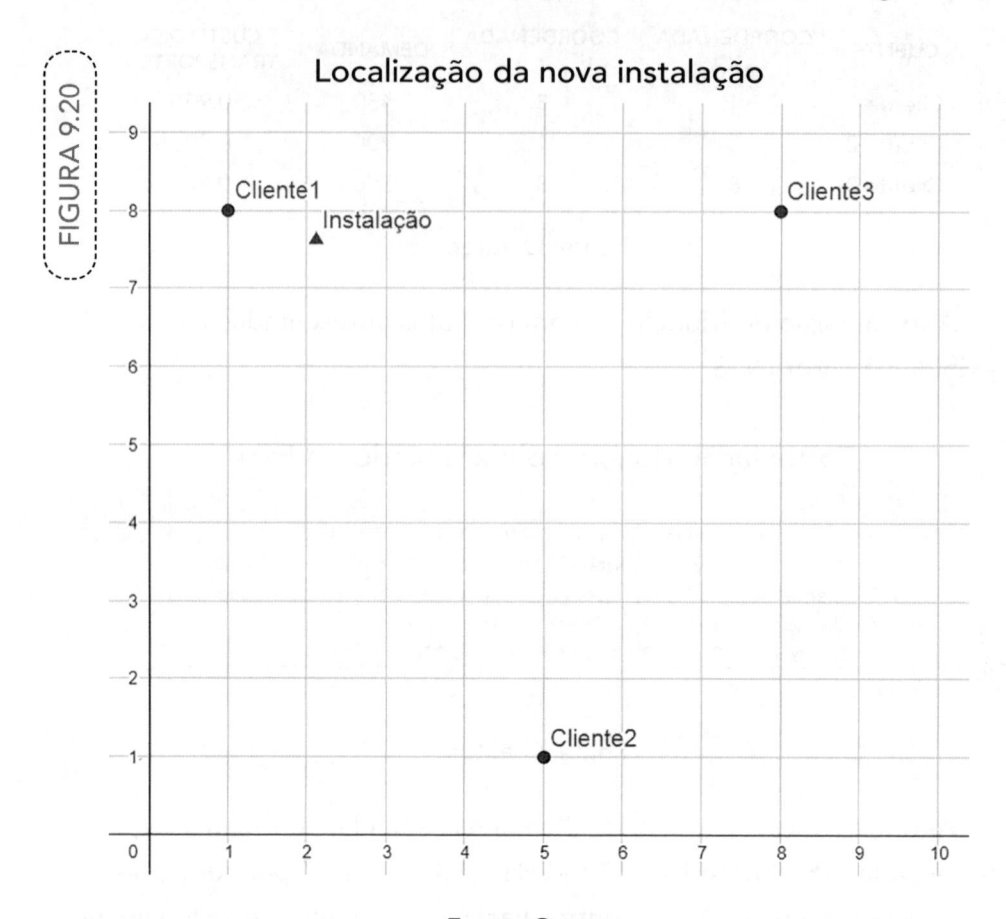

**FIGURA 9.20**

**Localização da nova instalação**

Fonte: O autor.

É possível verificar na Figura 9.20 que a nova instalação foi atraída pelo Cliente 1, pois este teve maior peso devido aos dados considerados no Modelo 9.4. No LINGO, o modelo pode ser redigido da seguinte forma:

```
min = 450*0.9*((x-1)^2+(y-8)^2)^0.5+
      200*0.8*((x-5)^2+(y-1)^2)^0.5+
      350*0.92*((x-8)^2+(y-8)^2)^0.5;
```

A solução obtida é similar à do Excel:

```
Objective value:                         3531.373
                    Variable               Value    Reduced Cost
                           X            2.138803    0.2576542E-08
                           Y            7.625952    0.6622230E-08
```

No GAMS, o Modelo 9.4 é redigido da seguinte forma:

```
 1  Set
 2  i pontos / p1,p2,p3/
 3
 4  Parameters a(i) coordenadas x / p1 1, p2 5, p3 8/
 5             o(i) coordenadas y/ p1 8, p2 1, p3 8/
 6             d(i) demanda do cliente /p1 450, p2 200, p3 350/
 7             t(i) custo de transporte / p1 0.90, p2 0.80, p3 0.92/;
 8
 9  Positive Variables x , y;
10  Variables Distancia;
11
12  Equations  FO ;
13
14  FO..Distancia=e=sum(i, d(i)*t(i)*sqrt(sqr(x-a(i))+sqr(y-o(i))));
15
16  Model Modelo9_4 /all/;
17  Solve Modelo9_4 using NLP minimizing Distancia;
18  Display x.l, y.l, Distancia.l;
```

A solução obtida no GAMS é mostrada como segue:

```
----        18 VARIABLE x.L            =        2.139
               VARIABLE y.L            =        7.626
               VARIABLE Distancia.L    =     3531.373
```

A próxima seção traz o problema do menor caminho.

# Problema do menor caminho

Outro problema muito comum em logística é o problema do menor caminho. Esse problema é o mesmo enfrentado quando se precisa descobrir a melhor rota a ser percorrida de um ponto de origem ao ponto de destino. A Figura 9.21 apresenta o contexto do problema do menor caminho.

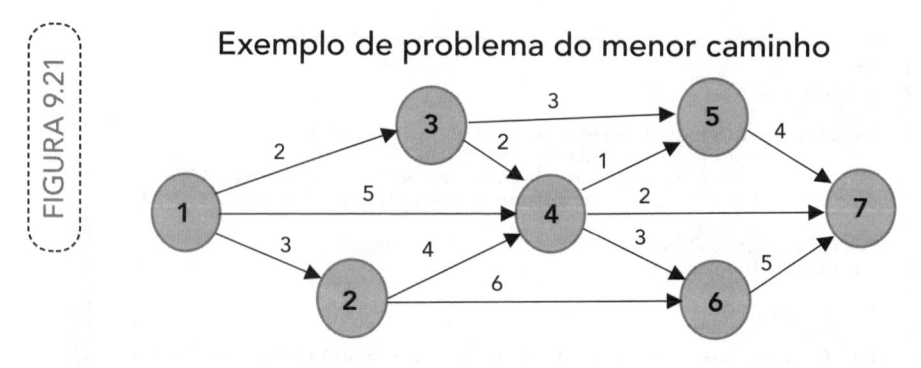

FIGURA 9.21

**Exemplo de problema do menor caminho**

Fonte: O autor.

No problema apresentado na Figura 9.20, é preciso descobrir o menor caminho do ponto 1 ao ponto 7. Veja que, para partir do ponto 1 e chegar ao ponto 7, há varias possibilidades. Pode-se, por exemplo, tomar a rota que passa pelos pontos 1 > 2 > 6 > 7, que terá custo total de 14, ou, ainda, a rota que passa pelos ponto 1 > 3 > 5 > 7, que terá custo de 9. Costuma-se chamar os pontos de nós e o trajeto de um ponto a outro de arco. O modelo que resolve esse tipo de problema pode ser definido da seguinte forma:

## MODELO 9.5

$$\min. \sum_i \sum_j c_{ij} x_{ij} \qquad (9.10)$$

**Sujeito a:**

$$\sum_i x_{ij} = 1 \quad \forall j = t \qquad (9.11)$$

$$\sum_i x_{ji} = 1 \quad \forall j = b \qquad (9.12)$$

$$\sum_i x_{ji} - \sum_i x_{ij} = 0 \quad \forall j \neq t, b \qquad (9.13)$$

$$x_{ij} \geq 0 \qquad (9.14)$$

Onde:

i: índice associado aos nós de origem

j: índice associado aos nós de destino

t: é o nó inicial

b: é o nó final

$c_{ij}$: custos associados ao trajeto entre os nós

$x_{ij}$ = 1, se o arco faz parte da solução, e 0, caso contrário

A função objetivo, Equação 9.10, minimiza o custo total associado ao trajeto do menor caminho. A restrição da Equação 9.11 assegura que o nó inicial escolhe apenas um caminho. A restrição seguinte, Equação 9.12, determina que os penúltimos nós do caminho cheguem ao nó final. Por fim, a Equação 9.13 faz com que os nós intermediários enviem o que recebem. Pela sua estrutura, não há necessidade de restringir as variáveis de decisão ao resultado binário. Isso é obtido pelas restrições do problema.

A Figura 9.22 mostra a formulação do problema do menor caminho no Excel.

FIGURA 9.22

**Formulação do problema do menor caminho no Excel**

| | A | B | C | D | E | F | G | H | I | J | K | L | M | N | O |
|---|---|---|---|---|---|---|---|---|---|---|---|---|---|---|---|
| 1 | Função objetivo | | | | | | | | | | | | | | |
| 2 | Coeficientes | | | | | | | | | | | | Fórmula | | |
| 3 | 3 | 2 | 5 | 4 | 6 | 2 | 3 | 1 | 3 | 2 | 4 | 5 | 0 | | |
| 4 | x12 | x13 | x14 | x24 | x26 | x34 | x35 | x45 | x46 | x47 | x57 | x67 | | | |
| 5 | Variáveis de decisão | | | | | | | | | | | | | | |
| 6 | x12 | x13 | x14 | x24 | x26 | x34 | x35 | x45 | x46 | x47 | x57 | x67 | | | |
| 7 | 0 | 0 | 0 | 0 | 0 | 0 | 0 | 0 | 0 | 0 | 0 | 0 | | | |
| 8 | Restrições | | | | | | | | | | | | | | |
| 9 | Coeficientes | | | | | | | | | | | | | | |
| 10 | x12 | x13 | x14 | x24 | x26 | x34 | x35 | x45 | x46 | x47 | x57 | x67 | Sinal | Fórmulas | Totais |
| 11 | 1 | 1 | 1 | | | | | | | | | | = | 0 | 1 |
| 12 | 1 | | | -1 | -1 | | | | | | | | = | 0 | 0 |
| 13 | | 1 | | | | -1 | -1 | | | | | | = | 0 | 0 |
| 14 | | | 1 | 1 | | 1 | | -1 | -1 | -1 | | | = | 0 | 0 |
| 15 | | | | | | | 1 | 1 | | | -1 | | = | 0 | 0 |
| 16 | | | | | 1 | | | | 1 | | | -1 | = | 0 | 0 |
| 17 | | | | | | | | | | 1 | 1 | 1 | = | 0 | 1 |

Fonte: O autor.

A resolução do problema é exibida na Figura 9.23.

**FIGURA 9.23** Solução do problema do menor caminho no Excel

| | A | B | C | D | E | F | G | H | I | J | K | L | M | N | O |
|---|---|---|---|---|---|---|---|---|---|---|---|---|---|---|---|
| 1 | | | | | | | Função objetivo | | | | | | | | |
| 2 | | | | | | Coeficientes | | | | | | | Fórmula | | |
| 3 | 3 | 2 | 5 | 4 | 6 | 2 | 3 | 1 | 3 | 2 | 4 | 5 | 6 | | |
| 4 | x12 | x13 | x14 | x24 | x26 | x34 | x35 | x45 | x46 | x47 | x57 | x67 | | | |
| 5 | | | | | | Variáveis de decisão | | | | | | | | | |
| 6 | x12 | x13 | x14 | x24 | x26 | x34 | x35 | x45 | x46 | x47 | x57 | x67 | | | |
| 7 | 0 | 1 | 0 | 0 | 0 | 1 | 0 | 0 | 0 | 1 | 0 | 0 | | | |
| 8 | | | | | | | Restrições | | | | | | | | |
| 9 | | | | | | Coeficientes | | | | | | | | | |
| 10 | x12 | x13 | x14 | x24 | x26 | x34 | x35 | x45 | x46 | x47 | x57 | x67 | Sinal | Fórmulas | Totais |
| 11 | 1 | 1 | 1 | | | | | | | | | | = | 1 | 1 |
| 12 | 1 | | | -1 | -1 | | | | | | | | = | 0 | 0 |
| 13 | | 1 | | | | -1 | -1 | | | | | | = | 0 | 0 |
| 14 | | | 1 | 1 | | 1 | | -1 | -1 | -1 | | | = | 0 | 0 |
| 15 | | | | | | | 1 | 1 | | | -1 | | = | 0 | 0 |
| 16 | | | | | 1 | | | | 1 | | | -1 | = | 0 | 0 |
| 17 | | | | | | | | | | 1 | 1 | 1 | = | 1 | 1 |

Fonte: O autor.

Note que foi escolhido o caminho 1 > 3 > 4 > 7, resultando em um custo total de 6. No LINGO, essa mesma solução pode ser obtida com o *script*:

```
min = 3*x12+2*x13+5*x14+4*x24+6*x26+2*x34+
      3*x35+x45+3*x46+2*x47+4*x57+5*x67;

      x12+x13+x14=1;
      x12-x24-x26=0;
      x13-x34-x35=0;
      x14+x24+x34-x45-x46-x47=0;
      x35+x45-x57=0;
      x26+x46-x67=0;
      x47+x57+x67=1;
      x12>=0;x13>=0;x14>=0;x24>=0;x26>=0;x34>=0;
      x35>=0;x45>=0;x46>=0;x47>=0;x57>=0;x67>=0;
```

Uma formulação alternativa para o problema do menor caminho e que pode facilmente ser implementada no GAMS é a seguinte:

──────── MODELO 9.6 ────────

$$\min. \sum_i \sum_j c_{ij} x_{ij}$$

**Sujeito a:**

$$\sum_j x_{ij} - \sum_i x_{ij} = b_i$$

$$x_{ij} \in \{0, 1\}$$

Onde $b_i$ = assume valor de -1, 1 e 0 para os nós inicial, final e intermediário, respectivamente. Veja que modelado dessa forma, o problema se torna do tipo programação binária.

No GAMS, o *script* pode ser redigido da seguinte forma, onde obtém-se a mesma solução daquela dos softwares anteriores:

```
1   Set n Nós da rede /1*7/
2           A(n,n) direções dos nós
3   /
4   1.(2,3,4)
5   2.(4,6)
6   3.(4,5)
7   4.(5,6,7)
8   5.7
9   6.7
10  / ;
11  Parameter b(n) /7 1, 1 -1/;
12  Alias(n,i,j);
13  Parameter c(i,j)
14  /
15  1.(2 3,3 2,4 5)
16  2.(4 4,6 6)
17  3.(4 2,5 3)
18  4.(5 1,6 3,7 2)
19  5.(7 4)
20  6.(7 5)
21  /;
22  Variable Z;
23  binary variable x(i,j);
24  equation Distancia, Fluxo(i);
25
26  Distancia..     sum{ (i,j), c(i,j)*x(i,j)} =e= Z;
27  Fluxo(i)..sum{j$a(j,i),x(j,i)}- sum{ j$a(i,j), x(i,j)} =e= b(i);
28
29  Model Modelo9_6 /all/;
30  Solve Modelo9_6 minimizing Z using MIP;
31  Display x.l, Z.l;
```

A próxima seção trata do problema do caixeiro viajante.

## Problema do caixeiro viajante

O problema do caixeiro viajante é equivalente ao problema da roteirização. Considere, por exemplo, que um caminhão deve realizar entregas nos pontos de 1 a 4 indicados na Figura 9.24. Partindo da origem, no nó 1, e retornando para este. Esse problema deve escolher o trajeto que minimiza a distância total percorrida.

**FIGURA 9.24** Caminho a ser percorrido no roteiro

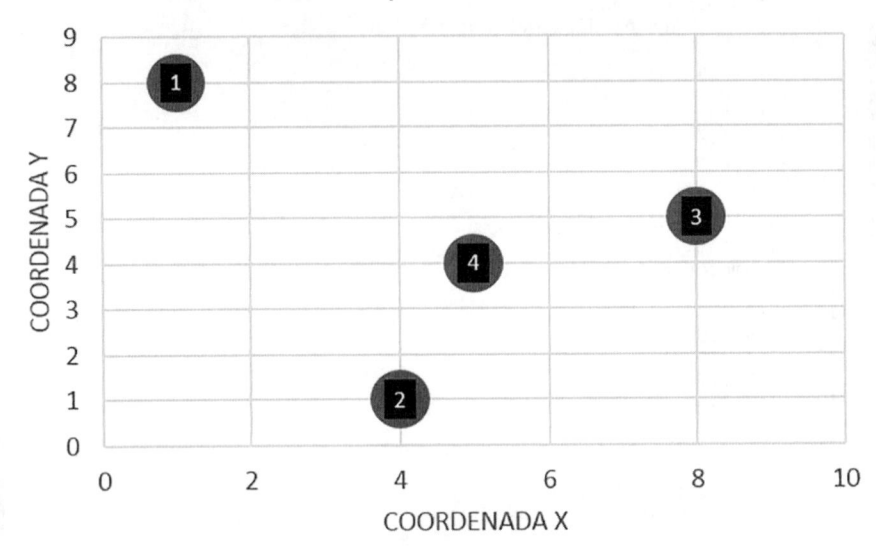

Fonte: O autor.

Como o ponto 1 é o nó inicial, o percurso deve ser realizado de modo que o trajeto parta do primeiro nó e retorne a ele no final. Veja que existem diversos trajetos possíveis. Tome como exemplo a rota 1 > 2 > 4 > 3 > 1. Esse trajeto pode ser comparado à rota 1 > 3 > 4 > 2 > 1. Resolvendo esse problema com programação linear, é possível obter o trajeto ótimo que reduz a distância total percorrida.

Partindo de nosso conhecimento do modelo do menor caminho, o problema do caixeiro viajante poderia ser formulado da seguinte forma:

## MODELO 9.7

$$\min. \sum_i \sum_j c_{ij} x_{ij}$$

**Sujeito a:**

$$\sum_i x_{ij} = 1 \quad \forall j$$

$$\sum_j x_{ij} = 1 \quad \forall i$$

$$x_{ij} \in \{0, 1\}$$

Para resolver o problema com o Modelo 9.7, será necessário calcular a matriz de distâncias $c_{ij}$, a partir das coordenadas fornecidas no problema, conforme exibido na Tabela 9.5.

**TABELA 9.5**

### Coordenadas dos pontos do problema

| DESCRIÇÃO | RÓTULO | COORDENADAS | |
|---|---|---|---|
| | | X | Y |
| Cliente1 | 1 | 1 | 8 |
| Cliente2 | 2 | 4 | 1 |
| Cliente3 | 3 | 8 | 5 |
| Cliente4 | 4 | 5 | 4 |

Fonte: O autor.

As coordenadas dos pontos e suas distâncias já calculadas podem ser visualizadas na Figura 9.25.

**FIGURA 9.25** Distâncias calculadas do problema

| | A | B | C | D | E | F | G | H | I |
|---|---|---|---|---|---|---|---|---|---|
| 1 | | | Coordenadas | | | Matriz de distâncias | | | |
| 2 | Descrição | Rótulo | x | y | | 1 | 2 | 3 | 4 |
| 3 | Cliente1 | 1 | 1 | 8 | 1 | 0,00 | 7,62 | 7,62 | 5,66 |
| 4 | Cliente2 | 2 | 4 | 1 | 2 | 7,62 | 0,00 | 5,66 | 3,16 |
| 5 | Cliente3 | 3 | 8 | 5 | 3 | 7,62 | 5,66 | 0,00 | 3,16 |
| 6 | Cliente4 | 4 | 5 | 4 | 4 | 5,66 | 3,16 | 3,16 | 0,00 |

Fonte: O autor.

A matriz de distâncias mostrada na Figura 9.25 foi obtida a partir da função PROCV do Excel, conforme mostra a Tabela 9.6.

**TABELA 9.6** Fórmulas utilizadas para cálculo da matriz de distância

| CÉLULA | FÓRMULA |
|---|---|
| F3 | =RAIZ((PROCV($E3;$B$3:$D$6;2;FALSO)-PROCV(F$2;$B$3:$D$6;2;FALSO))^2+(PROCV($E3;$B$3:$D$10;3;FALSO)-PROCV(F$2;$B$3:$D$10;3;FALSO))^2) |
| F6 | =RAIZ((PROCV($E6;$B$3:$D$6;2;FALSO)-PROCV(F$2;$B$3:$D$10;2;FALSO))^2+(PROCV($E6;$B$3:$D$10;3;FALSO)-PROCV(F$2;$B$3:$D$10;3;FALSO))^2) |
| I3 | =RAIZ((PROCV($E3;$B$3:$D$6;2;FALSO)-PROCV(I$2;$B$3:$D$10;2;FALSO))^2+(PROCV($E3;$B$3:$D$10;3;FALSO)-PROCV(I$2;$B$3:$D$10;3;FALSO))^2) |
| I6 | =RAIZ((PROCV($E6;$B$3:$D$6;2;FALSO)-PROCV(I$2;$B$3:$D$10;2;FALSO))^2+(PROCV($E6;$B$3:$D$10;3;FALSO)-PROCV(I$2;$B$3:$D$10;3;FALSO))^2) |

Fonte: O autor.

Com as distâncias calculadas, é possível formular a planilha do Excel com o Modelo 9.7, conforme mostra a Figura 9.26.

**FIGURA 9.26** — Formulação da planilha para o Modelo 9.7

| | A | B | C | D | E | F | G | H | I | J | K | L | M | N | O |
|---|---|---|---|---|---|---|---|---|---|---|---|---|---|---|---|
| 1 | | | | | | Função objetivo | | | | | | | | | |
| 2 | | | | | | Coeficientes | | | | | | | Fórmula | | |
| 3 | 7,62 | 7,62 | 5,66 | 7,62 | 5,66 | 3,16 | 7,62 | 5,66 | 3,16 | 5,66 | 3,16 | 3,16 | 0 | | |
| 4 | x12 | x13 | x14 | x21 | x23 | x24 | x31 | x32 | x34 | x41 | x42 | x43 | | | |
| 5 | | | | | | Variáveis de decisão | | | | | | | | | |
| 6 | x12 | x13 | x14 | x21 | x23 | x24 | x31 | x32 | x34 | x41 | x42 | x43 | | | |
| 7 | | | | | | | | | | | | | | | |
| 8 | | | | | | | Restrições | | | | | | | | |
| 9 | x12 | x13 | x14 | x21 | x23 | x24 | x31 | x32 | x34 | x41 | x42 | x43 | Sinais | Fórmulas | Totais |
| 10 | | | | 1 | | | 1 | | | 1 | | | = | 0 | 1 |
| 11 | 1 | | | | 1 | | | 1 | | | 1 | | = | 0 | 1 |
| 12 | | 1 | | | 1 | | | | | | | 1 | = | 0 | 1 |
| 13 | | | 1 | | | 1 | | 1 | | | | | = | 0 | 1 |
| 14 | 1 | 1 | 1 | | | | | | | | | | = | 0 | 1 |
| 15 | | | | 1 | 1 | 1 | | | | | | | = | 0 | 1 |
| 16 | | | | | | | 1 | 1 | 1 | | | | = | 0 | 1 |
| 17 | | | | | | | | | | 1 | 1 | 1 | = | 0 | 1 |

Fonte: O autor.

A solução da planilha é exibida na Figura 9.27.

**FIGURA 9.27** — Resolução do Modelo 9.7 no Excel

| | A | B | C | D | E | F | G | H | I | J | K | L | M | N | O |
|---|---|---|---|---|---|---|---|---|---|---|---|---|---|---|---|
| 1 | | | | | | Função objetivo | | | | | | | | | |
| 2 | | | | | | Coeficientes | | | | | | | Fórmula | | |
| 3 | 7,62 | 7,62 | 5,66 | 7,62 | 5,66 | 3,16 | 7,62 | 5,66 | 3,16 | 5,66 | 3,16 | 3,16 | 21,56 | | |
| 4 | x12 | x13 | x14 | x21 | x23 | x24 | x31 | x32 | x34 | x41 | x42 | x43 | | | |
| 5 | | | | | | Variáveis de decisão | | | | | | | | | |
| 6 | x12 | x13 | x14 | x21 | x23 | x24 | x31 | x32 | x34 | x41 | x42 | x43 | | | |
| 7 | 1 | 0 | 0 | 1 | 0 | 0 | 0 | 0 | 1 | 0 | 0 | 1 | | | |
| 8 | | | | | | | Restrições | | | | | | | | |
| 9 | x12 | x13 | x14 | x21 | x23 | x24 | x31 | x32 | x34 | x41 | x42 | x43 | Sinais | Fórmulas | Totais |
| 10 | | | | 1 | | | 1 | | | 1 | | | = | 1 | 1 |
| 11 | 1 | | | | 1 | | | 1 | | | 1 | | = | 1 | 1 |
| 12 | | 1 | | | 1 | | | | | | | 1 | = | 1 | 1 |
| 13 | | | 1 | | | 1 | | 1 | | | | | = | 1 | 1 |
| 14 | 1 | 1 | 1 | | | | | | | | | | = | 1 | 1 |
| 15 | | | | 1 | 1 | 1 | | | | | | | = | 1 | 1 |
| 16 | | | | | | | 1 | 1 | 1 | | | | = | 1 | 1 |
| 17 | | | | | | | | | | 1 | 1 | 1 | = | 1 | 1 |

Fonte: O autor.

*Solução de problemas logísticos com programação linear*

Veja que a solução apresentada na Figura 9.26 gerou o seguinte roteiro: 1 > 2 > 1 e 3 > 4 > 3. Esse roteiro é exibido na Figura 9.28.

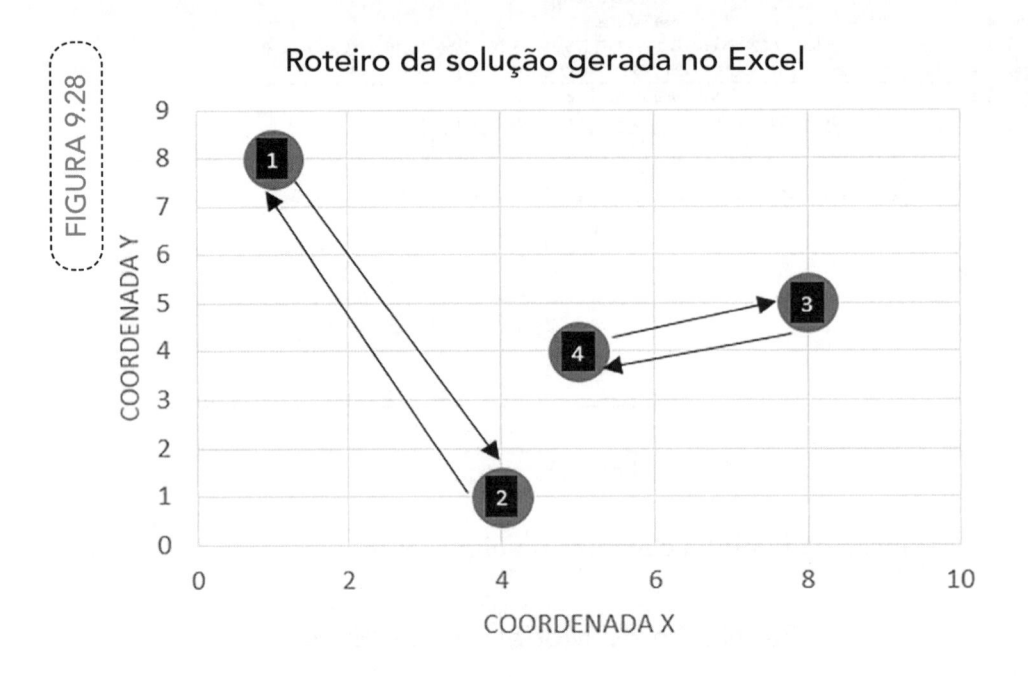

**FIGURA 9.28**

**Roteiro da solução gerada no Excel**

Fonte: O autor.

Veja que a resolução do Modelo 9.7 no Excel gerou a formação de sub-rotas. Assim, essa solução não atende à finalidade de partir da origem, percorrer todos os pontos e retornar ao ponto inicial.

Para resolver esse problema, deve-se realizar o procedimento de Miller, Tucker e Zemlin (1960). Os autores desenvolveram uma restrição para incluir uma variável de decisão chamada $u_i$, que representa a memória da rede até o ponto i:

$$u_i - u_j + n(x_{ij}) \leq n - 1 \qquad \forall i, j \mid j \neq 1$$

Com a inclusão dessa restrição, o modelo completo pode ser formulado da seguinte forma:

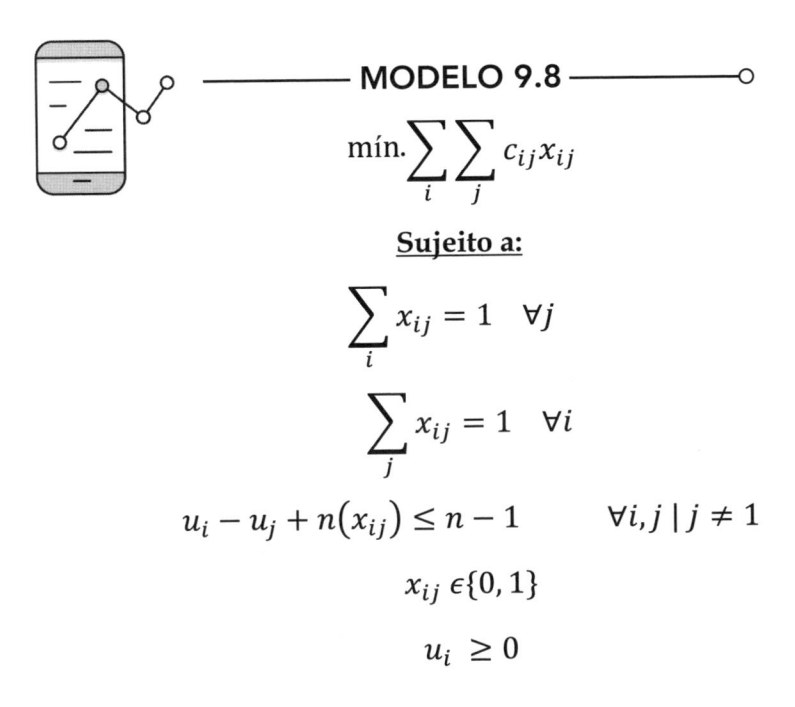

**MODELO 9.8**

$$\min. \sum_i \sum_j c_{ij} x_{ij}$$

**Sujeito a:**

$$\sum_i x_{ij} = 1 \quad \forall j$$

$$\sum_j x_{ij} = 1 \quad \forall i$$

$$u_i - u_j + n(x_{ij}) \leq n - 1 \quad \forall i,j \mid j \neq 1$$

$$x_{ij} \in \{0, 1\}$$

$$u_i \geq 0$$

O Modelo 9.8 pode ser formulado no Excel conforme mostra a Figura 9.29.

## Formulação do Modelo 9.8 no Excel

FIGURA 9.29

|    | A | B | C | D | E | F | G | H | I | J | K | L | M | N | O | P | Q |
|----|---|---|---|---|---|---|---|---|---|---|---|---|---|---|---|---|---|
| 1  |   |   |   |   |   | Função objetivo |   |   |   |   |   |   |   |   |   |   |   |
| 2  |   |   |   |   | Coeficientes |   |   |   |   |   |   |   | Fórmula |   |   |   |   |
| 3  | 7,62 | 7,62 | 5,66 | 7,62 | 5,66 | 3,16 | 7,62 | 5,66 | 3,16 | 5,66 | 3,16 | 3,16 | 0 |   |   |   |   |
| 4  | x12 | x13 | x14 | x21 | x23 | x24 | x31 | x32 | x34 | x41 | x42 | x43 |   |   |   |   |   |
| 5  |   |   |   |   |   | Variáveis de decisão |   |   |   |   |   |   |   |   |   |   |   |
| 6  | x12 | x13 | x14 | x21 | x23 | x24 | x31 | x32 | x34 | x41 | x42 | x43 | u1 | u2 | u3 | u4 |   |
| 7  |   |   |   |   |   |   |   |   |   |   |   |   |   |   |   |   |   |
| 8  |   |   |   |   |   | Restrições |   |   |   |   |   |   |   |   |   |   |   |
| 9  | x12 | x13 | x14 | x21 | x23 | x24 | x31 | x32 | x34 | x41 | x42 | x43 | Sinais | Fórmulas | Totais |   |   |
| 10 |   |   |   | 1 |   |   | 1 |   |   | 1 |   |   | = | 0 | 1 |   |   |
| 11 | 1 |   |   |   |   |   |   | 1 |   |   | 1 |   | = | 0 | 1 |   |   |
| 12 |   | 1 |   |   | 1 |   |   |   |   |   |   | 1 | = | 0 | 1 |   |   |
| 13 |   |   | 1 |   |   | 1 |   |   | 1 |   |   |   | = | 0 | 1 |   |   |
| 14 | 1 | 1 | 1 |   |   |   |   |   |   |   |   |   | = | 0 | 1 |   |   |
| 15 |   |   |   | 1 | 1 | 1 |   |   |   |   |   |   | = | 0 | 1 |   |   |
| 16 |   |   |   |   |   |   | 1 | 1 | 1 |   |   |   | = | 0 | 1 |   |   |
| 17 |   |   |   |   |   |   |   |   |   | 1 | 1 | 1 | = | 0 | 1 |   |   |
| 18 | Restrições das sub-rotas |   |   |   |   |   |   |   |   |   |   |   |   |   |   |   |   |
| 19 | Sub-rota | Fórmula | Sinais | Totais |   |   |   |   |   |   |   |   |   |   |   |   |   |
| 20 | x12 | 0 | <= | 3 |   |   |   |   |   |   |   |   |   |   |   |   |   |
| 21 | x13 | 0 | <= | 3 |   |   |   |   |   |   |   |   |   |   |   |   |   |
| 22 | x14 | 0 | <= | 3 |   |   |   |   |   |   |   |   |   |   |   |   |   |
| 23 | x23 | 0 | <= | 3 |   |   |   |   |   |   |   |   |   |   |   |   |   |
| 24 | x24 | 0 | <= | 3 |   |   |   |   |   |   |   |   |   |   |   |   |   |
| 25 | x32 | 0 | <= | 3 |   |   |   |   |   |   |   |   |   |   |   |   |   |
| 26 | x34 | 0 | <= | 3 |   |   |   |   |   |   |   |   |   |   |   |   |   |
| 27 | x42 | 0 | <= | 3 |   |   |   |   |   |   |   |   |   |   |   |   |   |
| 28 | x43 | 0 | <= | 3 |   |   |   |   |   |   |   |   |   |   |   |   |   |

Fonte: O autor.

As fórmulas utilizadas na planilha são mostradas na Tabela 9.7.

TABELA 9.7

### Fórmulas utilizadas na planilha do Modelo 9.8

| CÉLULA | FÓRMULA |
|--------|---------|
| M3  | =SOMARPRODUTO(A3:L3;A7:L7) |
| N10 | =SOMARPRODUTO($A$7:$L$7;A10:L10) |
| B20 | =M7-N7+4*A7 |
| B21 | =M7-O7+4*B7 |
| B22 | =M7-P7+4*C7 |
| B23 | =N7-O7+4*E7 |
| B24 | =N7-P7+4*F7 |
| B25 | =-N7+O7+4*H7 |
| B26 | =O7-P7+4*I7 |
| B27 | =-N7+P7+4*K7 |
| B28 | =-O7+P7+4*L7 |

Fonte: O autor.

A parametrização do Solver é mostrada na Figura 9.30

**FIGURA 9.30**

**Parâmetros do Solver da planilha**

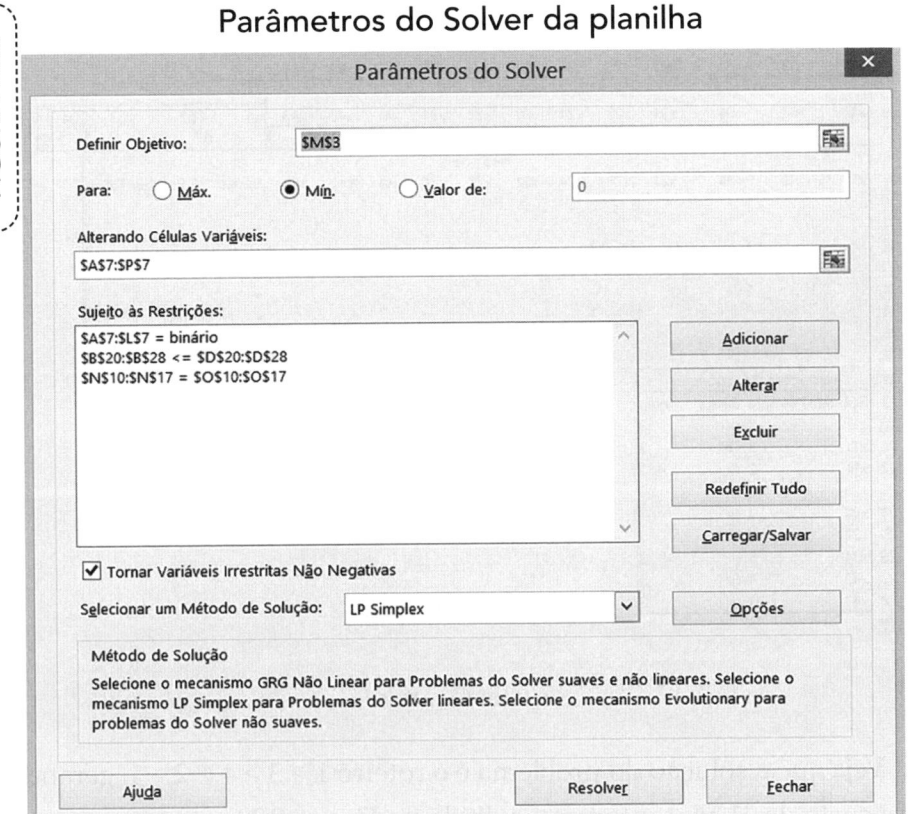

```
Parâmetros do Solver

Definir Objetivo:        $M$3
Para:    ○ Máx.    ● Mín.    ○ Valor de:    0

Alterando Células Variáveis:
$A$7:$P$7

Sujeito às Restrições:
$A$7:$L$7 = binário
$B$20:$B$28 <= $D$20:$D$28
$N$10:$N$17 = $O$10:$O$17

[✓] Tornar Variáveis Irrestritas Não Negativas
Selecionar um Método de Solução:   LP Simplex

Método de Solução
Selecione o mecanismo GRG Não Linear para Problemas do Solver suaves e não lineares. Selecione o
mecanismo LP Simplex para Problemas do Solver lineares. Selecione o mecanismo Evolutionary para
problemas do Solver não suaves.
```

Fonte: O autor.

Por fim, a solução do modelo é exibida na Figura 9.31.

**FIGURA 9.31**

## Solução do Modelo 9.8 no Excel

| | A | B | C | D | E | F | G | H | I | J | K | L | M | N | O | P |
|---|---|---|---|---|---|---|---|---|---|---|---|---|---|---|---|---|
| 1 | | | | | | Função objetivo | | | | | | | | | | |
| 2 | | | | | | Coeficientes | | | | | | | Fórmula | | | |
| 3 | 7,62 | 7,62 | 5,66 | 7,62 | 5,66 | 3,16 | 7,62 | 5,66 | 3,16 | 5,66 | 3,16 | 3,16 | 21,56 | | | |
| 4 | x12 | x13 | x14 | x21 | x23 | x24 | x31 | x32 | x34 | x41 | x42 | x43 | | | | |
| 5 | | | | | | Variáveis de decisão | | | | | | | | | | |
| 6 | x12 | x13 | x14 | x21 | x23 | x24 | x31 | x32 | x34 | x41 | x42 | x43 | u1 | u2 | u3 | u4 |
| 7 | 0 | 1 | 0 | 1 | 0 | 0 | 0 | 0 | 1 | 1 | 0 | 0 | 0 | 3 | 1 | 2 |
| 8 | | | | | | | Restrições | | | | | | | | | |
| 9 | x12 | x13 | x14 | x21 | x23 | x24 | x31 | x32 | x34 | x41 | x42 | x43 | Sinais | Fórmulas | Totais | |
| 10 | | | | 1 | | | 1 | | | 1 | | | = | 1 | 1 | |
| 11 | 1 | | | | | | | 1 | | | 1 | | = | 1 | 1 | |
| 12 | | 1 | | | 1 | | | | | | | 1 | = | 1 | 1 | |
| 13 | | | 1 | | | 1 | | | 1 | | | | = | 1 | 1 | |
| 14 | 1 | 1 | 1 | | | | | | | | | | = | 1 | 1 | |
| 15 | | | | 1 | 1 | 1 | | | | | | | = | 1 | 1 | |
| 16 | | | | | | | 1 | 1 | 1 | | | | = | 1 | 1 | |
| 17 | | | | | | | | | | 1 | 1 | 1 | = | 1 | 1 | |
| 18 | Restrições das sub-rotas | | | | | | | | | | | | | | | |
| 19 | Sub-rota | Fórmula | Sinais | Totais | | | | | | | | | | | | |
| 20 | x12 | -3 | <= | 3 | | | | | | | | | | | | |
| 21 | x13 | 3 | <= | 3 | | | | | | | | | | | | |
| 22 | x14 | -2 | <= | 3 | | | | | | | | | | | | |
| 23 | x23 | 2 | <= | 3 | | | | | | | | | | | | |
| 24 | x24 | 1 | <= | 3 | | | | | | | | | | | | |
| 25 | x32 | -2 | <= | 3 | | | | | | | | | | | | |
| 26 | x34 | 3 | <= | 3 | | | | | | | | | | | | |
| 27 | x42 | 3 | <= | 3 | | | | | | | | | | | | |
| 28 | x43 | 1 | <= | 3 | | | | | | | | | | | | |
| 29 | | | | | | | | | | | | | | | | |

Fonte: O autor.

Veja que a solução do problema é o roteiro 1 > 3 > 4 > 2 > 1, gerando um custo de 21,56, conforme é exibido na Figura 9.32.

**FIGURA 9.32**

**Roteiro ótimo do caixeiro viajante**

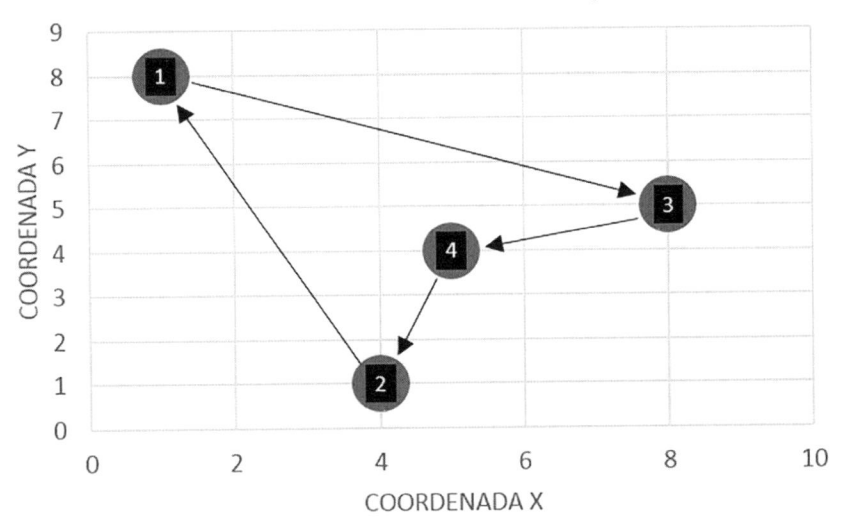

[Gráfico mostrando rota: 1 → 3 → 4 → 2 → 1, com coordenadas: nó 1 em (1,8), nó 2 em (4,1), nó 3 em (8,5), nó 4 em (5,4)]

Fonte: O autor.

No LINGO, a mesma solução é obtida com o *script*:

```
min = 7.62*x12+7.62*x13+5.66*x14+7.62*x21+5.66*x23+3.16*x24+
      7.62*x31+5.66*x32+3.16*x34+5.66*x41+3.16*x42+3.16*x43;

      x21+x31+x41=1;
      x12+x32+x42=1;
      x13+x23+x43=1;
      x14+x24+x34=1;
      x12+x13+x14=1;
      x21+x23+x24=1;
      x31+x32+x34=1;
      x41+x42+x43=1;
      u1-u2+4*x12<=3;
      u1-u3+4*x13<=3;
      u1-u4+4*x14<=3;
      u1-u2+4*x21<=3;
      u2-u3+4*x23<=3;
      u2-u4+4*x24<=3;
      u1-u3+4*x31<=3;
      u2-u3+4*x32<=3;
      u3-u4+4*x34<=3;
      u1-u4+4*x41<=3;
      u2-u4+4*x42<=3;
      u3-u4+4*x43<=3;
      @BIN(x12);@BIN(x13);@BIN(x14);@BIN(x21);@BIN(x23);@BIN(x24);
      @BIN(x31);@BIN(x32);@BIN(x34);@BIN(x41);@BIN(x42);@BIN(x43);
      u1>=0;u2>=0;u3>=0;u4>=0;
```

No GAMS, o mesmo roteiro é obtido com o código:

```
1   Set n nós / c1*c4/;
2
3   Alias (n,i,j);
4
5   Table c(i,j) matriz de distâncias
6              c1        c2        c3        c4
7   c1                   7.62      7.62      5.66
8   c2         7.62                5.66      3.16
9   c3         7.62      5.66                3.16
10  c4         5.66      3.16      3.16              ;
11
12  Variable Distancia;
13
14  Binary variable x(i,j);
15
16  Positive variable u(i);
17
18  x.fx(i,j)$(ord(i)=ord(j))=0;
19
20  Equation FO
21           Chegada(i)
22           Partida(i)
23           Subrota(i,j);
24
25  FO..            sum{ (i,j),c(i,j)*x(i,j)} =e= Distancia;
26
27  Chegada(i)..    sum{ j, x(j,i)} =e= 1;
28
29  Partida(i)..    sum{ n, x(i,n)} =e= 1;
30
31  Subrota(i,j)$(ord(j)<>1)..u(i)-u(j)+card(n)*x(i,j)=l=card(n)-1;
32
33  Model Modelo9_8 /all/;
34  Solve Modelo9_8 minimizing Distancia using MIP;
35  Display x.l, u.l, Distancia.l;
```

## Resumo

Neste capítulo, foram desenvolvidos diversos modelos de programação linear, não linear e inteira mista para resolver problemas de logística. Foi visto que o problema de transporte resolve a alocação ótima entre pontos de consumo e pontos de demanda. O problema de transbordo adiciona um intermediário ao problema de transporte. O modelo de localização de instalações escolhe a posição ótima de um ponto fornecedor relativo aos pontos de consumo. O problema do menor caminho escolhe a menor rota de um ponto de origem a um ponto de destino, e o problema do caixeiro viajante determina a melhor rota para visitar todos os pontos e retornar à origem.

O próximo capítulo partirá dos modelos vistos e tratará de problemas avançados em logística.

## Exercícios propostos

1) Resolva o seguinte problema de transporte:

    mín. $12x_{11} + 9x_{12} + 18x_{13} + 4x_{14} + 1x_{21} + 16x_{22} + 12x_{23} + 5x_{24}$

    Sujeito a:

    $x_{11} + x_{21} = 10$

    $x_{12} + x_{22} = 15$

    $x_{13} + x_{23} = 20$

    $x_{14} + x_{24} = 30$

    $x_{11}, x_{12}, x_{13}, x_{14}, x_{21}, x_{22}, x_{23}, x_{24} \geq 0$

2) Obtenha a solução do problema de transporte apresentado no Exemplo 1.1:

    mín. $6x_{11} + 66x_{12} + 24x_{13} + 72x_{21} + 36x_{22} + 54x_{23} + 6x_{31} + 48x_{32} + 60x_{33}$

    Sujeito a:

    $x_{11} + x_{12} + x_{13} \leq 300$

    $x_{21} + x_{22} + x_{23} \leq 150$

    $x_{31} + x_{32} + x_{33} \leq 100$

$$x_{11} + x_{21} + x_{31} \geq 200$$

$$x_{12} + x_{22} + x_{32} \geq 250$$

$$x_{13} + x_{23} + x_{33} \geq 100$$

$$x_{11}, x_{12}, x_{13}, x_{21}, x_{22}, x_{23}, x_{31}, x_{32}, x_{33} \geq 0$$

3) Encontre a solução do seguinte problema de transbordo:

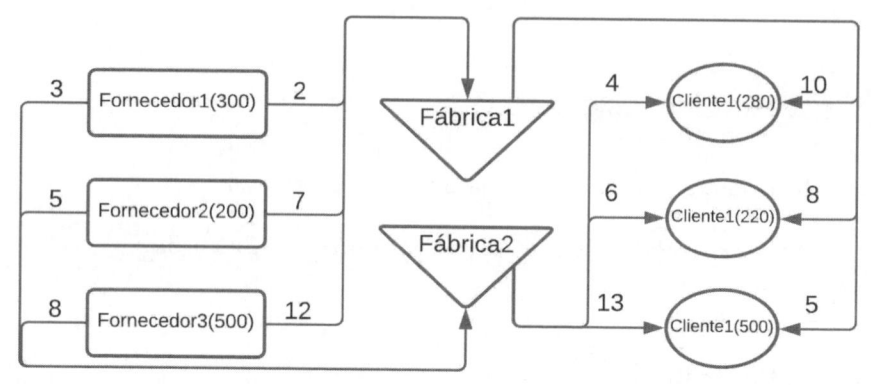

4) Qual é a nova solução do Exercício 3, caso a capacidade do primeiro fornecedor aumente para 500?

5) Qual é a nova solução do Exercício 3, caso a demanda do Cliente 1 aumente para 500?

6) Encontre a localização ótima de um armazém que fornecerá itens para os seguintes clientes:

| Descrição | Coordenadas | |
|---|---|---|
| | x | y |
| Cliente 1 | 4 | 1 |
| Cliente 2 | 8 | 5 |
| Cliente 3 | 5 | 4 |
| Cliente 4 | 5 | 8 |
| Cliente 5 | 8 | 9 |
| Cliente 6 | 3 | 4 |
| Cliente 7 | 6 | 7 |

7) Qual é a nova localização ótima do armazém do Exercício 6 considerando as seguintes informações adicionais dos clientes:

| Descrição | Demanda | Custo de transporte |
|---|---|---|
| Cliente 1 | 479 | 9 |
| Cliente 2 | 810 | 8 |
| Cliente 3 | 642 | 7 |
| Cliente 4 | 977 | 8 |
| Cliente 5 | 881 | 7 |
| Cliente 6 | 910 | 4 |
| Cliente 7 | 336 | 9 |

8) Encontre o menor caminho entre os pontos A e H:

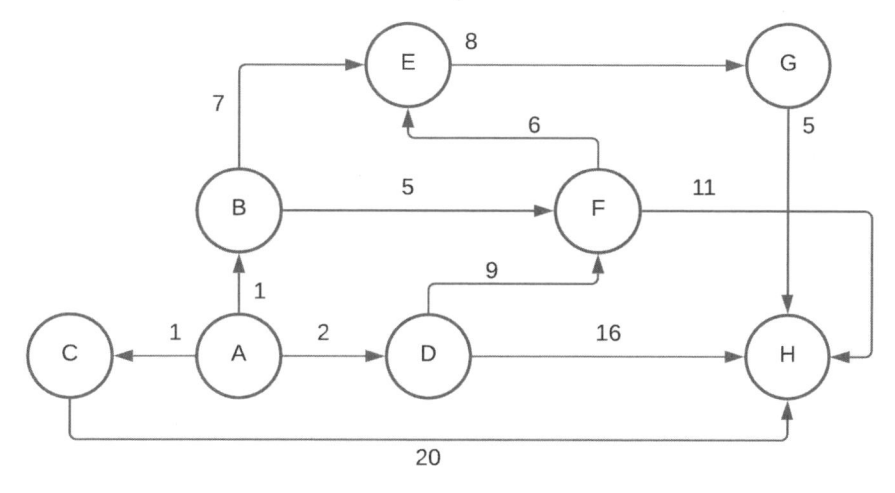

9) Encontre o roteiro ótimo para um caminhão que sai do depósito e passa por cada um dos sete clientes retornando ao depósito ao final do percurso, com as seguintes coordenadas de localização:

| Descrição | Coordenadas | |
|---|---|---|
| | x | y |
| Depósito | 1 | 8 |
| Cliente 1 | 4 | 1 |
| Cliente 2 | 8 | 5 |
| Cliente 3 | 5 | 4 |
| Cliente 4 | 5 | 8 |
| Cliente 5 | 8 | 9 |
| Cliente 6 | 3 | 4 |
| Cliente 7 | 6 | 7 |

10) Resolva o problema do caixeiro viajante considerando o ponto de origem e destino encontrado no Exercício 6.

CAPÍTULO 10

# Problemas logísticos avançados

No capítulo anterior, estudamos diversos problemas logísticos tradicionais que podem ser resolvidos com programação linear e não linear. Neste capítulo, abordaremos modelos mais avançados que podem ser solucionados com essas técnicas.

> **Objetivos do capítulo**

Neste capítulo, você será capaz de:

- Formular e resolver problemas de localização e transporte de múltiplas instalações.
- Modelar e encontrar a solução do problema da cadeia de suprimentos com diversos níveis.
- Estudar o problema da distribuição direta e indireta.
- Desenvolver a solução do problema de roteamento de veículos.

## Localização de múltiplas instalações

Muitas vezes, é necessário escolher a localização de múltiplas instalações, em vez de apenas uma. Neste caso, pode-se utilizar o método das p-medianas, que localiza instalações a partir de locais candidatos e determina qual instalação atenderá qual ponto de consumo.

Considere, por exemplo, os seguintes pontos de demanda, de 1 a 8, mostrados na Figura 10.1.

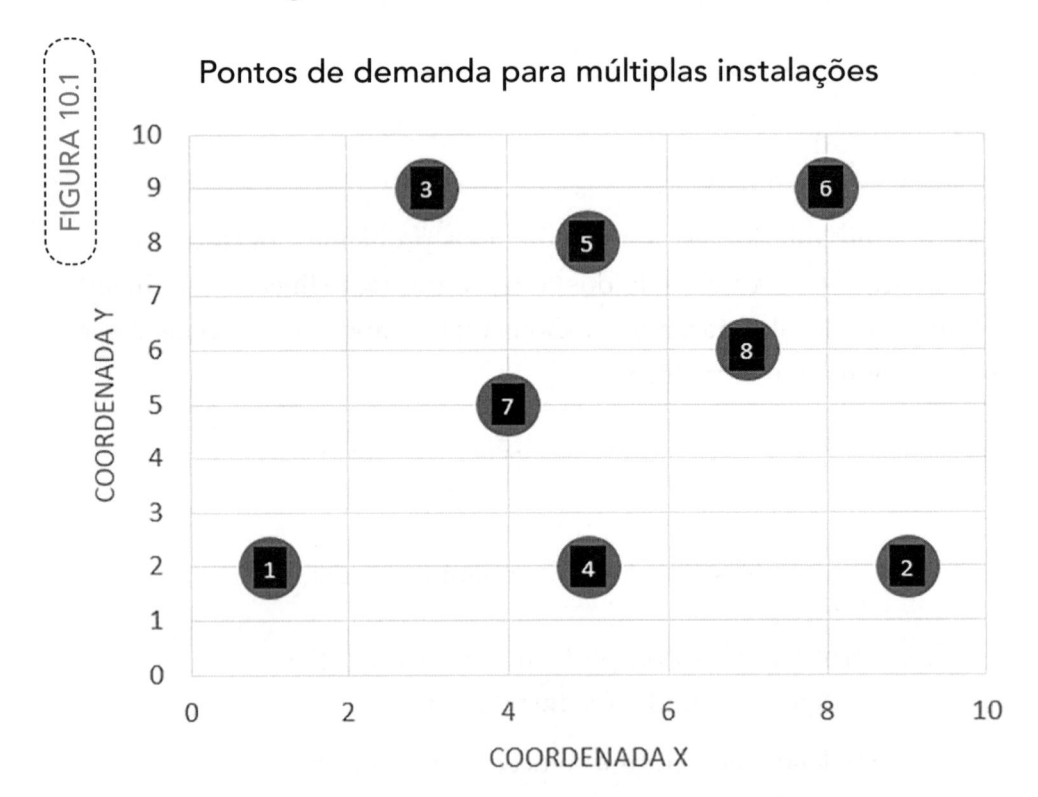

**FIGURA 10.1** Pontos de demanda para múltiplas instalações

Fonte: O autor.

As coordenadas dos pontos e a matriz de distâncias, já calculada, são exibidas na Tabela 10.1.

**TABELA 10.1**

## Coordenadas e matriz de distâncias dos pontos

| Descrição | COORDENADAS | | | MATRIZ DE DISTÂNCIAS | | | | | | | |
|---|---|---|---|---|---|---|---|---|---|---|---|
| | x | y | | 1 | 2 | 3 | 4 | 5 | 6 | 7 | 8 |
| Ponto 1 | 1 | 2 | 1 | 0,00 | 8,00 | 7,28 | 4,00 | 7,21 | 9,90 | 4,24 | 7,21 |
| Ponto 2 | 9 | 2 | 2 | 8,00 | 0,00 | 9,22 | 4,00 | 7,21 | 7,07 | 5,83 | 4,47 |
| Ponto 3 | 3 | 9 | 3 | 7,28 | 9,22 | 0,00 | 7,28 | 2,24 | 5,00 | 4,12 | 5,00 |
| Ponto 4 | 5 | 2 | 4 | 4,00 | 4,00 | 7,28 | 0,00 | 6,00 | 7,62 | 3,16 | 4,47 |
| Ponto 5 | 5 | 8 | 5 | 7,21 | 7,21 | 2,24 | 6,00 | 0,00 | 3,16 | 3,16 | 2,83 |
| Ponto 6 | 8 | 9 | 6 | 9,90 | 7,07 | 5,00 | 7,62 | 3,16 | 0,00 | 5,66 | 3,16 |
| Ponto 7 | 4 | 5 | 7 | 4,24 | 5,83 | 4,12 | 3,16 | 3,16 | 5,66 | 0,00 | 3,16 |
| Ponto 8 | 7 | 6 | 8 | 7,21 | 4,47 | 5,00 | 4,47 | 2,83 | 3,16 | 3,16 | 0,00 |

Fonte: O autor.

O método das p-medianas avalia as distâncias entre os pontos, elencando como fontes de fornecimento a quantidade de pontos fornecedores, conforme indicado pelo modelo. Isso minimiza a distância total dos pontos fornecedores aos clientes.

O modelo das p-medianas pode ser representado da seguinte forma:

---- MODELO 10.1 ----

$$\min \sum_i \sum_j d_{ij} x_{ij} \quad (10.1)$$

Sujeito a:

$$\sum_j x_{ij} = 1 \quad (10.2)$$

$$\sum_i y_j = n \quad (10.3)$$

$$x_{ij} \leq y_j \quad (10.4)$$

$$x_{ij}, y_j \in \{0, 1\} \quad (10.5)$$

Onde:

$d_{ij}$: Distâncias entre os pontos de fornecimento j e de demanda i

$x_{ij}$: 1, se o nó de demanda i for atribuído à instalação j, e 0, caso contrário

$y_j$: 1, se o ponto j receber a instalação

$n$: Quantidade de instalações

A Equação 10.1 é a função objetivo do modelo e minimiza a distância total entre os pontos de fornecimento e de consumo. Na segunda restrição (Equação 10.2), garante-se que cada ponto de consumo seja atendido por apenas uma instalação. A Equação 10.3 determina a quantidade de instalações desejadas. A restrição apresentada na Equação 10.4 atribui um ponto de demanda apenas a instalações abertas. Por fim, a restrição da Equação 10.5 determina que as variáveis de decisão sejam binárias.

Supondo que se deseja abrir exatamente duas instalações para atender os oito clientes, a solução do Modelo 10.1 pode ser implementada no GAMS com o seguinte *script*:

```
1  Set i pontos de demanda / p1*p8/;
2  Alias(i,j);
3  Parameter n /2/;
4  Table d(i,j)
5         p1   p2    p3    p4    p5    p6    p7   p8
6  p1          8    7.28   4    7.21  9.90  4.24 7.21
7  p2     8         9.22   4    7.21  7.07  5.83 4.47
8  p3   7.28  9.22        7.28  2.24   5    4.12  5
9  p4     4    4    7.28         6    7.62  3.16 4.47
10 p5   7.21 7.21  2.24    6          3.16  3.16 2.83
11 p6   9.9  7.07   5           7.62  3.16       5.66 3.16
12 p7   4.24 5.83  4.12   3.16  3.16  5.66        3.16
13 p8   7.21 4.47   5            4.47 2.83  3.16 3.16       ;
14 Variable Distancia;
15 Binary Variable y(j),x(i,j);
16 Equation FO, eq1, eq2, eq3;
17
18 FO..           sum((i,j), d(i,j)*x(i,j)) =e= Distancia;
19 eq1(i)..       sum(j, x(i,j)) =e= 1;
20 eq2..          sum(j, y(j)) =e= n;
21 eq3(i,j)..     x(i,j) =l= y(j);
22 Model Modelo10_1 /all/;
23 Solve Modelo10_1 minimizing Distancia using MIP;
24 Display Distancia.L, x.L, y.L;
```

A solução obtida no GAMS é apresentada no relatório:

```
----        24 VARIABLE Distancia.L      =      19.390

----        24 VARIABLE x.L

              p4         p5

p1          1.000
p2          1.000
p3                     1.000
p4          1.000
p5                     1.000
p6                     1.000
p7          1.000
p8                     1.000


----        24 VARIABLE y.L

p4 1.000,    p5 1.000
```

É possível notar que os pontos 4 e 5 foram escolhidos para serem pontos de fornecimento, distribuindo aos pontos adjacentes mais próximos, conforme Figura 10.2.

FIGURA 10.2

Solução do Modelo 10.1

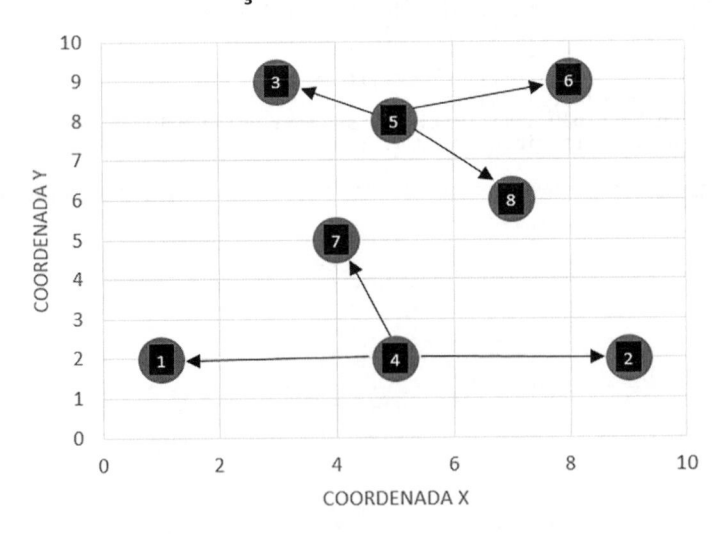

Fonte: O autor.

O leitor pode facilmente testar uma solução com mais de 2 pontos com o *script* utilizado.

Pode-se, ainda, adicionar a esse problema outras variáveis que impactem na escolha do ponto de fornecimento, como volume de entrega aos clientes (*q*), custo de transporte (*t*) e, ainda, um custo fixo de associação à instalação de cada local (*f*). Neste caso, muda-se apenas a função objetivo, que passa a ser a Equação 10.6:

$$\min. \sum_i \sum_j q_i t_j d_{ij} x_{ij} + \sum_j f_j y_j \qquad (10.6)$$

No GAMS, o *script* do Modelo 10.1 alterado para a inclusão de outras variáveis pode ser redigido da seguinte forma:

```
1   Set i pontos de demanda / p1*p8/;
2
3   Alias(i,j);
4
5   Parameter n /2/
6   q(i)/p1 100, p2 150, p3 50, p4 260, p5 400, p6 330,p7 180,p8 100/
7   t(j)/p1 0.60, p2 0.3, p3 0.6, p4 0.95, p5 1.3, p6 0.5, p7 1,p8 3/
8   f(j)/p1 2000,p2 1680,p3 3000,p4 3500,p5 2450,p6 300,p7 2000,p8 3800/;
9
10  Table d(i,j)
11        p1   p2    p3    p4    p5    p6    p7   p8
12  p1         8     7.28  4     7.21  9.90  4.24 7.21
13  p2    8          9.22  4     7.21  7.07  5.83 4.47
14  p3    7.28 9.22        7.28  2.24  5     4.12 5
15  p4    4    4     7.28        6     7.62  3.16 4.47
16  p5    7.21 7.21  2.24  6           3.16  3.16 2.83
17  p6    9.9  7.07  5     7.62  3.16        5.66 3.16
18  p7    4.24 5.83  4.12  3.16  3.16  5.66       3.16
19  p8    7.21 4.47  5     4.47  2.83  3.16  3.16      ;
20
21  Variable Custo;
22  Binary Variable y(j),x(i,j);
23  Equation FO, eq1, eq2, eq3;
24
25  FO..sum((i,j),q(i)*t(j)*d(i,j)*x(i,j))+sum(j,f(j)*y(j))=e=Custo;
26  eq1(i)..         sum(j, x(i,j)) =e= 1;
27  eq2..            sum(j, y(j))  =e= n;
28  eq3(i,j)..       x(i,j) =l= y(j);
29
30  Model Modelo10_1_alterado /all/;
31  Solve Modelo10_1_alterado minimizing Custo using MIP;
32  Display Custo.l, x.l, y.l;
```

A solução obtida difere da anterior devido aos novos pesos atribuídos para os pontos de consumo:

```
    ----    32 VARIABLE Custo.L      =     3737.920

    ----    32 VARIABLE x.L

                    p2          p6

        p1      1.000
        p2      1.000
        p3                  1.000
        p4      1.000
        p5                  1.000
        p6                  1.000
        p7      1.000
        p8      1.000


    ----    32 VARIABLE y.L

    p2 1.000,    p6 1.000
```

Note que agora foram escolhidos os pontos 1 e 6. A próxima seção tratará da escolha de múltiplas instalações combinada com o problema de transporte.

## Localização e transporte com múltiplas instalações

Uma variação do problema de localização de instalações apresentado na seção "Localização de múltiplas instalações", deste capítulo, e do problema de transporte apresentado na seção "Problema de transporte", do Capítulo 9, é a que avalia a melhor localização a partir de instalações já existentes que seriam candidatas a melhor fornecedora da cadeia de suprimentos. Além disso, determina o fluxo ótimo entre as instalações fornecedoras e clientes.

A Tabela 10.2 apresenta os dados de um contexto similar ao problema de transporte, com custos associados aos fluxos de fornecedores a clientes, com suas respectivas capacidades e demandas.

TABELA 10.2

## Dados do problema de transporte ampliado

| | INVESTIMENTO INICIAL | CAPACIDADE | DISTÂNCIA | | |
| --- | --- | --- | --- | --- | --- |
| | | | CLIENTE 1 | CLIENTE 2 | CLIENTE 3 |
| Fornecedor 1 | 2.000 | 300 | 8 | 7 | 6 |
| Fornecedor 2 | 3.000 | 300 | 3 | 2 | 1 |
| Fornecedor 3 | 1.000 | 100 | 15 | 3 | 10 |
| | | Demanda | 130 | 270 | 200 |

Fonte: O autor.

Note que a informação adicional apresentada na Tabela 10.2, em relação ao modelo visto na seção "Problema de transporte", do Capítulo 9, é o investimento inicial. Esse valor é relativo à escolha do fornecedor para distribuir aos clientes.

Suponha, ainda, que se queira escolher apenas dois fornecedores, sendo essa uma restrição opcional. O modelo desse problema pode ser descrito da seguinte forma:

### MODELO 10.2

$$\min. \sum_i \sum_j c_{ij} x_{ij} + \sum_i f_i Y_i \quad (10.7)$$

**Sujeito a:**

$$\sum_j x_{ij} \leq S_i Y_i \quad \forall i \quad (10.8)$$

$$\sum_i x_{ij} \geq D_j \quad \forall j \quad (10.9)$$

$$\sum_i Y_i = 2 \quad (10.10)$$

$$x_{ij} \geq 0 \quad (10.11)$$

$$Y_i = \{0, 1\} \quad (10.12)$$

Onde:

$x_{ij}$: Fluxo do fornecedor i para o cliente j

$c_{ij}$: Matriz de custo de envio do fornecedor i para o cliente j

$S_i$: Capacidade dos fornecedores

$D_j$: Demanda dos clientes

$f_i$: Investimento inicial do fornecedor

$Y_i$: 1, se o fornecedor i é escolhido, e 0, caso contrário.

A Figura 10.3 mostra a modelagem desse problema no Excel.

**FIGURA 10.3**

## Formulação do Modelo 10.2 no Excel

| | A | B | C | D | E | F | G | H | I | J | K | L | M |
|---|---|---|---|---|---|---|---|---|---|---|---|---|---|
| 1 | Função objetivo | | | | | | | | | | | | |
| 2 | Coeficientes | | | | | | | | | | | | |
| 3 | 8 | 7 | 6 | 3 | 2 | 1 | 15 | 3 | 10 | 2000 | 3000 | 1000 | Fórmula |
| 4 | x11 | x12 | x13 | x21 | x22 | x23 | x31 | x32 | x33 | y1 | y2 | y3 | 0 |
| 5 | | | | Variáveis de decisão | | | | | | | | | |
| 6 | x11 | x12 | x13 | x21 | x22 | x23 | x31 | x32 | x33 | y1 | y2 | y3 | |
| 7 | | | | | | | | | | | | | |
| 8 | | | | | | Restrições | | | | | | | |
| 9 | | | | | Coeficientes | | | | | | | | |
| 10 | x11 | x12 | x13 | x21 | x22 | x23 | x31 | x32 | x33 | Sinais | Fórmulas | Totais | |
| 11 | 1 | 1 | 1 | | | | | | | <= | 0 | 0 | |
| 12 | | | | 1 | 1 | 1 | | | | <= | 0 | 0 | |
| 13 | | | | | | | 1 | 1 | 1 | <= | 0 | 0 | |
| 14 | 1 | | | 1 | | | 1 | | | >= | 0 | 130 | |
| 15 | | 1 | | | 1 | | | 1 | | >= | 0 | 270 | |
| 16 | | | 1 | | | 1 | | | 1 | >= | 0 | 200 | |
| 17 | | | | | | | | | | | | | |

Fonte: O autor.

Em relação às planilhas já desenvolvidas nos modelos anteriores, a Tabela 10.3 exibe as fórmulas que contêm diferenças.

**TABELA 10.3**

## Fórmulas das células

| FÓRMULA | CÉLULA |
|---|---|
| K11 | =300*L7 |
| K12 | =300*L7 |
| K13 | =100*L7 |

Fonte: O autor.

A Figura 10.4 exibe os parâmetros lançados no Solver.

**FIGURA 10.4** Parâmetros lançados no Solver

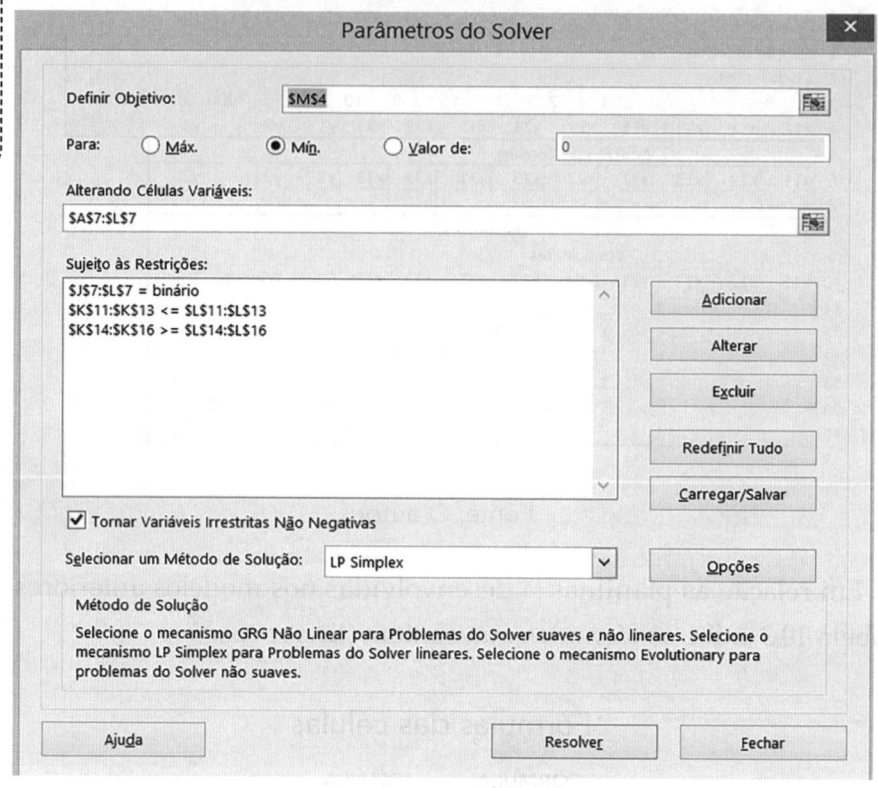

```
Parâmetros do Solver                                              ×

Definir Objetivo:            $M$4

Para:   ○ Máx.   ● Mín.   ○ Valor de:   0

Alterando Células Variáveis:
$A$7:$L$7

Sujeito às Restrições:
$J$7:$L$7 = binário                              Adicionar
$K$11:$K$13 <= $L$11:$L$13
$K$14:$K$16 >= $L$14:$L$16                       Alterar

                                                 Excluir

                                                 Redefinir Tudo

                                                 Carregar/Salvar

☑ Tornar Variáveis Irrestritas Não Negativas

Selecionar um Método de Solução:   LP Simplex ▼   Opções

Método de Solução
Selecione o mecanismo GRG Não Linear para Problemas do Solver suaves e não lineares. Selecione o
mecanismo LP Simplex para Problemas do Solver lineares. Selecione o mecanismo Evolutionary para
problemas do Solver não suaves.

    Ajuda                              Resolver         Fechar
```

Fonte: O autor.

A solução do problema é exibida na Figura 10.5.

**FIGURA 10.5**

### Solução do Modelo 10.2

| | A | B | C | D | E | F | G | H | I | J | K | L | M |
|---|---|---|---|---|---|---|---|---|---|---|---|---|---|
| 1 | Função objetivo | | | | | | | | | | | | |
| 2 | Coeficientes | | | | | | | | | | | | |
| 3 | 8 | 7 | 6 | 3 | 2 | 1 | 15 | 3 | 10 | 2000 | 3000 | 1000 | Fórmula |
| 4 | x11 | x12 | x13 | x21 | x22 | x23 | x31 | x32 | x33 | y1 | y2 | y3 | 7630 |
| 5 | | | | Variáveis de decisão | | | | | | | | | |
| 6 | x11 | x12 | x13 | x21 | x22 | x23 | x31 | x32 | x33 | y1 | y2 | y3 | |
| 7 | 0 | 100 | 200 | 130 | 170 | 0 | 0 | 0 | 0 | 1 | 1 | 0 | |
| 8 | | | | | | Restrições | | | | | | | |
| 9 | | | | | | Coeficientes | | | | | | | |
| 10 | x11 | x12 | x13 | x21 | x22 | x23 | x31 | x32 | x33 | Sinais | Fórmulas | Totais | |
| 11 | 1 | 1 | 1 | | | | | | | <= | 300 | 300 | |
| 12 | | | | 1 | 1 | 1 | | | | <= | 300 | 300 | |
| 13 | | | | | | | 1 | 1 | 1 | <= | 0 | 0 | |
| 14 | 1 | | | 1 | | | 1 | | | >= | 130 | 130 | |
| 15 | | 1 | | | 1 | | | 1 | | >= | 270 | 270 | |
| 16 | | | 1 | | | 1 | | | 1 | >= | 200 | 200 | |

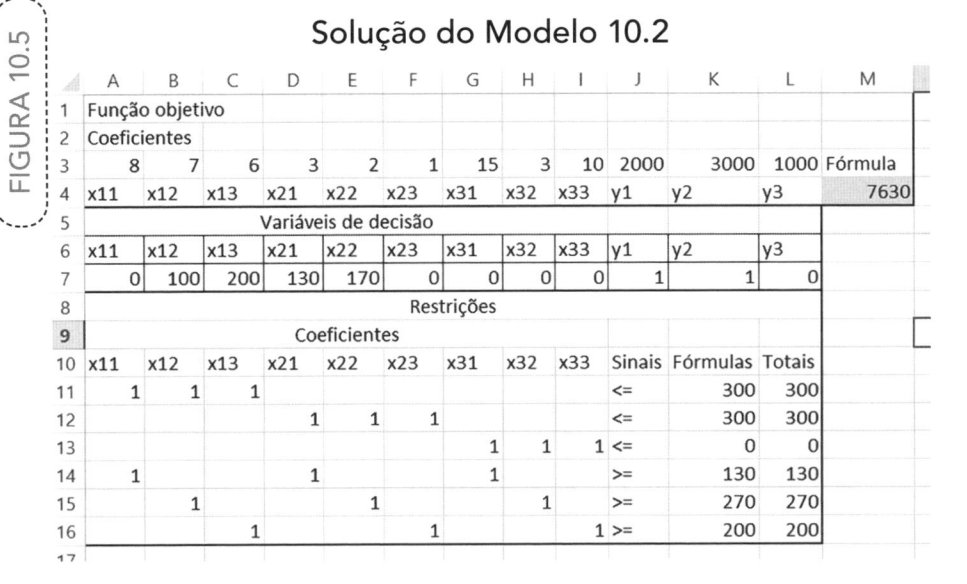

Fonte: O autor.

É possível notar na solução que apenas os fornecedores 1 e 2 farão parte da rede, sendo que o primeiro fornece para os clientes 2 e 3, e o segundo, para os clientes 1 e 2.

No LINGO, a solução do problema pode ser obtida com o *script*:

```
min = 8*x11+7*x12+6*x13+3*x21+2*x22+x23+15*x31+3*x32+10*x33+
      2000*y1+3000*y2+1000*y3;

      x11+x12+x13<=300*y1;
      x21+x22+x23<=300*y2;
      x31+x32+x33<=100*y3;
      x11+x21+x31>=130;
      x12+x22+x32>=270;
      x13+x23+x33>=200;
      y1+y2+y3=2;
      @BIN(y1);@BIN(y2);@BIN(y3);
      x11>=0;x12>=0;x13>=0;x21>=0;x22>=0;x23>=0;
      x31>=0;x32>=0;x33>=0;
```

A solução obtida no LINGO tem a mesma função objetivo da solução do Excel, alterando-se os resultados das variáveis de decisão:

```
Objective value:                          7630.000
Model Class:                                 MILP
                        Variable       Value         Reduced Cost
                        X11          30.00000        0.000000
                        X12         270.0000         0.000000
                        X13           0.000000       0.000000
                        X21         100.0000         0.000000
                        X22           0.000000       0.000000
                        X23         200.0000         0.000000
                        X31           0.000000      11.00000
                        X32           0.000000       0.000000
                        X33           0.000000       8.000000
                        Y1            1.000000    2000.000
                        Y2            1.000000    1500.000
                        Y3            0.000000     600.0000
```

No GAMS, o modelo pode ser redigido da seguinte forma:

```
 1  Set
 2  i fornecedor / f1, f2, f3/
 3  j cliente / c1, c2, c3/
 4
 5  Parameters d(j) / c1 130, c2 270, c3 200/
 6              s(i) / f1 300, f2 300, f3 100/
 7              f(i) /f1 2000, f2 3000, f3 1000/;
 8
 9
10  Table    c(i,j)
11            c1     c2    c3
12  f1        8      7     6
13  f2        3      2     1
14  f3       15      3    10    ;
15
16  Positive Variables x(i,j);
17  Binary Variable y(i);
18  Variables Custo;
19
20  Equations       FO
21                  Capacidade
22                  Demanda
23                  Escolha;
24
25  FO..            Custo =e=
sum((i,j),c(i,j)*x(i,j))+sum((i),y(i)*f(i));
26  Capacidade(i)..    sum(j, x(i,j)) =l= s(i)*y(i);
27  Demanda(j)..       sum(i, x(i,j)) =g= d(j);
28  Escolha..          sum((i),y(i)) =e=2;
29
30  Model Modelo10_2 /all/;
31  solve Modelo10_2 using mip minimizing Custo;
32  display Custo.l, x.l, y.l;
```

A solução do GAMS apresenta o mesmo valor de função objetivo com variações nos valores das variáveis de decisão.

```
----     32 VARIABLE Custo.L          =      7630.000

----     32 VARIABLE x.L

              c1           c2           c3
f1       130.000      170.000
f2                    100.000      200.000

----     32 VARIABLE y.L

f1 1.000,     f2 1.000
```

Variações desse modelo podem contemplar diversas possibilidades. As próximas seções trazem variações desse modelo.

## MODELO COM FONTE ÚNICA DE SUPRIMENTO

Uma variação do modelo de escolha da fonte de suprimento com custo fixo de abertura é condicionar o fornecimento dos itens de um único fornecedor. Neste caso, muda-se de um modelo de fluxo para um de programação binária.

Considere, por exemplo, o caso em que o cliente deva ser suprido por uma fonte única de fornecimento. Os dados do problema são exibidos na Tabela 10.4.

**TABELA 10.4**

## Dados do problema

| | INVESTIMENTO INICIAL | CAPACIDADE | DISTÂNCIA | | |
| --- | --- | --- | --- | --- | --- |
| | | | CLIENTE1 | CLIENTE2 | CLIENTE3 |
| Fornecedor 1 | 2.000 | 300 | 8 | 7 | 6 |
| Fornecedor 2 | 3.000 | 300 | 3 | 2 | 1 |
| Fornecedor 3 | 1.000 | 300 | 15 | 3 | 10 |
| | | Demanda | 130 | 270 | 200 |

Fonte: O autor.

Considerando a formulação do Modelo 10.2, o modelo alterado para essa condição pode ser redigido da seguinte forma:

**MODELO 10.3**

$$\min. \sum_i \sum_j D_j c_{ij} x_{ij} + \sum_i f_i Y_i \quad (10.13)$$

**Sujeito a:**

$$\sum_i x_{ij} = 1 \quad (10.14)$$

$$\sum_j D_j x_{ij} \leq S_i Y_i \quad (10.15)$$

$$x_{ij}, Y_i \in \{0, 1\} \quad (10.16)$$

Onde:

$x_{ij}$ = 1, se o cliente j é atendido pelo fornecedor i, e 0, caso contrário

A descrição das outras variáveis é equivalente ao Modelo 10.2.

Note que houve alteração na função objetivo com a inclusão da demanda (Equação 10.13) para que a variável de decisão de escolha da alocação considere seu valor. A Equação 10.14 assegura que cada cliente seja atribuído a apenas um fornecedor. A restrição da Equação 10.15 garante que não haverá uso excessivo de capacidade. A última restrição (Equação 10.16) condiciona que as variáveis de decisão sejam binárias.

No Excel, esse problema pode ser parametrizado e solucionado conforme mostra a Figura 10.6. A função objetivo (célula M4) deve conter a seguinte fórmula:

$$= \text{SOMARPRODUTO (J3:L3;J7:L7)} + \text{SOMARPRODUTO (A18:I18;A3:I3;A7:I7)}$$

**FIGURA 10.6**

### Solução do problema no Excel

| | A | B | C | D | E | F | G | H | I | J | K | L | M |
|---|---|---|---|---|---|---|---|---|---|---|---|---|---|
| 4 | x11 | x12 | x13 | x21 | x22 | x23 | x31 | x32 | x33 | y1 | y2 | y3 | 8050 |
| 5 | | | | | Variáveis de decisão | | | | | | | | |
| 6 | x11 | x12 | x13 | x21 | x22 | x23 | x31 | x32 | x33 | y1 | y2 | y3 | |
| 7 | 1 | 0 | 0 | 0 | 0 | 1 | 0 | 1 | 0 | 1 | 1 | 1 | |
| 8 | | | | | | Restrições | | | | | | | |
| 9 | | | | | | Coeficientes | | | | | | | |
| 10 | x11 | x12 | x13 | x21 | x22 | x23 | x31 | x32 | x33 | Sinais | Fórm | Totais | |
| 11 | 1 | 1 | 1 | | | | | | | <= | 130 | 300 | |
| 12 | | | | 1 | 1 | 1 | | | | <= | 200 | 300 | |
| 13 | | | | | | | 1 | 1 | 1 | <= | 270 | 300 | |
| 14 | 1 | | | 1 | | | 1 | | | = | 1 | 1 | |
| 15 | | 1 | | | 1 | | | 1 | | = | 1 | 1 | |
| 16 | | | 1 | | | 1 | | | 1 | = | 1 | 1 | |
| 17 | | | | | | Demanda | | | | | | | |
| 18 | 130 | 270 | 200 | 130 | 270 | 200 | 130 | 270 | 200 | | | | |
| 19 | | | | | | | | | | | | | |

Fonte: O autor.

Note na solução que o fornecedor 1 distribui ao cliente 1; o fornecedor 2, ao cliente 3; e o fornecedor 3, ao cliente 2. Veja, ainda, que a condição de fornecedor único aumenta o custo total, comparado com o caso em que há flexibilidade apresentado no Modelo 10.2.

No LINGO, esse modelo pode ser redigido da seguinte forma, em que se obtém solução semelhante:

```
min = 130*8*x11+270*7*x12+200*6*x13+130*3*x21+270*2*x22+
      200*x23+130*15*x31+270*3*x32+200*10*x33+
      2000*y1+3000*y2+1000*y3;

      130*x11+270*x12+200*x13<=300*y1;
      130*x21+270*x22+200*x23<=300*y2;
      130*x31+270*x32+200*x33<=300*y3;
      x11+x21+x31=1;
      x12+x22+x32=1;
      x13+x23+x33=1;
      @BIN(y1);@BIN(y2);@BIN(y3);
      @BIN(x11);@BIN(x12);@BIN(x13);@BIN(x21);@BIN(x22);
      @BIN(x23);@BIN(x31);@BIN(x32);@BIN(x33);
```

Solução similar também é obtida no GAMS com o seguinte *script*:

```
 1  Set
 2  i fornecedor / f1, f2, f3/
 3  j cliente / c1, c2, c3/
 4
 5  Parameters d(j) / c1 130, c2 270, c3 200/
 6             s(i) / f1 300, f2 300, f3 300/
 7             f(i) /f1 2000, f2 3000, f3 1000/;
 8
 9  Table    c(i,j)
10            c1     c2     c3
11  f1        8      7      6
12  f2        3      2      1
13  f3        15     3      10    ;
14
15  Binary Variable y(i),x(i,j);
16  Variables Custo;
17
18  Equations       FO
19                  Capacidade
20                  Demanda;
21
22  FO.. Custo =e= sum((i,j),d(j)*c(i,j)*x(i,j))+sum((i),y(i)*f(i));
23  Capacidade(i)..    sum(j, d(j)*x(i,j)) =l= s(i)*y(i);
24  Demanda(j)..       sum(i, x(i,j)) =e= 1;
25
26  Model Modelo10_3 /all/;
27  Solve Modelo10_3 using mip minimizing Custo;
28  Display Custo.l, x.l, y.l;
```

A próxima seção traz o problema em que é necessário decidir sobre múltiplas capacidades.

## FORNECEDORES COM DIFERENTES CAPACIDADES

Considere outro exemplo em que uma empresa precisa decidir dentre instalar fábricas com diferentes capacidades e diferentes custos de implantação.

Os dados do problema são exibidos na Tabela 10.5.

**TABELA 10.5**

### Dados do problema

| | | Fornecedor 1 | Fornecedor 2 | Fornecedor 3 | |
|---|---|---|---|---|---|
| | INVESTIMENTO CAPACIDADE 1 | 2.000 | 3.000 | 1.000 | |
| | CAPACIDADE 1 | 300 | 300 | 100 | |
| | INVESTIMENTO CAPACIDADE 2 | 4.000 | 6.000 | 2.000 | |
| | CAPACIDADE 2 | 600 | 600 | 200 | Demanda |
| DISTÂNCIA | CLIENTE 1 | 8 | 3 | 15 | 130 |
| | CLIENTE 2 | 7 | 2 | 3 | 270 |
| | CLIENTE 3 | 6 | 1 | 10 | 200 |

Fonte: O autor.

Para considerar tais cenários de diferentes capacidades, pode-se desenvolver o seguinte modelo:

**MODELO 10.4**

$$\min. \sum_i \sum_j c_{ij} x_{ij} + \sum_i f_i Y_i \sum_i m_i K_i$$

**Sujeito a:**

$$\sum_j x_{ij} \leq S_i Y_i + H_i K_i \quad \forall i \in S$$

$$\sum_i x_{ij} \geq D_j \quad \forall j \in D$$

$$x_{ij} \geq 0 \quad \forall ij$$

$$Y_i = \{0,1\} \quad \forall i$$

$$K_i = \{0,1\} \quad \forall i$$

Onde:

$x_{ij}$: Fluxo do fornecedor i para o cliente j

$c_{ij}$: Matriz de custo de envio do fornecedor i para o cliente j

$S_i$: Capacidade 1 dos fornecedores

$H_i$: Capacidade 2 dos fornecedores

$D_j$: Demanda dos clientes

$f_i$: Investimento inicial do fornecedor na capacidade 1

$m_i$: Investimento inicial do fornecedor na capacidade 2

$Y_i$: Fornecedor escolhido com capacidade 1

$K_i$: Fornecedor escolhido com capacidade 1

O Modelo 10.4 pode ser formulado no Excel conforme mostra a Figura 10.7.

**FIGURA 10.7**

## Modelo 10.4 formulado no Excel

| | A | B | C | D | E | F | G | H | I | J | K | L | M | N | O | P |
|---|---|---|---|---|---|---|---|---|---|---|---|---|---|---|---|---|
| 1 | Função objetivo | | | | | | | | | | | | | | | |
| 2 | Coeficientes | | | | | | | | | | | | | | | |
| 3 | 8 | 7 | 6 | 3 | 2 | 1 | 15 | 3 | 10 | 2000 | 3000 | 1000 | 4000 | 6000 | 2000 | Fórmula |
| 4 | x11 | x12 | x13 | x21 | x22 | x23 | x31 | x32 | x33 | y1 | y2 | y3 | k1 | k2 | k3 | 0 |
| 5 | | | | | | Variáveis de decisão | | | | | | | | | | |
| 6 | x11 | x12 | x13 | x21 | x22 | x23 | x31 | x32 | x33 | y1 | y2 | y3 | k1 | k2 | k3 | |
| 7 | | | | | | | | | | | | | | | | |
| 8 | | | | | | Restrições | | | | | | | | | | |
| 9 | | | | Coeficientes | | | | | | | | | | | | |
| 10 | x11 | x12 | x13 | x21 | x22 | x23 | x31 | x32 | x33 | Sinais | Fórmulas | Totais | | | | |
| 11 | 1 | 1 | 1 | | | | | | | <= | 0 | 0 | | | | |
| 12 | | | | 1 | 1 | 1 | | | | <= | 0 | 0 | | | | |
| 13 | | | | | | | 1 | 1 | 1 | <= | 0 | 0 | | | | |
| 14 | 1 | | | 1 | | | 1 | | | >= | 0 | 130 | | | | |
| 15 | | 1 | | | 1 | | | 1 | | >= | 0 | 270 | | | | |
| 16 | | | 1 | | | 1 | | | 1 | >= | 0 | 200 | | | | |

Fonte: O autor.

Note que serão utilizadas variáveis de decisão $x$, $y$ e $k$, com seus respectivos índices. A função objetivo multiplica todas essas variáveis pelos seus respectivos coeficientes.

As fórmulas das restrições de fornecimento são exibidas na Tabela 10.6.

**TABELA 10.6**

### Fórmulas das restrições de fornecimento

| Célula | Fórmula |
|---|---|
| L11 | =300*J7+600*M7 |
| L12 | =300*K7+600*N7 |
| L13 | =100*L7+200*O7 |

Fonte: O autor.

A solução do Modelo 10.4 é exibida na Figura 10.8.

**FIGURA 10.8** Solução do Modelo 10.4 no Excel

| | A | B | C | D | E | F | G | H | I | J | K | L | M | N | O | P |
|---|---|---|---|---|---|---|---|---|---|---|---|---|---|---|---|---|
| 1 | Função objetivo | | | | | | | | | | | | | | | |
| 2 | Coeficientes | | | | | | | | | | | | | | | |
| 3 | 8 | 7 | 6 | 3 | 2 | 1 | 15 | 3 | 10 | 2000 | 3000 | 1000 | 4000 | 6000 | 2000 | Fórmula |
| 4 | x11 | x12 | x13 | x21 | x22 | x23 | x31 | x32 | x33 | y1 | y2 | y3 | k1 | k2 | k3 | 7130 |
| 5 | | | | | | Variáveis de decisão | | | | | | | | | | |
| 6 | x11 | x12 | x13 | x21 | x22 | x23 | x31 | x32 | x33 | y1 | y2 | y3 | k1 | k2 | k3 | |
| 7 | 0 | 0 | 0 | 130 | 270 | 200 | 0 | 0 | 0 | 0 | 0 | 0 | 0 | 1 | 0 | |
| 8 | | | | | | Restrições | | | | | | | | | | |
| 9 | | | | | Coeficientes | | | | | | | | | | | |
| 10 | x11 | x12 | x13 | x21 | x22 | x23 | x31 | x32 | x33 | Sinais | Fórmulas | Totais | | | | |
| 11 | 1 | 1 | 1 | | | | | | | <= | 5,7E-14 | 0 | | | | |
| 12 | | | | 1 | 1 | 1 | | | | <= | 600 | 600 | | | | |
| 13 | | | | | | | 1 | 1 | 1 | <= | 0 | 0 | | | | |
| 14 | 1 | | | 1 | | | 1 | | | >= | 130 | 130 | | | | |
| 15 | | 1 | | | 1 | | | 1 | | >= | 270 | 270 | | | | |
| 16 | | | 1 | | | 1 | | | 1 | >= | 200 | 200 | | | | |

Fonte: O autor.

Note que a solução ótima é que apenas o segundo fornecedor atenda os três clientes com o segundo cenário de capacidade. Essa mesma solução pode ser obtida no LINGO com o seguinte *script*:

```
min = 8*x11+7*x12+6*x13+3*x21+2*x22+x23+15*x31+3*x32+10*x33+
      2000*y1+3000*y2+1000*y3+
      4000*k1+6000*k2+2000*k3;

x11+x12+x13<=300*y1+600*k1;
x21+x22+x23<=300*y2+600*k2;
x31+x32+x33<=100*y3+200*k3;
x11+x21+x31>=130;
x12+x22+x32>=270;
x13+x23+x33>=200;
@BIN(y1);@BIN(y2);@BIN(y3);@BIN(k1);@BIN(k2);@BIN(k3);
x11>=0;x12>=0;x13>=0;x21>=0;x22>=0;x23>=0;
x31>=0;x32>=0;x33>=0;
```

No GAMS, a mesma solução é alcançada com o código:

```
1   Set
2   i fornecedor / f1, f2, f3/
3   j cliente / c1, c2, c3/
4
5   Parameters d(j) / c1 130, c2 270, c3 200/
6              s(i) / f1 300, f2 300, f3 100/
7              H(i) /f1 600, f2 600, f3 200/
8              m(i) /f1 4000, f2 6000, f3 2000/
9              f(i) /f1 2000, f2 3000, f3 1000/;
10
11  Table    c(i,j)
12          c1    c2    c3
13  f1      8     7     6
14  f2      3     2     1
15  f3      15    3     10   ;
16
17  Positive Variables x(i,j);
18  Binary Variable y(i), k(i);
19  Variables Custo;
20
21  Equations       FO
22                  Capacidade
23                  Demanda;
24
25  FO..Custo=e=
sum((i,j),c(i,j)*x(i,j))+sum((i),y(i)*f(i))+sum((i),k(i)*m(i));
26  Capacidade(i)..    sum(j, x(i,j)) =l= s(i)*y(i)+H(i)*k(i);
27  Demanda(j)..       sum(i, x(i,j)) =g= d(j);
28
29
30  Model Modelo10_4 /all/;
31  solve Modelo10_4 using mip minimizing Custo;
32  display Custo.L, x.L, y.L, k.L;
```

A seção a seguir traz o caso em que é necessário avaliar múltiplos produtos.

## LOCALIZAÇÃO E TRANSPORTE COM MÚLTIPLOS PRODUTOS

Uma variação importante do Modelo 10.2 é quando se necessita avaliar a estrutura ótima da rede quando ela trata de vários produtos.

Na formulação desse modelo, é necessário obter informações dos custos de transporte, demanda e capacidades para cada um dos produtos. A Tabela 10.7 mostra os dados referentes à uma rede de suprimento para dois produtos (p1 e p2).

**TABELA 10.7** Dados do problema de transporte para múltiplos produtos

| | INVESTIMENTO INICIAL | CAPACIDADE | | CLIENTE 1 | | DISTÂNCIA CLIENTE 2 | | CLIENTE 3 | |
| --- | --- | --- | --- | --- | --- | --- | --- | --- | --- |
| | | P1 | P2 | P1 | P2 | P1 | P2 | P1 | P2 |
| Fornecedor 1 | 2.000 | 300 | 300 | 8 | 2 | 7 | 5 | 6 | 4 |
| Fornecedor 2 | 3.000 | 300 | 300 | 3 | 4 | 2 | 7 | 1 | 6 |
| Fornecedor 3 | 1.000 | 100 | 400 | 15 | 13 | 3 | 8 | 10 | 1 |
| | | | Demanda | 130 | 200 | 270 | 350 | 200 | 450 |

Fonte: O autor.

A inclusão de diferentes produtos na formulação do modelo de programação linear pode ser feita da seguinte forma:

$$\text{mín.} \sum_i \sum_j \sum_p c_{ijp} x_{ijp} + \sum_i f_i Y_i$$

**Sujeito a:**

$$\sum_j x_{ijp} \leq S_{ip} Y_i \quad \forall i, p$$

$$\sum_i x_{ijp} \geq D_{jp} \quad \forall j, p$$

$$x_{ijp} \geq 0$$

$$Y_i = \{0, 1\}$$

Onde:

$p$: Índice relacionado a produtos

$x_{ijp}$: Fluxo produto p, do fornecedor i para o cliente j

$c_{ijp}$: Matriz de custo de envio do produto p do fornecedor i para o cliente j

$S_{ip}$: Capacidade do produto p do fornecedor i

$D_{jp}$: Demanda do produto p do cliente j

$f_i$: Investimento inicial do fornecedor

$Y_i$: 1, se o fornecedor i é escolhido, e 0, caso contrário

No GAMS, a solução do problema pode ser realizada da seguinte forma:

```
1   Set
2   i fornecedor / f1, f2, f3/
3   j cliente / c1, c2, c3/
4   p produtos /p1, p2/;
5
6   Parameter f(i) /f1 2000, f2 3000, f3 1000/;
7
8   Table d(j,p)
9           p1      p2
10  c1      130     200
11  c2      270     350
12  c3      200     450;
13
14  Table s(i,p)
15          p1      p2
16  f1      300     300
17  f2      300     300
18  f3      100     400 ;
19
20  Table   c(i,j,p)
21          c1.p1   c1.p2   c2.p1   c2.p2   c3.p1   c3.p2
22  f1      8       2       7       5       6       4
23  f2      3       4       2       7       1       6
24  f3      15      13      3       8       10      1       ;
25
26  Positive Variables x(i,j,p);
27  Binary Variable y(i);
28  Variables Custo;
29
30  Equations       FO
31                  Capacidade
32                  Demanda;
33
34  FO..Custo =e= sum((i,j,p),c(i,j,p)*x(i,j,p))+sum((i),y(i)*f(i));
35  Capacidade(i,p)..    sum(j, x(i,j,p)) =l= s(i,p)*y(i);
36  Demanda(j,p)..       sum(i, x(i,j,p)) =g= d(j,p);
37
38
39  Model Exemplo10_2_multi /all/;
40  solve Exemplo10_2_multi using mip minimizing Custo;
41  display Custo.l, x.l, y.l;
```

A solução obtida pelo GAMS apresenta a seguinte estrutura ótima dessa rede:

```
----      41 VARIABLE  Custo.L          =   11580.000
----      41 VARIABLE  x.L
                p1           p2
f1.c1      130.000
f1.c2       70.000      250.000
f1.c3                    50.000
f2.c1                   200.000
f2.c2      100.000      100.000
f2.c3      200.000
f3.c2      100.000
f3.c3                   400.000
```

## LOCALIZAÇÃO E TRANSPORTE COM CUSTOS DE ESTOCAGEM

O modelo da seção anterior também pode ser alterado de forma a adicionar os custos de estocagem incorridos pela estrutura da rede de distribuição. Podem ser adicionados no modelo custos de estoque do fornecedor e custo de estoque em trânsito.

Considerando a estrutura do modelo com múltiplos produtos visto na seção anterior, o custo de estoque em trânsito pode ser adicionado à função objetivo por meio do seguinte termo:

$$\sum_i \sum_j \sum_p e_p L_{ijp} x_{ijp}$$

Onde:

$e_p$: custo unitário do estoque em trânsito do produto $p$

$L_{ijp}$: Lead time médio de envio do produto p do fornecedor i ao cliente j

O custo de estoque do fornecedor pode ser adicionado à função objetivo por meio da seguinte expressão:

$$\sum_i \sum_j \sum_p 0{,}5(cs_{ip} x_{ijp} / G_{ijp})$$

Onde:

$cs_{ip}$: Custo de estoque de ciclo do produto p no fornecedor i

$G_{ijp}$: Frequência de envio do produto p do fornecedor i ao cliente j

Em complemento aos dados da seção anterior, a Tabela 10.8 exibe os dados complementares de custos de estocagem para incluir os dois termos apresentados à função objetivo do modelo da seção anterior.

### TABELA 10.8 Lead time e frequência de envio

|  |  | CLIENTE1 | | CLIENTE2 | | CLIENTE3 | |
|---|---|---|---|---|---|---|---|
|  |  | P1 | P2 | P1 | P2 | P1 | P2 |
| Lead time (dias) | Fornecedor 1 | 2 | 3 | 4 | 5 | 2 | 5 |
|  | Fornecedor 2 | 3 | 2 | 5 | 4 | 3 | 4 |
|  | Fornecedor 3 | 5 | 4 | 2 | 3 | 3 | 2 |
| Frequência de envio (dias) | Fornecedor 1 | 3 | 4 | 5 | 6 | 2 | 7 |
|  | Fornecedor 2 | 4 | 3 | 6 | 5 | 4 | 3 |
|  | Fornecedor 3 | 7 | 5 | 3 | 4 | 7 | 5 |

Fonte: O autor.

Considere que o custo unitário de estoque em trânsito é de R$0,01 para o produto 1 e R$0,05 para o produto 2. O custo do estoque de ciclo é apresentado na Tabela 10.9.

### TABELA 10.9 Custo de estoque de ciclo dos produtos

|  | P1 (R$) | P2 (R$) |
|---|---|---|
| Fornecedor 1 | 0,10 | 0,12 |
| Fornecedor 2 | 0,15 | 0,15 |
| Fornecedor 3 | 0,14 | 0,20 |

Fonte: O autor.

No GAMS, o modelo de localização e transporte com múltiplos produtos e custos de estocagem pode ser escrito da seguinte forma:

```
1   Set
2   i fornecedor / f1, f2, f3/
3   j cliente / c1, c2, c3/
4   p produtos /p1, p2/;
5
6   Parameter f(i) /f1 2000, f2 3000, f3 1000/
7             e(p) /p1 0.01, p2 0.05/;
8
9   Table d(j,p)
10         p1    p2
11   c1   130   200
12   c2   270   350
13   c3   200   450;
14
15  Table s(i,p)
16        p1    p2
17   f1  300   300
18   f2  300   300
19   f3  100   400 ;
20
21  Table cc(i,p)
22        p1     p2
23   f1  0.10   0.12
24   f2  0.15   0.15
25   f3  0.14   0.20 ;
26
27  Table   c(i,j,p)
28         c1.p1  c1.p2  c2.p1  c2.p2  c3.p1  c3.p2
29   f1     8      2      7      5      6      4
30   f2     3      4      2      7      1      6
31   f3    15     13      3      8     10      1      ;
32
33  Table L(i,j,p)
34         c1.p1  c1.p2  c2.p1  c2.p2  c3.p1  c3.p2
35   f1     2      3      4      5      2      5
36   f2     3      2      5      4      3      4
37   f3     5      4      2      3      3      2      ;
38
39  Table G(i,j,p)
40         c1.p1  c1.p2  c2.p1  c2.p2  c3.p1  c3.p2
41   f1     3      4      5      6      2      7
42   f2     4      3      6      5      4      3
43   f3     7      5      3      4      7      5  ;
44
45  Positive Variables x(i,j,p);
46  Binary Variable y(i);
47  Variables Custo;
48
49  Equations       FO
50                  Capacidade
51                  Demanda;
52
53  FO..Custo =e= sum((i,j,p),c(i,j,p)*x(i,j,p))+sum((i),y(i)*f(i))
54
+sum((i,j,p),e(p)*L(i,j,p)*x(i,j,p))+sum((i,j,p),0.5*(cc(i,p)*x(i,j,p)
/G(i,j,p)));
55  Capacidade(i,p)..    sum(j, x(i,j,p)) =l= s(i,p)*y(i);
56  Demanda(j,p)..       sum(i, x(i,j,p)) =g= d(j,p);
57
58
59  Model Exemplo10_2_multi_est /all/;
60  solve Exemplo10_2_multi_est using mip minimizing Custo;
61  display Custo.l, x.l, y.l;
```

No relatório de solução, é possível verificar que, quando comparada ao modelo anterior, a estrutura ótima de fornecimento é alterada devido aos custos de estocagem:

```
----      61 VARIABLE Custo.L         =      11779.987

----      61 VARIABLE x.L

                  p1           p2

    f1.c1     30.000      200.000
    f1.c2    170.000       50.000
    f1.c3                  50.000
    f2.c1    100.000
    f2.c2                 300.000
    f2.c3    200.000
    f3.c2    100.000
    f3.c3                 400.000
```

A próxima seção abordará a estrutura de problemas com mais níveis, ou elos, entre fornecimento e consumo.

## Problema da cadeia de suprimentos

A partir dos modelos vistos nas seções anteriores, é possível representar melhor algumas estruturas de cadeias de suprimento reais por meio da adição de intermediários entre o fornecimento e o consumo.

Foi visto na seção "Problema de transbordo", do Capítulo 9, que o problema de transbordo adiciona um intermediário na mediação dos fluxos entre fornecedores e clientes. Contudo, tal modelo não considera as capacidades e custos fixos de instalações de tais intermediários. Adicionando esses elementos a um problema de programação linear, pode-se, por exemplo, resolver o problema de uma cadeia de suprimentos de 4 níveis conforme mostra a Figura 10.9.

**FIGURA 10.9** Exemplo de cadeia de suprimentos com 4 estágios

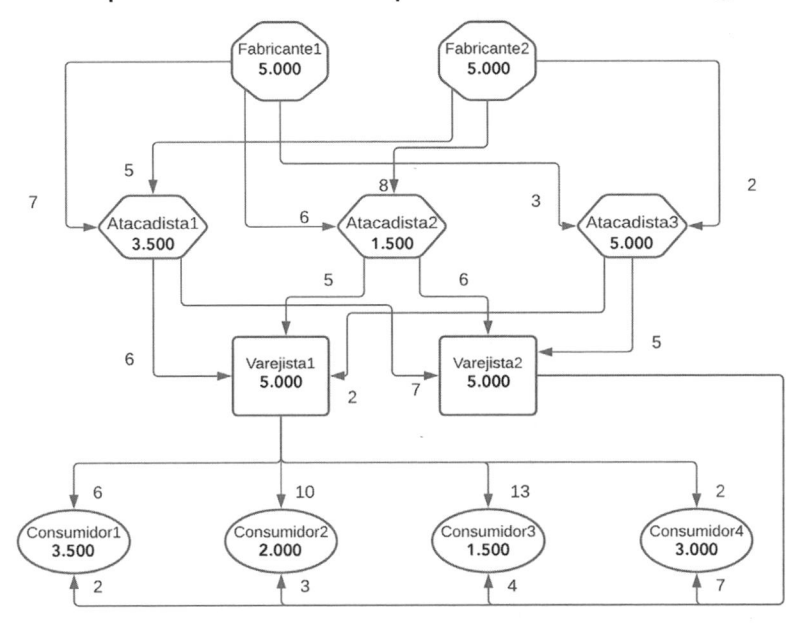

Fonte: O autor.

Os valores associados aos fornecedores, às fábricas e aos distribuidores são suas capacidades, e os valores relativos aos clientes são sua demanda.

Adiciona-se, ainda, a esse problema os custos fixos de abertura de fabricantes e distribuidores, que são, R$3.000, R$6.000 e R$2.500 para os fabricantes 1, 2 e 3, respectivamente, e R$2.000 para o distribuidor 1 e R$3.000 para o distribuidor 2.

Os valores dos arcos são custos de transporte. Essa estrutura de cadeia de suprimentos pode ser modelada da seguinte forma:

## MODELO 10.5

$$\min. \sum_i \sum_k c_{ik} xfo_{ik} + \sum_k \sum_l e_{kl} xfa_{kl} + \sum_l \sum_j n_{lj} xd_{lj} + \sum_k f_k Yf_k + \sum_l g_l Yd_l \quad (10.17)$$

**Sujeito a:**

$$\sum_k xfo_{ik} \leq S_i \quad (10.18)$$

$$\sum_l xd_{lj} \geq D_j \quad (10.19)$$

$$\sum_l xfa_{kl} \leq h_k Yf_k \quad (10.20)$$

$$\sum_j xd_{lj} \leq m_l Yd_l \quad (10.21)$$

$$\sum_i xfo_{ik} - \sum_l xfa_{kl} \geq 0 \quad (10.22)$$

$$\sum_k xfa_{kl} - \sum_j xd_{lj} \geq 0 \quad (10.23)$$

$$xfo_{ik}, xfa_{kl}, xd_{lj} \geq 0 \quad (10.24)$$

$$Yf_k, Yd_l \in \{0, 1\} \quad (10.25)$$

Onde:

$xfo_{ik}$: Fluxo do fornecedor i para o fabricante k

$xfa_{kl}$: Fluxo do fabricante k para o depósito l

$xd_{lj}$: Fluxo do distribuidor l para o cliente j

$c_{ik}$, $e_{kl}$, $n_{lj}$: São as matrizes de custo de envio

$S_i$: Capacidade dos fornecedores

$D_j$: Demanda dos clientes

$f_k$: Custo fixo do fabricante k

$g_l$: Custo fixo do distribuidor l

$Yf_k$: 1, caso o fabricante k seja escolhido, e 0, caso contrário

$Yd_l$: 1, caso o distribuidor l seja escolhido, e 0, caso contrário

$h_k$: Capacidade do fabricante k

$m_l$: Capacidade do distribuidor l

A função objetivo do Modelo 10.5 (Equação 10.17) minimiza o custo total de todos os fluxos da cadeia considerando os custos fixos de utilizar diferentes fabricantes e distribuidores para remeter itens dos fornecedores aos clientes.

As Equações 10.18 e 10.19 garantem que as capacidades dos fornecedores não serão ultrapassadas e que a demanda dos clientes será atendida, respectivamente. As Equações 10.20 e 10.21 restringem os fluxos às capacidades dos fabricantes e distribuidores, respectivamente. As Equações 10.22 e 10.23 fazem com que os fluxos que saem dos fornecedores cheguem aos clientes. Por fim, as Equações 10.24 e 10.25 restringem as variáveis de fluxo para que sejam positivas, e as de escolha sejam binárias.

Esse modelo pode ser implementado no GAMS com o seguinte *script*:

```
1   Set
2   i fornecedor / fo1, fo2/
3   k fabricante /fa1, fa2, fa3/
4   j cliente / c1, c2, c3, c4/
5   l distribuidor / d1, d2/;
6
7   Parameters d(j)demanda cliente/c1 600,c2 900,c3 1300,c4 2000 /
8               s(i) capacidade do fornecedor / fo1 3200, fo2 2800/
9       h(k) capacidade do fabricante /fa1 2000, fa2 1000, fa3 3000/
10              m(l) capacidade do distribuidor / d1 3000, d2 3000 /
11      f(k) custo fixo do fabricante /fa1 3000, fa2 6000, fa3 2500/
12              g(l) custo fixo do distribuidor / d1 2000, d2 3000/;
13
14  Table c(i,k) custo fornecedor para fabricante
15          fa1     fa2     fa3
16  fo1     8       7       3
17  fo2     6       9       2   ;
18
19  Table e(k,l) custo fabricante para distribuidor
20          d1      d2
21  fa1     7       8
22  fa2     5       7
23  fa3     2       6;
24
25  Table n(l,j) custo distribuidor para cliente
26          c1      c2      c3      c4
27  d1      5       9       7       3
28  d2      4       7       8       9;
29
30  Positive Variables xfo(i,k), xfa(k,l),xd(l,j);
31  Binary Variable yf(k),yd(l);
32  Variables Custo;
33
34  Equations  FO, Capacidade, Demanda, Fixo_fabrica, Fixo_deposito,
Equilibrio1, Equilibrio2;
35
36  FO..Custo=e=sum((i,k),c(i,k)*xfo(i,k))+sum((k,l),e(k,l)*xfa(k,l))
37              +sum((l,j),n(l,j)*xd(l,j))+sum((k),yf(k)*f(k))+
38                      sum((l),yd(l)*g(l));
39  Capacidade(i)..     sum(k, xfo(i,k)) =l= s(i);
40  Demanda(j)..        sum(l, xd(l,j)) =g= d(j);
41  Fixo_fabrica(k)..       sum(l, xfa(k,l)) =l= h(k)*yf(k);
42  Fixo_deposito(l)..      sum(j, xd(l,j)) =l= m(l)*yd(l);
43  Equilibrio1(k)..        sum(i, xfo(i,k))-sum(l, xfa(k,l))=g=0;
44  Equilibrio2(l)..        sum(k, xfa(k,l))-sum(j, xd(l,j))=g=0;
45
46  Model Modelo10_5 /all/;
47  solve Modelo10_5 using mip minimizing Custo;
48  display Custo.l, xfo.l, xfa.l,xd.l;
```

A solução apresentada pelo GAMS estabelece a seguinte estrutura como ótima:

```
----        48 VARIABLE Custo.L           =    73800.000

----        48 VARIABLE xfo.L
                  fa1         fa3
fo1                      2000.000
fo2           1800.000   1000.000

----        48 VARIABLE xfa.L
                   d1          d2
fa1                      1800.000
fa3           3000.000

----        48 VARIABLE xd.L
                   c1          c2          c3          c4
d1                                   1000.000    2000.000
d2             600.000     900.000    300.000
```

Veja na solução que a fábrica 2 não foi utilizada.

Esse modelo considerou que apenas os distribuidores estavam habilitados a distribuir para os clientes. A próxima seção apresenta um modelo em que não há essa restrição para ilustrar o caso da distribuição direta e indireta.

## Distribuição direta e indireta

Agora veremos o caso de uma estrutura de distribuição em que é possível que um nível acima do intermediário também forneça aos clientes. Tal estrutura é exibida na Figura 10.10.

**FIGURA 10.10**

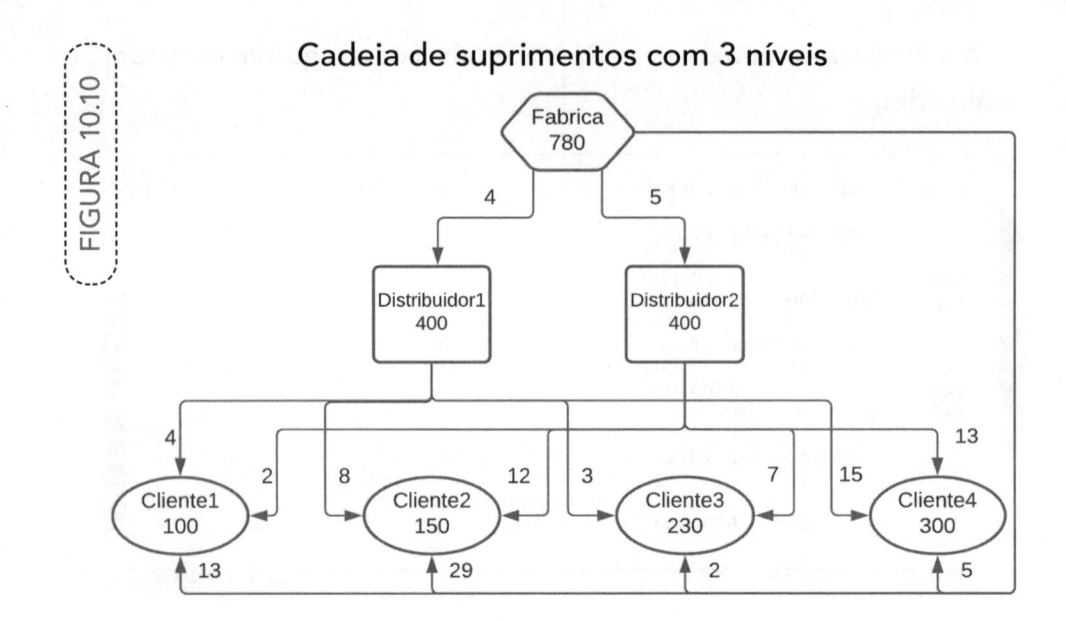

**Cadeia de suprimentos com 3 níveis**

```
                    Fabrica
                     780
                  4       5
                 ↓         ↓
         Distribuidor1   Distribuidor2
             400             400

    4                                        13
    ↓    2      8      12     3      7   15  ↓
  Cliente1    Cliente2     Cliente3      Cliente4
    100        150           230           300
     ↑13        ↑29           ↑2            ↑5
```

Fonte: O autor.

Note que, no modelo da Figura 10.10, diferentemente dos modelos anteriores, é possível que o ponto de fornecimento não utilize o intermediário, sendo este opcional. Tal problema pode ser modelado da seguinte forma:

## MODELO 10.6

$$\min. \sum_{k} f_k y_k + \sum_{i}\sum_{k} c_{ik} x f_{ik} + \sum_{k}\sum_{j} e_{kj} x d_{kj} + \sum_{i}\sum_{j} n_{ij} x c_{ij} \quad (10.26)$$

**Sujeito a:**

$$\sum_{k} x d_{kj} + \sum_{i} x c_{ij} \geq D_j \quad \forall j \quad (10.27)$$

$$\sum_{j} x c_{i,j} + \sum_{k} x f_{i,k} \leq S_i \quad \forall i \quad (10.28)$$

$$\sum_{j} x d_{k,j} \leq R_k y_k \quad \forall k \quad (10.29)$$

$$\sum_{i} x f_{i,k} - \sum_{j} x d_{k,j} = 0 \quad \forall k \quad (10.30)$$

$$x f_{i,k}, x d_{k,j}, x c_{i,j} \geq 0 \quad (10.31)$$

$$y_k \in \{0, 1\} \quad (10.32)$$

Onde:

$f_k$: Custo associado à abertura do distribuidor k

$y_k$: 1, se o distribuidor k é aberto, e 0, caso contrário

$c_{ik}$, $e_{kj}$, $n_{ij}$: Custos de distribuição da fábrica ao distribuidor, do distribuidor ao cliente e da fábrica ao cliente, respectivamente

$xf_{ik}$, $xd_{kj}$, $xc_{ij}$: Variáveis de decisão dos fluxos da fábrica ao distribuidor, do distribuidor ao cliente, e da fábrica ao cliente, respectivamente

A função objetivo, expressada por meio da Equação 10.26, minimiza o custo total dos fluxos, ponderando o uso dos intermediários.

A Equação 10.27 determina que a soma dos fluxos diretos e indiretos atenda à demanda. As Equações 10.28 e 10.29 atendem às restrições de capacidade do fabricante e dos distribuidores, respectivamente. A Equação 10.30 garante que os fluxos que saem do fornecedor aos distribuidores cheguem aos clientes. As Equações 10.31 e 10.32 restringem as variáveis de fluxo a serem positivas e as de uso do distribuidor a serem binárias.

Esse problema pode ser resolvido no GAMS com o seguinte *script*:

```
1   Set i fábrica /f/
2       k distribuidores /d1,d2/
3       j clientes /c1, c2, c3, c4/;
4
5   Parameters D(j) /c1 100, c2 150, c3 230, c4 300/
6              S(i) /f 780/
7              f(k) /d1 2000,d2 3000/
8              R(k) /d1 400,d2 400/;
9
10  Table c(i,k)
11         d1  d2
12  f      4   5 ;
13
14  Table e(k,j)
15         c1  c2  c3  c4
16  d1     4   8   3   15
17  d2     2   12  7   13;
18
19  Table n(i,j)
20         c1  c2  c3  c4
21  f      13  29  2   5 ;
22
23  Positive variables xf(i,k),xd(k,j),xc(i,j);
24  Binary variable y(k);
25  Variable Custo;
26
27  Equations FO, Demanda, Capacidade, CustoFixo, Equilibrio;
28
29  FO.. Custo =e=   sum(k,f(k)*y(k))+sum((i,k),c(i,k)*xf(i,k))+
30          sum((k,j), e(k,j)*xd(k,j))+sum((i,j), n(i,j)*xc(i,j));
31  Demanda(j)..     sum(k,xd(k,j))+sum(i,xc(i,j)) =g= D(j);
32  Capacidade(i)..  sum(j,xc(i,j))+sum(k,xf(i,k)) =l= S(i);
33  CustoFixo(k)..   sum(j,xd(k,j)) =l= R(k)*y(k);
34  Equilibrio(k)..  sum(i, xf(i,k))-sum(j, xd(k,j)) =e=0;
35
36  Model Modelo10_6 /all/;
37  Solve Modelo10_6 using mip minimizing Custo;
38  Display Custo.l, xf.l,xd.l,xc.l;
```

A solução ótima do problema supõe que essa cadeia tenha a seguinte estrutura:

```
----        38 VARIABLE Custo.L         =     6560.000

----        38 VARIABLE xf.L
                 d1
f        250.000
----        38 VARIABLE xd.L
                 c1              c2
d1       100.000         150.000

----        38 VARIABLE xc.L
                 c3              c4
f        230.000         300.000
```

Veja na solução que a rede ótima utiliza apenas o primeiro distribuidor e que o fabricante fornece diretamente aos clientes 3 e 4.

A próxima seção traz o problema da roteirização de veículos.

## Problema do roteamento de veículos

O problema do roteamento de veículos é similar ao problema do caixeiro viajante. Contudo, nessa classe de problemas, pode-se considerar a capacidade dos veículos, a demanda dos pontos a serem visitados, além de encontrar a solução para múltiplos veículos. Assim, o problema do roteamento de veículos é uma extensão do problema do caixeiro viajante assumindo múltiplos agentes, com capacidade e pontos a serem visitados com demanda. O problema do roteamento de veículos pode ser formulado da seguinte maneira:

## MODELO 10.7

$$\min. \sum_i \sum_j c_{ij} x_{ij} \quad (10.33)$$

**Sujeito a:**

$$\sum_j x_{ij} = 1 \quad \forall i \neq 1 \quad (10.34)$$

$$\sum_j x_{ji} = 1 \quad \forall i \neq 1 \quad (10.35)$$

$$\sum_j f_{ji} - \sum_j f_{ij} = D_i \quad \forall i \neq 1 \quad (10.36)$$

$$f_{ij} \leq e x_{ij} \quad \forall\ i,j \quad (10.37)$$

$$x_{ij} \in \{0, 1\} \quad (10.38)$$

$$f_{ij} \geq 0 \quad (10.39)$$

Onde:

$i$ = Índice relacionado ao ponto de partida

$c_{ij}$ = Distância do ponto i ao ponto j

$D_i$ = Demanda do cliente i

$e$ = Capacidade do veículo

$x_{ij}$ = 1, se o veículo vai do nó 1 ao nó j, e 0, caso contrário

$f_{ij}$ = Quantidade transportada no veículo

A função objetivo do Modelo 10.7 (Equação 10.33) minimiza a distância total percorrida pelo veículo. As equações 10.34 e 10.35 asseguram que os clientes sejam visitados pelo menos uma vez. A Equação 10.36 garante que a demanda seja atendida, e a Equação 10.37 restringe a carga à máxima capacidade. As equações 10.38 e 10.39 se referem ao tipo de solução esperada sendo de escolha binária para o nó utilizado e número positivo para a quantidade transportada pelo veículo.

Vamos agora analisar um exemplo. Considere que uma empresa precisa fazer o roteamento de um veículo que parte do ponto 1 e atende mais outros 4 clientes. Os dados do problema são exibidos na Tabela 10.8.

**TABELA 10.8** Dados do problema de roteamento de veículos

| PONTOS | DEMANDA | MATRIZ DE DISTÂNCIAS | | | | |
|---|---|---|---|---|---|---|
| | | P1 | P2 | P3 | P4 | P5 |
| P1 | - | - | 5 | 6 | 8 | 20 |
| P2 | 5 | 7 | - | 4 | 6 | 18 |
| P3 | 6 | 6 | 5 | - | 5 | 6 |
| P4 | 7 | 8 | 7 | 5 | - | 9 |
| P5 | 12 | 8 | 5 | 6 | 8 | - |

Fonte: O autor.

Suponha, ainda, que a capacidade do veículo é de 40. O *script* desse modelo no GAMS pode ser redigido da seguinte forma:

```
1   set i Pontos /p1*p5/;
2
3   alias(i,j);
4
5   Table c(i,j)
6         p1 p2 p3 p4  p5
7   p1       5  6  8   20
8   p2    7     4  6   18
9   p3    6  5     5    6
10  p4    8  7  5       9
11  p5    8  5  6  8    ;
12
13  parameters e /40/
14              D(i) Demanda dos nós /p1 0, p2 5, p3 6, p4 7, p5 12/;
15
16  Variable Custo;
17  Binary variable x(i,j);
18  Positive variable f(i,j);
19
20  Equations eq1, eq2, eq3, eq4, eq5;
21
22  eq1..                         Custo =e= sum((i,j),x(i,j)*c(i,j));
23  eq2(i)$(NOT SameAs(i,"p1"))..  sum(j, x(i,j)) =e= 1;
24  eq3(i)$(NOT SameAs(i,"p1"))..  sum(j, x(j,i)) =e= 1;
25  eq4(i)$(NOT SameAs(i,"p1"))..  sum(j, f(j,i)) - sum(j, f(i,j)) =e=D(i);
26  eq5(i,j)..                     f(i,j) =l= e*x(i,j)
27
28  Model     Modelo10_7 /all/;
29  Solve     Modelo10_7 using MIP minimizing Custo;
```

A solução obtida no GAMS retorna tanto o roteiro quanto a capacidade:

```
----        30 VARIABLE Custo.L          =      30.000
----        30 VARIABLE x.L
              p1          p2          p3          p4          p5
p1         1.000       1.000
p2                                             1.000
p3                                                         1.000
p4                                 1.000
p5         1.000

----        30 VARIABLE f.L
              p2          p3          p4          p5
p1        30.000
p2                                25.000
p3                                            12.000
p4                    18.000
```

A solução obtida pelo GAMS percorre o seguinte roteiro: P1 > P2 > P4 > P3 > P5 > P1, com $e = 30$ da capacidade.

Considere agora que, em vez de 40, o veículo tenha apenas 20 de capacidade. Ao alterar o respectivo parâmetro no GAMS, obtém-se a seguinte solução:

```
----        30 VARIABLE Custo.L            =        39.000
----        30 VARIABLE x.L
                p1          p2          p3          p4          p5

p1         1.000       1.000       1.000
p2                                             1.000
p3                                                         1.000
p4         1.000
p5         1.000
----        30 VARIABLE f.L
                p2          p3          p4          p5
p1        12.000      18.000
p2                                7.000
p3                                            12.000
```

Veja que, devido à capacidade não atender à demanda total em uma viagem, a solução apresenta dois roteiros: Roteiro 1 — P1 > P2 > P4> P1 — $e = 12$; e Roteiro 2 — R2 — P1 > P3 > P5 > P1 — e = 18.

## ⁞⁚ Resumo

Neste capítulo, foram vistos diversos modelos avançados aplicados à logística e cadeia de suprimentos. O modelo das p-medianas (seção "Localização de múltiplas instalações") resolveu o problema para localizar múltiplas instalações onde os próprios pontos de consumo são também candidatos a receber instalações. Com a localização de instalações candidatas a fazer parte da rede de distribuição disponível, pode-se encontrar qual a estrutura ótima da rede ao descobrir quais instalações fornecerão aos pontos de consumo ponderando o custo de abertura (seção "Localização e transporte com múltiplas instalações").

A seção "Problema da cadeia de suprimentos" trouxe o problema da cadeia de suprimentos com quatro estágios. A seção seguinte ("Distribuição direta e indireta) relaxou a condição de distribuição exclusiva por intermediários para encontrar a melhor estrutura com uso opcional de intermediários. Por fim, na seção "Problema de roteamento de veículos estudamos o problema do roteamento de veículos, que é similar ao problema do caixeiro viajante, podendo ser adicionada ao contexto a demanda dos clientes a serem visitados e a capacidade do veículo. A próxima seção traz os exercícios deste capítulo.

## Exercícios propostos

1) Determinada empresa precisa encontrar a localização ideal para 3 pontos de distribuição de forma a atender 10 mercados consumidores cujas localizações nas coordenadas x e y são apresentadas abaixo:

**MATRIZ DE DISTÂNCIAS**

|    | 1     | 2     | 3     | 4     | 5     | 6     | 7     | 8     | 9     | 10    |
|----|-------|-------|-------|-------|-------|-------|-------|-------|-------|-------|
| 1  | 0,00  | 1,00  | 11,40 | 2,00  | 6,71  | 8,06  | 7,81  | 14,32 | 9,49  | 7,81  |
| 2  | 1,00  | 0,00  | 12,37 | 3,00  | 7,21  | 9,06  | 8,49  | 15,23 | 10,44 | 8,49  |
| 3  | 11,40 | 12,37 | 0,00  | 9,49  | 12,04 | 5,00  | 10,82 | 3,61  | 2,00  | 6,71  |
| 4  | 2,00  | 3,00  | 9,49  | 0,00  | 6,08  | 6,08  | 6,71  | 12,53 | 7,62  | 6,71  |
| 5  | 6,71  | 7,21  | 12,04 | 6,08  | 0,00  | 7,07  | 2,00  | 15,62 | 10,82 | 12,17 |
| 6  | 8,06  | 9,06  | 5,00  | 6,08  | 7,07  | 0,00  | 5,83  | 8,60  | 4,12  | 7,62  |
| 7  | 7,81  | 8,49  | 10,82 | 6,71  | 2,00  | 5,83  | 0,00  | 14,42 | 9,85  | 12,00 |
| 8  | 14,32 | 15,23 | 3,61  | 12,53 | 15,62 | 8,60  | 14,42 | 0,00  | 5,00  | 8,00  |
| 9  | 9,49  | 10,44 | 2,00  | 7,62  | 10,82 | 4,12  | 9,85  | 5,00  | 0,00  | 5,00  |
| 10 | 7,81  | 8,49  | 6,71  | 6,71  | 12,17 | 7,62  | 12,00 | 8,00  | 5,00  | 0,00  |

Encontre a estrutura ótima de atendimento aos mercados consumidores indicando quais serão os pontos fornecedores e seus respectivos mercados atendidos.

2) Obtenha a solução do exercício anterior considerando que os 10 mercados consumidores tenham os seguintes atributos:

| CLIENTE | DEMANDA | CUSTO DE TRANSPORTE | CUSTO DE INSTALAÇÃO |
|---|---|---|---|
| 1 | 520 | 8 | 5.290 |
| 2 | 106 | 8 | 3.681 |
| 3 | 236 | 9 | 5.518 |
| 4 | 211 | 1 | 4.675 |
| 5 | 282 | 3 | 5.083 |
| 6 | 427 | 1 | 2.259 |
| 7 | 199 | 4 | 4.997 |
| 8 | 526 | 1 | 4.222 |
| 9 | 462 | 9 | 5.869 |
| 10 | 536 | 10 | 4.727 |

3) Considere a seguinte estrutura de fornecimento:

| | INVESTIMENTO INICIAL | CAPACIDADE | DISTÂNCIA | | |
|---|---|---|---|---|---|
| | | | CLIENTE 1 | CLIENTE 2 | CLIENTE 3 |
| Fornecedor 1 | 2.253 | 500 | 1 | 10 | 15 |
| Fornecedor 2 | 2.244 | 350 | 2 | 9 | 6 |
| Fornecedor 3 | 3.474 | 150 | 8 | 11 | 11 |
| | | Demanda | 200 | 300 | 500 |

Encontre a estrutura ótima de distribuição.

4) Utilizando o contexto do Exercício 3, qual seria a nova solução com a restrição de que um determinado cliente seja exclusivo de um único fornecedor? Altere a capacidade para que cada fornecedor tenha condições de atender qualquer cliente, ou seja, cada qual terá capacidade de 500.

5) Com os dados do Exercício 3, encontre a melhor capacidade para cada fornecedor atuar na rede, considerando como alternativa as capacidades ampliadas e investimento inicial maior:

|  | INVESTIMENTO | CAPACIDADE AMPLIADA |
|---|---|---|
| Fornecedor 1 | 3.680 | 800 |
| Fornecedor 2 | 4.000 | 700 |
| Fornecedor 3 | 5.700 | 300 |

6) A partir da cadeia de suprimentos da figura a seguir, em que os arcos representam os custos de transporte e os valores dos elos fornecedores são as capacidades e os consumidores a demanda, encontre a estrutura ótima, sabendo que os custos fixos de abertura são os apresentados na tabela.

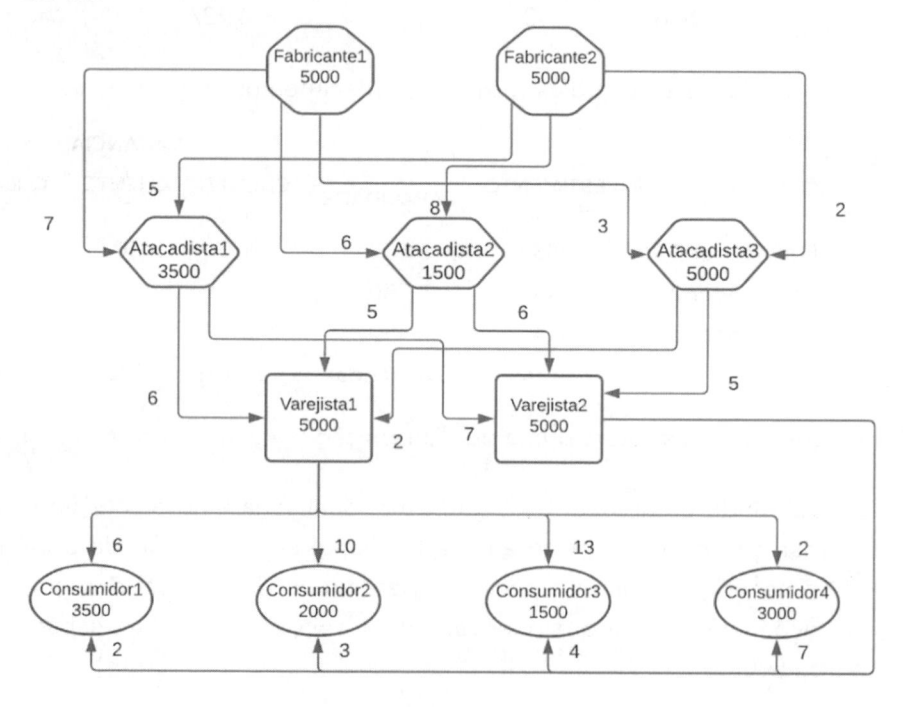

| ELO DA CADEIA | CUSTO FIXO DE ABERTURA |
|---|---|
| Atacadista 1 | 2.000 |
| Atacadista 2 | 3.000 |
| Atacadista 3 | 2.500 |

| | |
|---|---|
| Varejista 1 | 2.300 |
| Varejista 2 | 1.700 |

7) Considere o contexto da rede apresentada no Exercício 6 adicionando a possibilidade de fornecimento direto do atacadista para o consumidor com os custos de distribuição de:

| | ATACADISTA 1 | ATACADISTA 2 | ATACADISTA 3 |
|---|---|---|---|
| Consumidor 1 | 5 | 3 | 4 |
| Consumidor 2 | 2 | 8 | 7 |
| Consumidor 3 | 4 | 2 | 5 |
| Consumidor 4 | 8 | 5 | 7 |

Atribuindo custos fixos de abertura apenas para os varejistas, qual é a nova configuração ótima dessa rede com possibilidade de fornecimento direto?

8) Considere o contexto do Exercício 1, em que é necessário roteirizar um veículo com capacidade de 300kg, para realizar entregas partindo do ponto 1 e atendendo a seguinte demanda:

| PONTO | DEMANDA (KG) |
|---|---|
| 1 | - |
| 2 | 40 |
| 3 | 30 |
| 4 | 50 |
| 5 | 25 |
| 6 | 47 |
| 7 | 23 |
| 8 | 39 |
| 9 | 20 |
| 10 | 26 |

9) Considere o contexto do Exercício 3. Assumindo que a rede passe a ter 2 produtos e que os dados do exercício são relativos ao produto 1, e os dados do produto 2 são os exibidos a seguir, qual é a nova estrutura ótima dos fluxos da rede?

|  | Capacidade p2 | CUSTO TRANSPORTE P2 | | |
|---|---|---|---|---|
|  |  | Cliente 1 | Cliente 2 | Cliente 3 |
| Fornecedor 1 | 900 | 2 | 7 | 5 |
| Fornecedor 2 | 300 | 1 | 4 | 4 |
| Fornecedor 3 | 600 | 4 | 8 | 2 |
| Demanda p2 |  | 300 | 500 | 1.000 |

10) Adicione ao modelo elaborado no Exercício 9 as informações a seguir e encontre a estrutura ótima de distribuição considerando custos de estocagem.

|  |  | CLIENTE 1 | | CLIENTE 2 | | CLIENTE 3 | |
|---|---|---|---|---|---|---|---|
|  |  | P1 | P2 | P1 | P2 | P1 | P2 |
| Lead time (dias) | Fornecedor 1 | 2 | 4 | 3 | 4 | 3 | 4 |
|  | Fornecedor 2 | 4 | 3 | 4 | 5 | 4 | 5 |
|  | Fornecedor 3 | 5 | 5 | 2 | 2 | 5 | 3 |
| Frequência de envio (dias) | Fornecedor 1 | 2 | 5 | 6 | 7 | 3 | 6 |
|  | Fornecedor 2 | 4 | 6 | 7 | 3 | 6 | 4 |
|  | Fornecedor 3 | 6 | 7 | 4 | 2 | 5 | 6 |

|  |  | P1 | P2 |
|---|---|---|---|
| Custo de estoque em trânsito |  | 0,10 | 0,06 |
| Custo de estoque de ciclo | Fornecedor 1 | 0,12 | 0,18 |
|  | Fornecedor 2 | 0,20 | 0,11 |
|  | Fornecedor 3 | 0,15 | 0,13 |

# Considerações Finais

Este livro trouxe diversas aplicações da pesquisa operacional por meio de modelos de programação linear à logística e cadeia de suprimentos. No primeiro capítulo, foram apresentados elementos para que o leitor pudesse entender a importância e a evolução histórica da programação linear e sua utilidade para resolver problemas. Foi apresentada, ainda, a estrutura de um problema que envolve o objetivo, a restrição e as decisões.

No segundo capítulo, o leitor pôde exercitar a transformação de um problema colocado de forma dissertativa em modelo matemático, de forma que pudesse ser resolvido com programação linear. No Capítulo 3, foi possível resolver problemas com até duas variáveis de decisão por meio da análise gráfica, de forma manual e com uso do software *Geogebra*.

O Capítulo 4 trouxe elementos de álgebra linear, notadamente o método de solução de sistemas de equações de Gauss-Jordan, que consistiu em uma preparação útil para o método Simplex, abordado no capítulo seguinte. No quinto capítulo, foi apresentado o método Simplex, que soluciona problemas de dimensões maiores. Foi apresentada a intuição do método Simplex, sua resolução por tabelas e por matrizes. Optou-se neste livro por não abordar métodos de solução que tratem de problemas de minimização e restrições diferentes de menor ou igual, devido ao fato de que tais problemas podem ser resolvidos facilmente com o uso de softwares.

O Capítulo 6 trouxe a solução de problemas de programação linear no Excel. Foi visto também como realizar a análise de sensibilidade, que é útil para a tomada de decisão quanto a recursos e demais parâmetros do modelo. Apesar de o Excel ser um software popular, a formulação de modelos maiores fica dificultada pela necessidade de se interligar as células da planilha para comporem o modelo matemático.

Uma maneira simples de lançar parâmetros de um modelo no software foi apresentada utilizando-se o LINGO. A forma com que esse software recebe os parâmetros é similar à estrutura matemática dos modelos, facilitando a formulação do modelo no console do programa. Para problemas com muitos dados, foi visto no Capítulo 7 que se pode utilizar a modelagem algorítmica, principalmente com uso do operador somatório, para representar problemas de programação linear. Essa representação é utilizada pelo GAMS para resolver problemas. Desta forma, neste software, *scripts* similares a modelos apresentados na forma algorítmica podem ser redigidos.

O Capítulo 8 trouxe casos especiais de programação linear, que são a programação linear inteira, inteira mista e a binária. Note o leitor que esses tipos de problemas foram resolvidos com os softwares utilizados nesta obra. Quando esses problemas têm muitas instâncias, por serem de natureza combinatória, demandam uso de heurísticas para que se encontre a solução. Esses procedimentos não foram tratados neste livro.

Por fim, os Capítulos 9 e 10 trouxeram diversos modelos aplicados à logística e à cadeia de suprimentos. No Capítulo 9, foram vistos os modelos clássicos da área, e no capítulo seguinte, foram apresentadas diversas extensões que são úteis para a tomada de decisão. Como continuidade aos estudos iniciados neste livro, outros temas importantes frequentemente tratados em eventos e periódicos da área que não foram abordados nesta obra podem ser objeto de estudos futuros, tal como a programação com múltiplos objetivos e o uso de heurísticas na solução de problemas em logística e distribuição.

## Referências

ARENALES, M.; ARMENTANO, V.; MORABITO, R.; YANASSE, H. *Pesquisa Operacional:* Para cursos de engenharia. 2. ed. Rio de Janeiro: Elsevier, 2015.

DANTZIG, George B. **Linear programming and extensions**. Princeton University Press: New Jersey, 1963.

MILLER, C. E.; TUCKER, A. W.; ZEMLIN, R. A. Integer programming formulation of traveling salesman problems. *Journal of the ACM (JACM)*, v. 7, n. 4, p. 326–329, 1960.

PUCCINI, A. de L. *Introdução à programação linear.* Rio de Janeiro: LTC, 1972.

SOCIEDADE BRASILEIRA DE PESQUISA OPERACIONAL (SOBRAPO). O que é pesquisa operacional. Disponível em: <https://sobrapo.org.br/o-que-e--pesquisa-operacional>. Acessado em: 14 dez. 2021 às 23h38.

APÊNDICE

# Resolução dos exercícios propostos

## CAPÍTULO 1

1) b)

2) e)

3) c)

4) a)

5) d)

6) c)

7) d)

8) e)

9) d)

10) c)

11) b)

12)

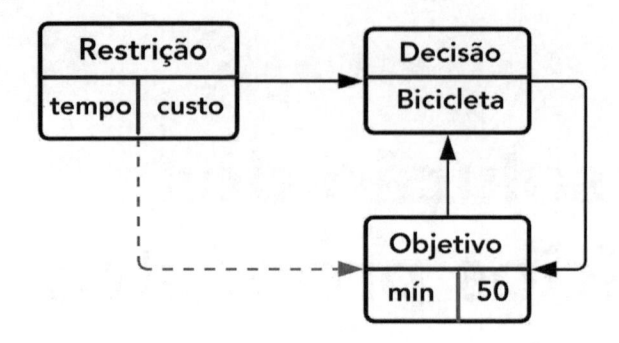

```
┌─────────────────┐         ┌─────────────────┐
│   Restrição     │────────▶│    Decisão      │
├────────┬────────┤         │   Bicicleta     │◀──┐
│ tempo  │ custo  │         └────────┬────────┘   │
└────────┴────────┘                  ▲            │
         ╵                           │            │
         ╵           ┌─────────────────┐          │
         └─ ─ ─ ─ ─ ▶│    Objetivo     │◀─────────┘
                     ├────────┬────────┤
                     │  mín   │   50   │
                     └────────┴────────┘
```

## CAPÍTULO 2

1)

**Variáveis de decisão:**

$x_1$: Quantidade a produzir do Produto A

$x_2$: Quantidade a produzir do produto B

**Função objetivo**

máx. $3x_1 + 3{,}5x_2$

**Restrições**

$6x_1 + 8x_2 \leq 220$

$3x_1 + 5x_2 \leq 300$

$x_1, x_2 \geq 0$

2)

**Variáveis de decisão:**

$x_1$: Quantidade de caixas a carregar do Produto 1

$x_2$: Quantidade de caixas a carregar do Produto 2

$x_3$: Quantidade de caixas a carregar do Produto 3

**Função objetivo**

mín. $34x_1 + 54x_2 + 88x_3$

**Restrições**

$10x_1 + 15x_2 + 20x_3 \leq 800$

$x_1 + x_2 + x_3 = 50$

$x_1 \geq 10$

$x_2 + x_3 \geq 50$

$x_1, x_2, x_3 \geq 0$

3)

**Variáveis de decisão**

$x_{11}$ – quantidade de caminhões do Depósito 1 ao Centro 1

$x_{12}$ – quantidade de caminhões do Depósito 1 ao Centro 2

$x_{13}$ – quantidade de caminhões do Depósito 1 ao Centro 3

$x_{14}$ – quantidade de caminhões do Depósito 1 ao Centro 4

$x_{21}$ – quantidade de caminhões do Depósito 2 ao Centro 1

$x_{22}$ – quantidade de caminhões do Depósito 2 ao Centro 2

$x_{23}$ – quantidade de caminhões do Depósito 2 ao Centro 3

$x_{24}$ – quantidade de caminhões do Depósito 2 ao Centro 4

**Função objetivo**

mín. $12x_{11} + 9x_{12} + 18x_{13} + 4x_{14} + 1x_{21} + 16x_{22} + 12x_{23} + 5x_{24}$

**Restrições**

$$x_{11} + x_{21} = 10$$

$$x_{12} + x_{22} = 15$$

$$x_{12} + x_{23} = 20$$

$$x_{14} + x_{24} = 30$$

$$x_{11}, x_{12}, x_{13}, x_{14}, x_{21}, x_{22}, x_{23}, x_{24} \geq 0$$

4)

**Variáveis de decisão:**

$x_1$: Quantidade a produzir de copos

$x_2$: Quantidade a produzir de jarras

**Função objetivo**

máx. $2,5x_1 + 5x_2$

**Restrições**

$$0{,}5x_1 + x_2 \leq 160$$

$$0{,}2x_1 + x_2 \leq 2000$$

$$x_1, x_2 \geq 0$$

5)

**Variáveis de decisão:**

$x_1$: Quantidade a coletar do Produto A

$x_2$: Quantidade a coletar do Produto B

$x_3$: Quantidade a coletar do Produto C

**Função objetivo**

mín. $0{,}5x_1 + 0{,}7x_2 + 0{,}8x_3$

**Restrições**

$$x_1 = 30$$

$$x_2 \geq 10$$

$$x_2 \leq 50$$

$$x_1, x_2, x_3 \geq 0$$

6)

**Variáveis de decisão:**

$x_1$: Quantidade a produzir de guardanapos

$x_2$: Quantidade a produzir de copos

$x_3$: Quantidade a produzir de potes

**Função objetivo**

máx. $8x_1 + 3x_2 + 4x_3$

**Restrições**

$2x_1 + 1{,}5x_2 + 4x_3 \leq 300$

$0{,}3x_1 + 0{,}1x_2 + 0{,}2x_3 \leq 100$

$0{,}05x_1 + 0{,}04x_2 + 0{,}045x_3 \leq 50$

$x_1, x_2, x_3 \geq 0$

7)

**Variáveis de decisão:**

$x_1$: Quantidade a comprar de arroz

$x_2$: Quantidade a comprar de feijão

$x_3$: Quantidade a comprar de carne

$x_4$: Quantidade a comprar de ovos

$x_5$: Quantidade a comprar de peixe

**Função objetivo**

máx. $10x_1 + 8x_2 + 10x_3 + 5x_4 + 8x_5$

**Restrições**

$25x_1 + 5x_2 + 40x_3 + 15x_4 + 25x_5 \leq 60$

$x_1 = 1$

$x_2 = 1$

$x_1, x_2, x_3, x_4, x_5 \geq 0$

8)

**Variáveis de decisão:**

$x_1$: Quantidade a comprar de carne

$x_2$: Quantidade a comprar de ovos

$x_3$: Quantidade a comprar de peixe

**Função objetivo**

máx. $10x_1 + 5x_2 + 8x_3$

**Restrições**

$40x_1 + 15x_2 + 25x_3 \leq 60$

$x_1, x_2, x_3 \geq 0$

9)

**Variáveis de decisão:**

$x_1$: Quantidade a comprar de arroz

$x_2$: Quantidade a comprar de feijão

$x_3$: Quantidade a comprar de carne

$x_4$: Quantidade a comprar de ovos

$x_5$: Quantidade a comprar de peixe

**Função objetivo**

mín. $25x_1 + 5x_2 + 40x_3 + 15x_4 + 25x_5$

**Restrições**

$10x_1 + 8x_2 + 10x_3 + 5x_4 + 8x_5 \geq 23$

$x_1 = 1$

$x_2 = 1$

$x_1, x_2, x_3, x_4, x_5 \geq 0$

10)

**Variáveis de decisão**

$x_{11}$ – quantidade distribuída do fornecedor 1 ao mercado 1

$x_{12}$ – quantidade distribuída do fornecedor 1 ao mercado 2

$x_{13}$ – quantidade distribuída do fornecedor 1 ao mercado 3

$x_{21}$ – quantidade distribuída do fornecedor 2 ao mercado 1

$x_{22}$ – quantidade distribuída do fornecedor 2 ao mercado 2

$x_{23}$ – quantidade distribuída do fornecedor 2 ao mercado 3

$x_{31}$ – quantidade distribuída do fornecedor 3 ao mercado 1

$x_{32}$ – quantidade distribuída do fornecedor 3 ao mercado 2

$x_{33}$ – quantidade distribuída do fornecedor 3 ao mercado 3

**Função objetivo**

mín. $6x_{11} + 66x_{12} + 24x_{13} + 72x_{21} + 36x_{22} + 54x_{23} + 6x_{31} + 48x_{32} + 60x_{33}$

**Restrições**

$$x_{11} + x_{12} + x_{13} = 300$$

$$x_{21} + x_{22} + x_{23} = 150$$

$$x_{31} + x_{32} + x_{33} = 100$$

$$x_{11} + x_{21} + x_{31} = 200$$

$$x_{12} + x_{22} + x_{32} = 250$$

$$x_{13} + x_{23} + x_{33} = 100$$

$$x_{11}, x_{12}, x_{13}, x_{21}, x_{22}, x_{23}, x_{31}, x_{32}, x_{33} \geq 0$$

11)

**Variáveis de decisão:**

$x_1$: Escolha do deslocamento a pé

$x_2$: Escolha do deslocamento de bicicleta

$x_3$: Escolha do deslocamento de ônibus

$x_4$: Escolha do deslocamento por aplicativo

**Função objetivo**

máx. $2x_1 + 4x_2 + 7x_3 + 10x_4$

**Restrições**

$25x_1 + 50x_2 + 90x_3 + 260x_4 \leq 100$

$45x_1 + 13x_2 + 18x_3 + 8x_4 \leq 20$

$x_1, x_2, x_3, x_4 \geq 0$

12)

**Variáveis de decisão:**

$x_1$: Escolha do deslocamento a pé

$x_2$: Escolha do deslocamento de bicicleta

$x_3$: Escolha do deslocamento de ônibus

$x_4$: Escolha do deslocamento por aplicativo

**Função objetivo**

mín. $25x_1 + 50x_2 + 90x_3 + 260x_4$

**Restrições**

$2x_1 + 4x_2 + 7x_3 + 10x_4 \geq 50$

$45x_1 + 13x_2 + 18x_3 + 8x_4 \leq 20$

$x_1, x_2, x_3, x_4 \geq 0$

# CAPÍTULO 3

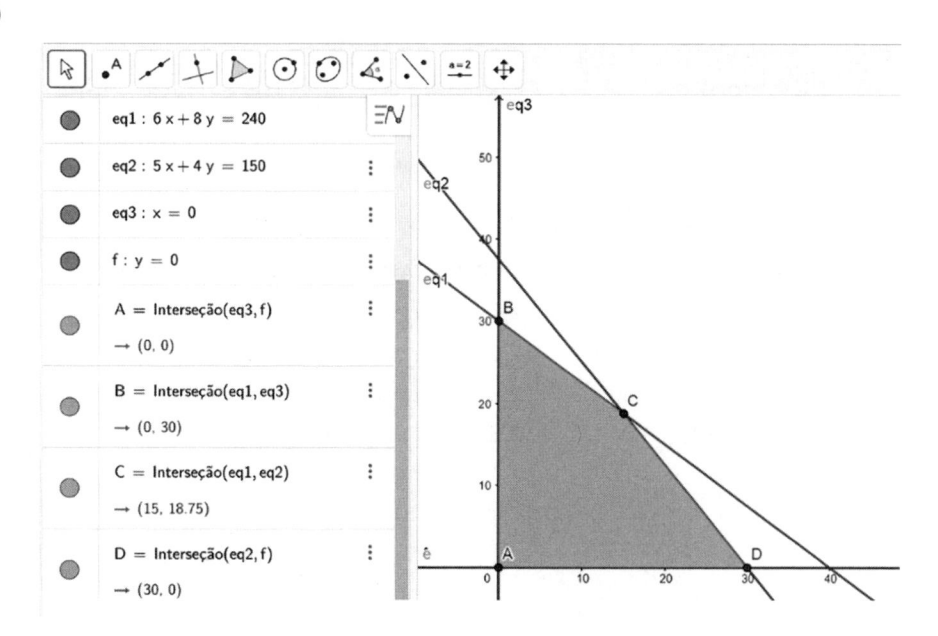

1)

- eq1 : $6x + 8y = 240$
- eq2 : $5x + 4y = 150$
- eq3 : $x = 0$
- f : $y = 0$
- A = Interseção(eq3, f)
  → (0, 0)
- B = Interseção(eq1, eq3)
  → (0, 30)
- C = Interseção(eq1, eq2)
  → (15, 18.75)
- D = Interseção(eq2, f)
  → (30, 0)

| PONTO | COORDENADAS $X_1$ | $X_2$ | RESULTADO NA FUNÇÃO OBJETIVO |
|---|---|---|---|
| A | 0 | 0 | $3x_1 + 3,5x_2 \Rightarrow 0 + 0 = 0$ |
| B | 0 | 30 | $3x_1 + 3,5x_2 \Rightarrow 0 + 105 = 105$ |
| C | 15 | 18,75 | $3x_1 + 3,5x_2 \Rightarrow 45 + 65,62 = 110,62$ |
| D | 30 | 0 | $3x_1 + 3,5x_2 \Rightarrow 90 + 0 = 90$ |

2)

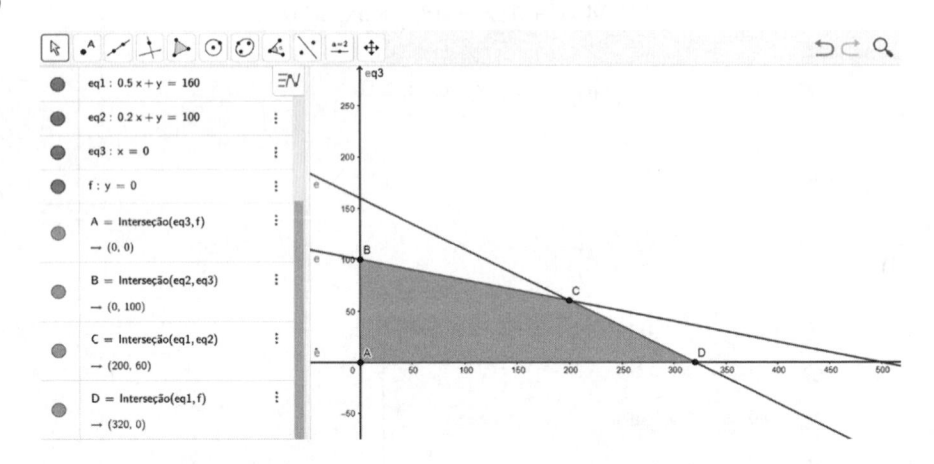

| PONTO | COORDENADAS $X_1$ | $X_2$ | RESULTADO NA FUNÇÃO OBJETIVO |
|---|---|---|---|
| A | 0 | 0 | $2,5x_1 + 3x_2 \Rightarrow 0 + 0 = 0$ |
| B | 0 | 100 | $2,5x_1 + 3x_2 \Rightarrow 0 + 300 = 300$ |
| C | 200 | 60 | $2,5x_1 + 3x_2 \Rightarrow 500 + 180 = 680$ |
| D | 320 | 0 | $2,5x_1 + 3x_2 \Rightarrow 800 + 0 = 800$ |

3)

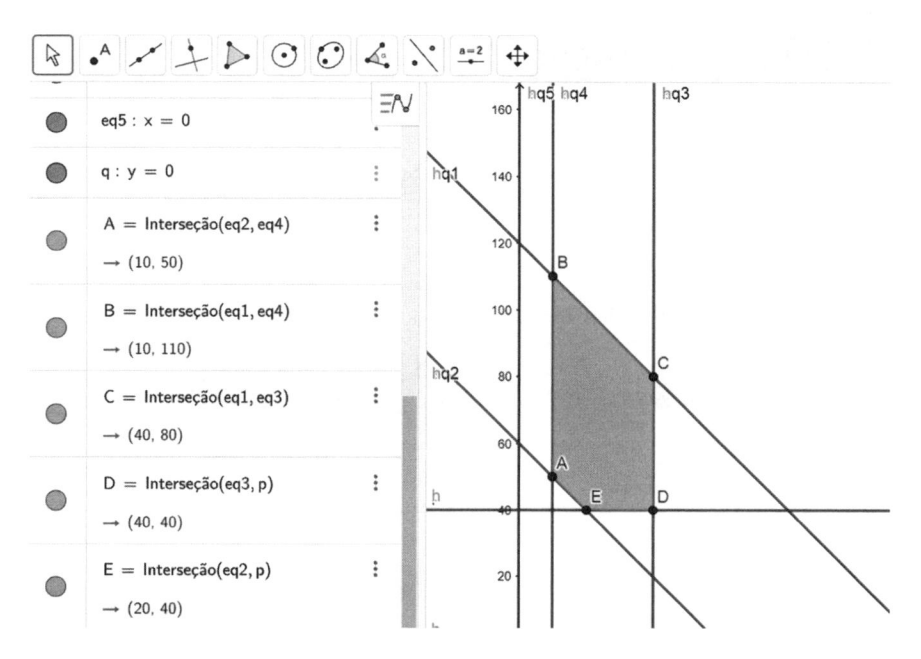

- eq5 : x = 0
- q : y = 0
- A = Interseção(eq2, eq4)
  → (10, 50)
- B = Interseção(eq1, eq4)
  → (10, 110)
- C = Interseção(eq1, eq3)
  → (40, 80)
- D = Interseção(eq3, p)
  → (40, 40)
- E = Interseção(eq2, p)
  → (20, 40)

|  | COORDENADAS | | |
|---|---|---|---|
| PONTO | $X_1$ | $X_2$ | RESULTADO NA FUNÇÃO OBJETIVO |
| A | 10 | 50 | $4x_1 + 3x_2 \Rightarrow 40 + 150 = 190$ |
| B | 10 | 110 | $4x_1 + 3x_2 \Rightarrow 40 + 330 = 370$ |
| C | 40 | 80 | $4x_1 + 3x_2 \Rightarrow 160 + 240 = 400$ |
| D | 40 | 40 | $4x_1 + 3x_2 \Rightarrow 160 + 120 = 280$ |
| E | 20 | 40 | $4x_1 + 3x_2 \Rightarrow 80 + 120 = 200$ |

4)

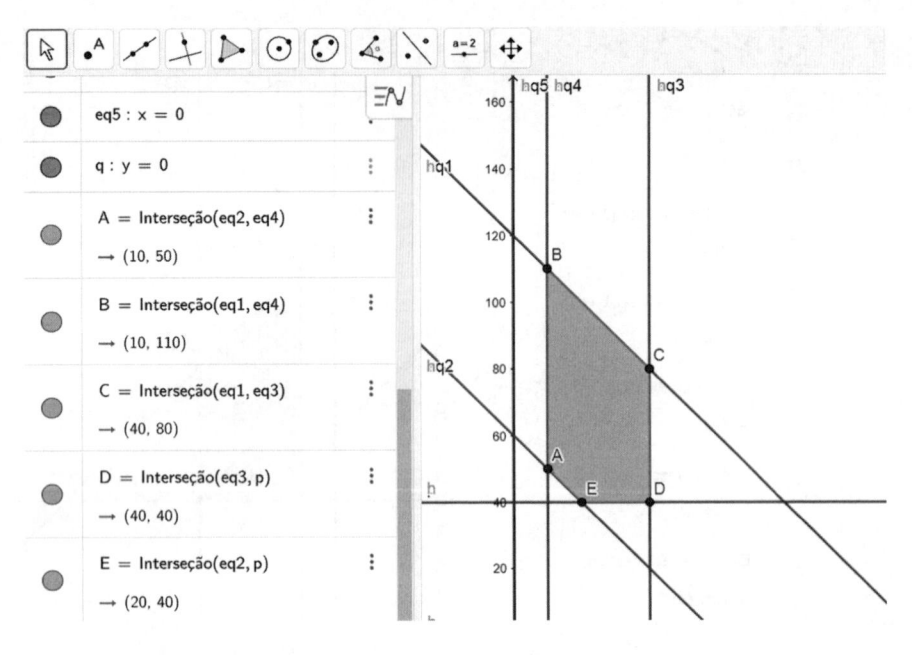

eq5 : x = 0

q : y = 0

A = Interseção(eq2, eq4)
→ (10, 50)

B = Interseção(eq1, eq4)
→ (10, 110)

C = Interseção(eq1, eq3)
→ (40, 80)

D = Interseção(eq3, p)
→ (40, 40)

E = Interseção(eq2, p)
→ (20, 40)

| PONTO | COORDENADAS | | RESULTADO NA FUNÇÃO OBJETIVO |
|---|---|---|---|
| | $X_1$ | $X_2$ | |
| A | 10 | 50 | $4x_1 + 3x_2 \Rightarrow 40 + 150 = 190$ |
| B | 10 | 110 | $4x_1 + 3x_2 \Rightarrow 40 + 330 = 370$ |
| C | 40 | 80 | $4x_1 + 3x_2 \Rightarrow 160 + 240 = 400$ |
| D | 40 | 40 | $4x_1 + 3x_2 \Rightarrow 160 + 120 = 280$ |
| E | 20 | 40 | $4x_1 + 3x_2 \Rightarrow 80 + 120 = 200$ |

5)

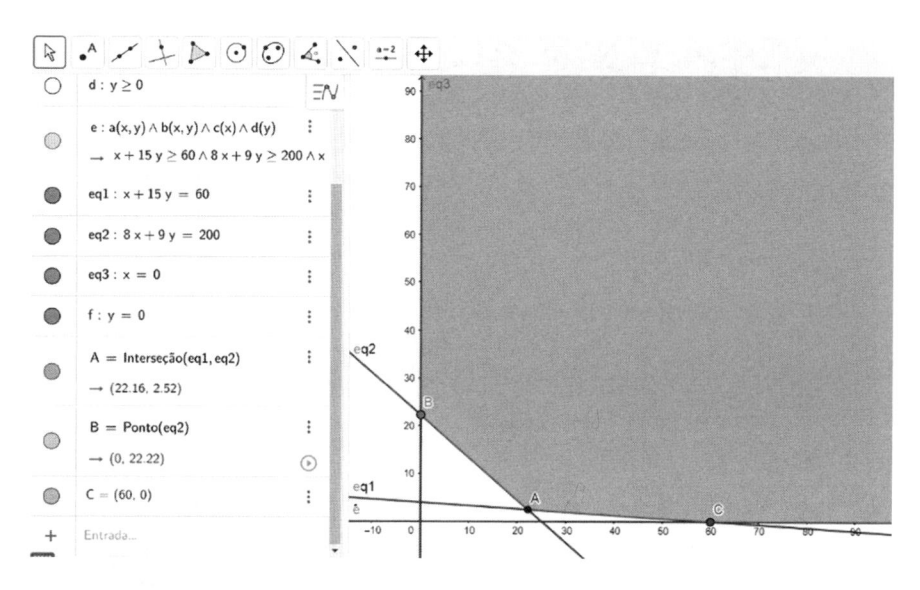

d : y ≥ 0

e : a(x,y) ∧ b(x,y) ∧ c(x) ∧ d(y)
→ x + 15y ≥ 60 ∧ 8x + 9y ≥ 200 ∧ x

eq1 : x + 15y = 60

eq2 : 8x + 9y = 200

eq3 : x = 0

f : y = 0

A = Interseção(eq1, eq2)
→ (22.16, 2.52)

B = Ponto(eq2)
→ (0, 22.22)

C = (60, 0)

Entrada...

| PONTO | COORDENADAS | | RESULTADO NA FUNÇÃO OBJETIVO |
|---|---|---|---|
| | $X_1$ | $X_2$ | |
| A | 22,16 | 2,52 | $8x_1 + 9x_2 \Rightarrow 177{,}28 + 22{,}68 = 199{,}96$ |
| B | 0 | 22,22 | $8x_1 + 9x_2 \Rightarrow 0 + 199{,}98 = 199{,}98$ |
| C | 60 | 0 | $8x_1 + 9x_2 \Rightarrow 480 + 0 = 480$ |

6)

- a : x ≥ 10
- b : y ≥ 15
- c : x ≥ 0
- d : y ≥ 0
- e : a(x) ∧ b(y) ∧ c(x) ∧ d(y)
  → x ≥ 10 ∧ y ≥ 15 ∧ x ≥ 0 ∧ y ≥ 0
- eq1 : x = 10
- f : y = 15
- eq2 : x = 0
- g : y = 0
- A = Interseção(eq1, f)
  → (10, 15)

**COORDENADAS**

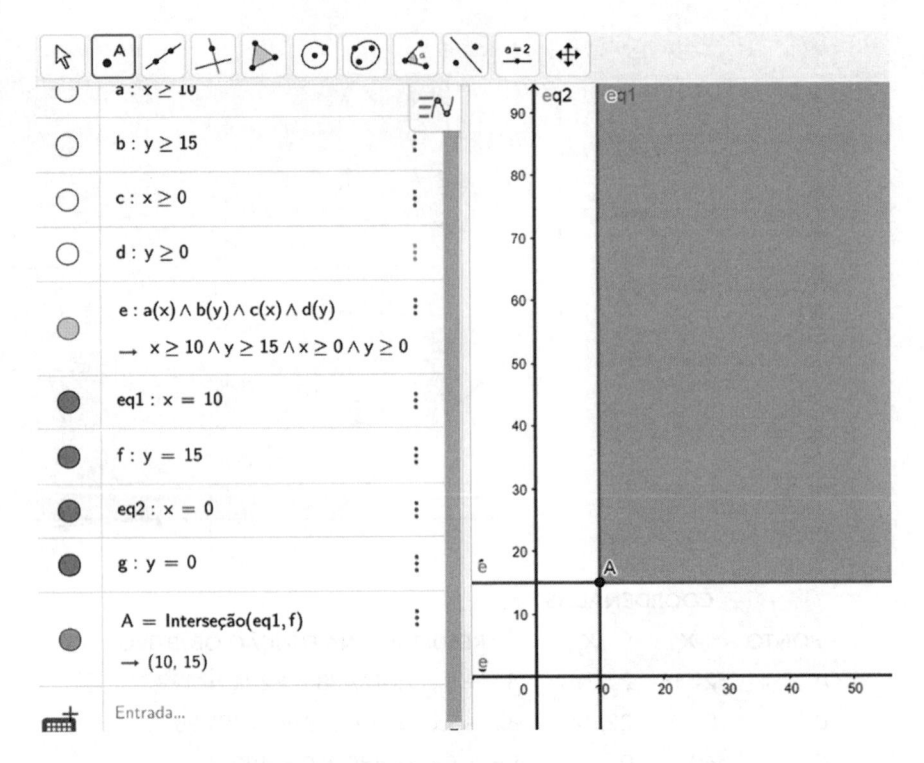

| PONTO | $X_1$ | $X_2$ | RESULTADO NA FUNÇÃO OBJETIVO |
|---|---|---|---|
| A | 10 | 15 | $x_1 + x_2 \Rightarrow 10 + 15 = 25$ |

7)

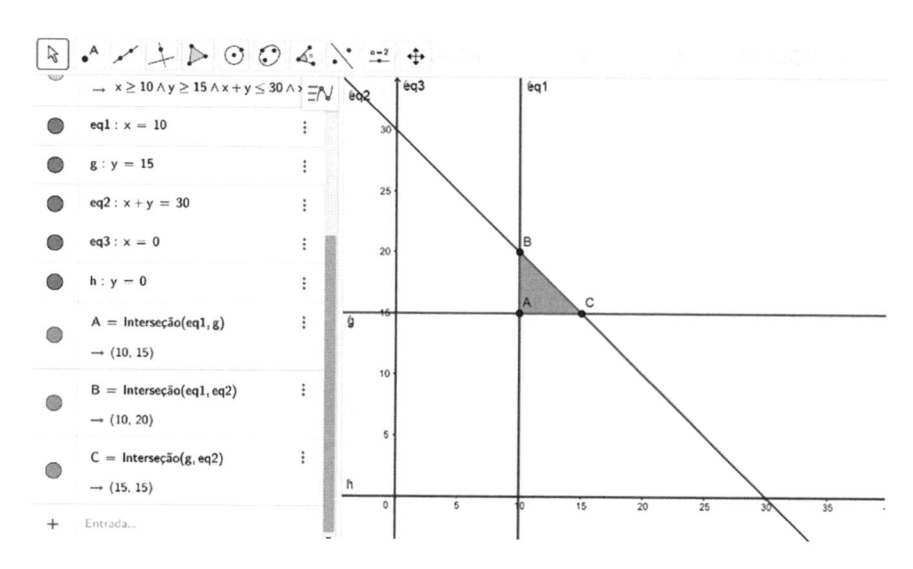

eq1 : x = 10
g : y = 15
eq2 : x + y = 30
eq3 : x = 0
h : y = 0
A = Interseção(eq1, g) → (10, 15)
B = Interseção(eq1, eq2) → (10, 20)
C = Interseção(g, eq2) → (15, 15)

| PONTO | COORDENADAS | | RESULTADO NA FUNÇÃO OBJETIVO |
|---|---|---|---|
| | $X_1$ | $X_2$ | |
| A | 10 | 15 | $2x_1 + x_2 \Rightarrow 20 + 15 = 35$ |
| B | 10 | 20 | $2x_1 + x_2 \Rightarrow 20 + 20 = 40$ |
| C | 15 | 15 | $2x_1 + x_2 \Rightarrow 30 + 15 = 45$ |

8)

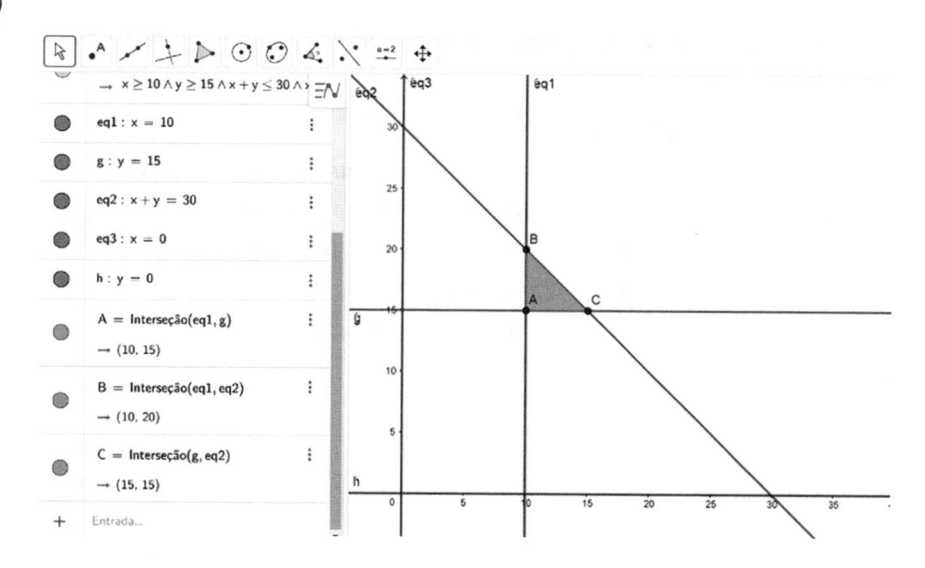

eq1 : x = 10
g : y = 15
eq2 : x + y = 30
eq3 : x = 0
h : y = 0
A = Interseção(eq1, g) → (10, 15)
B = Interseção(eq1, eq2) → (10, 20)
C = Interseção(g, eq2) → (15, 15)

| PONTO | COORDENADAS $X_1$ | $X_2$ | RESULTADO NA FUNÇÃO OBJETIVO |
|---|---|---|---|
| A | 10 | 15 | $2x_1 + x_2 \Rightarrow 20 + 15 = 35$ |
| B | 10 | 20 | $2x_1 + x_2 \Rightarrow 20 + 20 = 40$ |
| C | 15 | 15 | $2x_1 + x_2 \Rightarrow 30 + 15 = 45$ |

9)

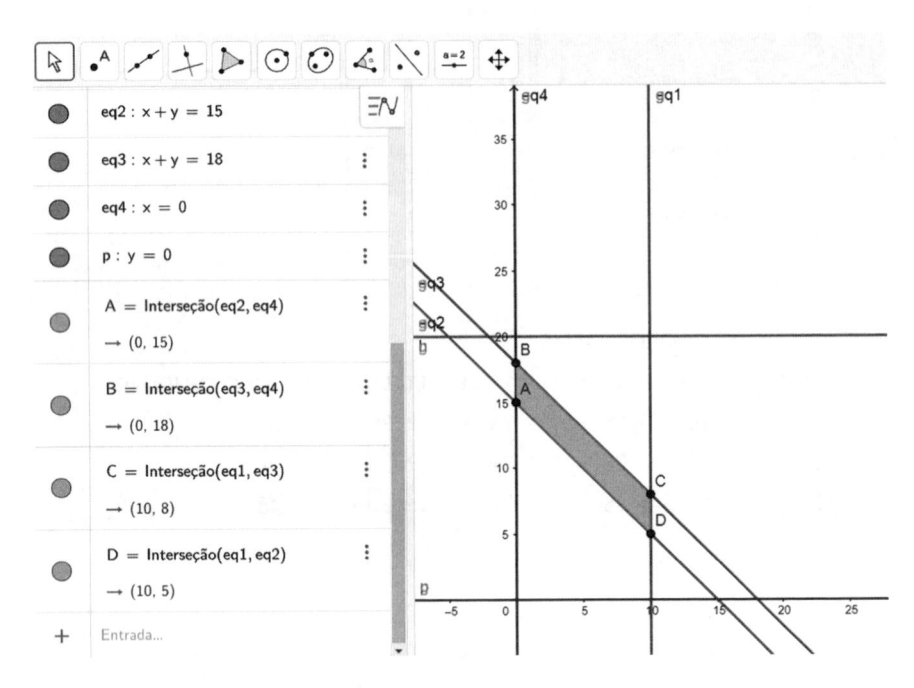

- eq2 : x + y = 15
- eq3 : x + y = 18
- eq4 : x = 0
- p : y = 0
- A = Interseção(eq2, eq4) → (0, 15)
- B = Interseção(eq3, eq4) → (0, 18)
- C = Interseção(eq1, eq3) → (10, 8)
- D = Interseção(eq1, eq2) → (10, 5)

| PONTO | COORDENADAS $X_1$ | $X_2$ | RESULTADO NA FUNÇÃO OBJETIVO |
|---|---|---|---|
| A | 0 | 15 | $4x_1 + 9x_2 \Rightarrow 0 + 135 = 135$ |
| B | 0 | 18 | $4x_1 + 9x_2 \Rightarrow 0 + 162 = 162$ |
| C | 10 | 8 | $4x_1 + 9x_2 \Rightarrow 40 + 72 = 112$ |
| D | 10 | 5 | $4x_1 + 9x_2 \Rightarrow 40 + 45 = 85$ |

10)

| | COORDENADAS | | |
|---|---|---|---|
| PONTO | $X_1$ | $X_2$ | RESULTADO NA FUNÇÃO OBJETIVO |
| A | 0 | 15 | $4x_1 + 9x_2 \Rightarrow 0 + 135 = 135$ |
| B | 0 | 18 | $4x_1 + 9x_2 \Rightarrow 0 + 162 = 162$ |
| C | 10 | 8 | $4x_1 + 9x_2 \Rightarrow 40 + 72 = 112$ |
| C | 10 | 5 | $4x_1 + 9x_2 \Rightarrow 40 + 45 = 85$ |

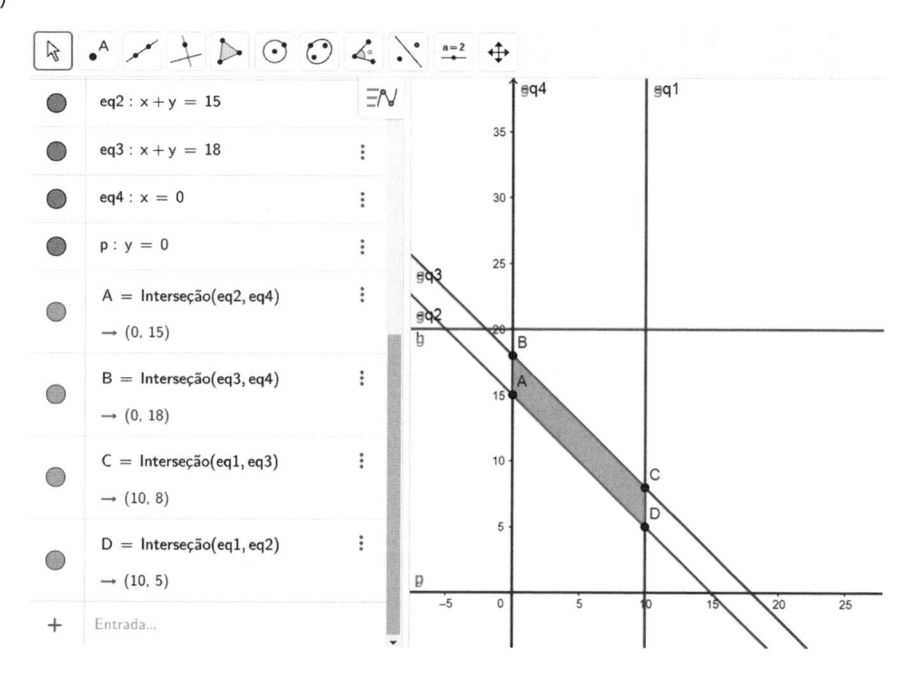

# CAPÍTULO 4

1)
$$\begin{bmatrix} 6 & 8 & 240 \\ 5 & 4 & 150 \end{bmatrix} \rightarrow Solução \begin{bmatrix} x_1 = 15 \\ x_2 = 18{,}75 \end{bmatrix}$$

2)
$$\begin{bmatrix} 0{,}5 & 1 & 160 \\ 0{,}2 & 1 & 100 \end{bmatrix} \rightarrow Solução \begin{bmatrix} x_1 = 200 \\ x_2 = 60 \end{bmatrix}$$

3)
$$\begin{bmatrix} 6 & 8 & 220 \\ 3 & 5 & 300 \end{bmatrix} \rightarrow Solução \begin{bmatrix} x_1 = -216,67 \\ x_2 = 190 \end{bmatrix}$$

4)
$$\begin{bmatrix} 1 & 15 & 60 \\ 8 & 9 & 200 \end{bmatrix} \rightarrow Solução \begin{bmatrix} x_1 = 22,16 \\ x_2 = 2,52 \end{bmatrix}$$

5)
$$\begin{bmatrix} 1 & 0 & 10 \\ 0 & 1 & 15 \end{bmatrix} \rightarrow Solução \begin{bmatrix} x_1 = 10 \\ x_2 = 15 \end{bmatrix}$$

6)
$$\begin{bmatrix} 10 & 15 & 20 & 800 \\ 1 & 1 & 1 & 50 \\ 1 & 0 & 0 & 10 \end{bmatrix} \rightarrow Solução \begin{bmatrix} x_1 = 10 \\ x_2 = 20 \\ x_3 = 20 \end{bmatrix}$$

7)
$$\begin{bmatrix} 0,5 & 1 & 160 \\ 0,2 & 1 & 2.000 \end{bmatrix} \rightarrow Solução \begin{bmatrix} x_1 = -6.133,33 \\ x_2 = 3.226,67 \end{bmatrix}$$

8)
$$\begin{bmatrix} 2 & 1,5 & 4 & 300 \\ 0,3 & 0,1 & 0,2 & 100 \\ 0,05 & 0,04 & 0,045 & 50 \end{bmatrix} \rightarrow Solução \begin{bmatrix} x_1 = 203,17 \\ x_2 = 1.774,60 \\ x_3 = -692,06 \end{bmatrix}$$

9)
$$\begin{bmatrix} 2 & 1 & 15 \\ 3 & 2 & 10 \end{bmatrix} \rightarrow Solução \begin{bmatrix} x_1 = 20 \\ x_2 = -25 \end{bmatrix}$$

10)
$$\begin{bmatrix} 2 & 10 & 15 \\ 6 & 5 & 30 \end{bmatrix} \rightarrow Solução \begin{bmatrix} x_1 = 4,5 \\ x_2 = 0,6 \end{bmatrix}$$

# CAPÍTULO 5

1)

**Tabela Simplex 1**

| SB | X1 | X2 | X3 | X4 | TT |
|---|---|---|---|---|---|
| X3 | 6 | 8 | 1 | 0 | 240 |
| X4 | 5 | 4 | 0 | 1 | 150 |
| FO | -3 | -3,5 | 0 | 0 | 0 |

Entra x2 e sai x3

**Tabela Simplex 2**

| SB | X1 | X2 | X3 | X4 | TT |
|---|---|---|---|---|---|
| X2 | 0,75 | 1 | 0,12 | 0 | 30 |
| X4 | 2 | 0 | -0,5 | 1 | 30 |
| FO | -0,375 | 0 | 0,43 | 0 | 105 |

Entra x1 e sai x4

**Tabela Simplex 3**

| SB | X1 | X2 | X3 | X4 | TT |
|---|---|---|---|---|---|
| X2 | 0 | 1 | 0,31 | -0,37 | 18,75 |
| X1 | 1 | 0 | -0,25 | 0,5 | 15 |
| FO | 0 | 0 | 0,34 | 0,18 | 110,62 |

2)

**Tabela Simplex 1**

| SB | X1 | X2 | X3 | X4 | TT |
|---|---|---|---|---|---|
| X3 | 0,5 | 1 | 1 | 0 | 160 |
| X4 | 0,2 | 1 | 0 | 1 | 100 |
| FO | -2,5 | -3 | 0 | 0 | 0 |

Entra x2 e sai x4

*Resolução dos exercícios propostos*

**Tabela Simplex 2**

| SB | X1 | X2 | X3 | X4 | TT |
|---|---|---|---|---|---|
| X3 | 0,3 | 0 | 1 | -1 | 60 |
| X2 | 0,2 | 1 | 0 | 1 | 100 |
| FO | -1,9 | 0 | 0 | 3 | 300 |

Entra x1 e sai x3

**Tabela Simplex 3**

| SB | X1 | X2 | X3 | X4 | TT |
|---|---|---|---|---|---|
| X1 | 1 | 0 | 3,33 | -3,33 | 200 |
| X2 | 0 | 1 | -0,66 | 1,66 | 60 |
| FO | 0 | 0 | 6,33 | -3,33 | 680 |

Entra x4 e sai x2

**Tabela Simplex 4**

| SB | X1 | X2 | X3 | X4 | TT |
|---|---|---|---|---|---|
| X1 | 1 | 2 | 2 | 0 | 320 |
| X4 | 0 | 0,6 | -0,4 | 1 | 36 |
| FO | 0 | 2 | 5 | 0 | 800 |

3)

**Tabela Simplex 1**

| SB | X1 | X2 | X3 | X4 | TT |
|---|---|---|---|---|---|
| X3 | 6 | 8 | 1 | 0 | 220 |
| X4 | 3 | 5 | 0 | 1 | 300 |
| FO | -3 | -3,5 | 0 | 0 | 0 |

Entra x2 e sai x3

**Tabela Simplex 2**

| SB | X1 | X2 | X3 | X4 | TT |
|---|---|---|---|---|---|
| X2 | 0,75 | 1 | 0,12 | 0 | 27,5 |
| X4 | -0,75 | 0 | -0,62 | 1 | 162,5 |
| FO | -0,375 | 0 | 0,43 | 0 | 96,25 |

Entra x1 e sai x2

**Tabela Simplex 3**

| SB | X1 | X2 | X3 | X4 | TT |
|---|---|---|---|---|---|
| X1 | 1 | 1,33 | 0,16 | 0 | 36,66 |
| X4 | 0 | 1 | -0,5 | 1 | 190 |
| FO | 0 | 0,5 | 0,5 | 0 | 110 |

4)

**Tabela Simplex 1**

| SB | X1 | X2 | X3 | X4 | TT |
|---|---|---|---|---|---|
| X3 | 2 | 1 | 1 | 0 | 10 |
| X4 | 2 | 5 | 0 | 1 | 20 |
| FO | -2 | -3 | 0 | 0 | 0 |

Entra x2 e sai x4

**Tabela Simplex 2**

| SB | X1 | X2 | X3 | X4 | TT |
|---|---|---|---|---|---|
| X3 | 1,6 | 0 | 1 | -0,2 | 6 |
| X2 | 0,4 | 1 | 0 | 0,2 | 4 |
| FO | -0,8 | 0 | 0 | 0,6 | 12 |

Entra x1 e sai x3

**Tabela Simplex 3**

| SB | X1 | X2 | X3 | X4 | TT |
|---|---|---|---|---|---|
| X1 | 1 | 0 | 0,62 | -0,12 | 3,75 |
| X2 | 0 | 1 | -0,25 | 0,25 | 2,5 |
| FO | 0 | 0 | 0,5 | 0,5 | 15 |

5)

**Tabela Simplex 1**

| SB | X1 | X2 | X3 | X4 | TT |
|---|---|---|---|---|---|
| X3 | 0,5 | 1 | 1 | 0 | 160 |
| X4 | 0,2 | 1 | 0 | 1 | 2.000 |
| FO | -2,5 | -5 | 0 | 0 | 0 |

Entra x2 e sai x3

**Tabela Simplex 2**

| SB | X1 | X2 | X3 | X4 | TT |
|---|---|---|---|---|---|
| X2 | 0,5 | 1 | 1 | 0 | 160 |
| X4 | -0,3 | 0 | -1 | 1 | 1.840 |
| FO | 0 | 0 | 5 | 0 | 800 |

6)

**Tabela Simplex 1**

| SB | X1 | X2 | X3 | X4 | X5 | X6 | TT |
|---|---|---|---|---|---|---|---|
| X4 | 2 | 1,5 | 4 | 1 | 0 | 0 | 300 |
| X5 | 0,3 | 0,1 | 0,2 | 0 | 1 | 0 | 100 |
| X6 | 0,05 | 0,04 | 0,045 | 0 | 0 | 1 | 50 |
| FO | -8 | -3 | -4 | 0 | 0 | 0 | 0 |

Entra x1 e sai x4

**Tabela Simplex 2**

| SB | X1 | X2 | X3 | X4 | X5 | X6 | TT |
|---|---|---|---|---|---|---|---|
| X1 | 1 | 0,75 | 2 | 0,5 | 0 | 0 | 150 |
| X5 | 0 | -0,12 | -0,4 | -0,15 | 1 | 0 | 55 |
| X6 | 0 | 0,00 | -0,05 | -0,02 | 0 | 1 | 42,5 |
| FO | 0 | 3 | 12 | 4 | 0 | 0 | 1.200 |

7)

**Tabela Simplex 1**

| SB | X1 | X2 | X3 | X4 | TT |
|---|---|---|---|---|---|
| X3 | 2 | 1 | 1 | 0 | 15 |
| X4 | 3 | 2 | 0 | 1 | 10 |
| FO | -20 | -30 | 0 | 0 | 0 |

Entra x2 e sai x4

**Tabela Simplex 1**

| SB | X1 | X2 | X3 | X4 | TT |
|---|---|---|---|---|---|
| X3 | 0,5 | 0 | 1 | -0,5 | 10 |
| X2 | 1,5 | 1 | 0 | 0,5 | 5 |
| FO | 25 | 0 | 0 | 15 | 150 |

8)

**Tabela Simplex 1**

| SB | X1 | X2 | X3 | X4 | TT |
|---|---|---|---|---|---|
| X3 | 2 | 10 | 1 | 0 | 15 |
| X4 | 6 | 5 | 0 | 1 | 30 |
| FO | -5 | -6 | 0 | 0 | 0 |

Entra x2 e sai x3

**Tabela Simplex 2**

| SB | X1 | X2 | X3 | X4 | TT |
|---|---|---|---|---|---|
| X2 | 0,2 | 1 | 0,1 | 0 | 1,5 |
| X4 | 5 | 0 | -0,5 | 1 | 22,5 |
| FO | -3,8 | 0 | 0,6 | 0 | 9 |

Entra x1 e sai x4

**Tabela Simplex 3**

| SB | X1 | X2 | X3 | X4 | TT |
|---|---|---|---|---|---|
| X2 | 0 | 1 | 0,12 | -0,04 | 0,6 |
| X1 | 1 | 0 | -0,1 | 0,2 | 4,5 |
| FO | 0 | 0 | 0,22 | 0,75 | 26,1 |

9)

**Tabela Simplex 1**

| SB | X1 | X2 | X3 | X4 | TT |
|---|---|---|---|---|---|
| X3 | 1 | 3 | 1 | 0 | 800 |
| X4 | 2 | 8 | 0 | 1 | 700 |
| FO | -35 | -25 | 0 | 0 | 0 |

Entra x1 e sai x4

**Tabela Simplex 2**

| SB | X1 | X2 | X3 | X4 | TT |
|---|---|---|---|---|---|
| X3 | 0 | -1 | 1 | -0,5 | 450 |
| X1 | 1 | 4 | 0 | 0,5 | 350 |
| FO | 0 | 115 | 0 | 17,5 | 12.250 |

10)

**Tabela Simplex 1**

| SB | X1 | X2 | X3 | X4 | TT |
|---|---|---|---|---|---|
| X3 | 3 | 7 | 1 | 0 | 350 |
| X4 | 5 | 2 | 0 | 1 | 280 |
| FO | -5 | -7,5 | 0 | 0 | 0 |

Entra x2 e sai x3

**Tabela Simplex 2**

| SB | X1 | X2 | X3 | X4 | TT |
|---|---|---|---|---|---|
| X2 | 0,42 | 1 | 0,15 | 0 | 50 |
| X4 | 4,14 | 0 | -0,28 | 1 | 180 |
| FO | -1,78 | 0 | 1,07 | 0 | 375 |

Entra x1 e sai x4

**Tabela Simplex 3**

| SB | X1 | X2 | X3 | X4 | TT |
|---|---|---|---|---|---|
| X2 | 0 | 1 | 0,17 | -0,1 | 31,37 |
| X1 | 1 | 0 | -0,06 | 0,24 | 43,44 |
| FO | 0 | 0 | 0,94 | 0,43 | 452,58 |

# CAPÍTULO 6

### 1)

| VARIÁVEIS DE DECISÃO | VALOR ÓTIMO | CUSTO REDUZIDO | COEFICIENTE DA FUNÇÃO OBJETIVO | | |
|---|---|---|---|---|---|
| | | | ATUAL | PERMITIDO AUMENTAR | PERMITIDO REDUZIR |
| X1 | 15 | 0 | 3 | 1,37 | 0,37 |
| X2 | 18,75 | 0 | 3,5 | 0,5 | 1,1 |
| FUNÇÃO OBJETIVO | 110,62 | | | | |

| | TOTAL DISPONÍVEL/ MÍNIMO | TOTAL USADO | FOLGA/ EXCESSO | PERMITIDO AUMENTAR | PERMITIDO REDUZIR | PREÇO SOMBRA |
|---|---|---|---|---|---|---|
| Restrição 1 | 240 | 240 | 0 | 60 | 60 | 0,34 |
| Restrição 2 | 150 | 150 | 0 | 50 | 30 | 0,18 |

### 2)

| VARIÁVEIS DE DECISÃO | VALOR ÓTIMO | CUSTO REDUZIDO | COEFICIENTE DA FUNÇÃO OBJETIVO | | |
|---|---|---|---|---|---|
| | | | ATUAL | PERMITIDO AUMENTAR | PERMITIDO REDUZIR |
| X1 | 320 | 0 | 2,5 | INF | 1 |
| X2 | 0 | 2 | 3 | 2 | INF |
| FUNÇÃO OBJETIVO | 800 | | | | |

| | TOTAL DISPONÍVEL/ MÍNIMO | TOTAL USADO | FOLGA/ EXCESSO | PERMITIDO AUMENTAR | PERMITIDO REDUZIR | PREÇO SOMBRA |
|---|---|---|---|---|---|---|
| Restrição 1 | 160 | 160 | 0 | 90 | 160 | 5 |
| Restrição 2 | 100 | 64 | 36 | INF | 36 | 0 |

3)

| VARIÁVEIS DE DECISÃO | VALOR ÓTIMO | CUSTO REDUZIDO | COEFICIENTE DA FUNÇÃO OBJETIVO | | |
|---|---|---|---|---|---|
| | | | ATUAL | PERMITIDO AUMENTAR | PERMITIDO REDUZIR |
| X1 | 40 | 0 | 4 | INF | 1 |
| X2 | 80 | 0 | 3 | 1 | 3 |
| FUNÇÃO OBJETIVO | 400 | | | | |

| | TOTAL DISPONÍVEL/ MÍNIMO | TOTAL USADO | FOLGA/ EXCESSO | PERMITIDO AUMENTAR | PERMITIDO REDUZIR | PREÇO SOMBRA |
|---|---|---|---|---|---|---|
| Restrição 1 | 240 | 240 | 0 | INF | 80 | 1,5 |
| Restrição 2 | 60 | 120 | 60 | 60 | INF | 0 |
| Restrição 3 | 40 | 40 | 0 | 40 | 30 | 1 |
| Restrição 4 | 10 | 40 | 30 | 30 | INF | 0 |
| Restrição 5 | 40 | 80 | 40 | 40 | INF | 0 |

4)

| VARIÁVEIS DE DECISÃO | VALOR ÓTIMO | CUSTO REDUZIDO | COEFICIENTE DA FUNÇÃO OBJETIVO | | |
|---|---|---|---|---|---|
| | | | ATUAL | PERMITIDO AUMENTAR | PERMITIDO REDUZIR |
| X1 | 10 | 0 | 4 | INF | 1 |
| X2 | 50 | 0 | 3 | 1 | 3 |
| FUNÇÃO OBJETIVO | 190 | | | | |

| | TOTAL DISPONÍVEL/ MÍNIMO | TOTAL USADO | FOLGA/ EXCESSO | PERMITIDO AUMENTAR | PERMITIDO REDUZIR | PREÇO SOMBRA |
|---|---|---|---|---|---|---|
| Restrição 1 | 240 | 120 | 120 | INF | 120 | 0 |
| Restrição 2 | 60 | 60 | 0 | 60 | 10 | -3 |
| Restrição 3 | 40 | 10 | 30 | INF | 30 | 0 |
| Restrição 4 | 10 | 10 | 0 | 10 | 10 | -1 |
| Restrição 5 | 40 | 50 | 10 | 10 | INF | 0 |

5)

| VARIÁVEIS DE DECISÃO | VALOR ÓTIMO | CUSTO REDUZIDO | COEFICIENTE DA FUNÇÃO OBJETIVO ||||
|---|---|---|---|---|---|
| | | | ATUAL | PERMITIDO AUMENTAR | PERMITIDO REDUZIR |
| X1 | 22,16 | 0 | 8 | 0 | 7,4 |
| X2 | 2,52 | 0 | 9 | 111 | 0 |
| FUNÇÃO OBJETIVO | 200 | | | | |
| | TOTAL DISPONÍVEL/ MÍNIMO | TOTAL USADO | FOLGA/ EXCESSO | PERMITIDO AUMENTAR | PERMITIDO REDUZIR | PREÇO SOMBRA |
| Restrição 1 | 60 | 60 | 0 | 273,33 | 35 | 0 |
| Restrição 2 | 200 | 200 | 0 | 280 | 164 | -1 |

6)

| VARIÁVEIS DE DECISÃO | VALOR ÓTIMO | CUSTO REDUZIDO | COEFICIENTE DA FUNÇÃO OBJETIVO ||||
|---|---|---|---|---|---|
| | | | ATUAL | PERMITIDO AUMENTAR | PERMITIDO REDUZIR |
| X1 | 10 | 0 | 1 | INF | 1 |
| X2 | 15 | 0 | 1 | INF | 1 |
| FUNÇÃO OBJETIVO | 25 | | | | |
| | TOTAL DISPONÍVEL/ MÍNIMO | TOTAL USADO | FOLGA/ EXCESSO | PERMITIDO AUMENTAR | PERMITIDO REDUZIR | PREÇO SOMBRA |
| Restrição 1 | 10 | 10 | 0 | INF | 10 | -1 |
| Restrição 2 | 15 | 15 | 0 | INF | 15 | -1 |

7)

| VARIÁVEIS DE DECISÃO | VALOR ÓTIMO | CUSTO REDUZIDO | COEFICIENTE DA FUNÇÃO OBJETIVO ||| 
|---|---|---|---|---|---|
| | | | ATUAL | PERMITIDO AUMENTAR | PERMITIDO REDUZIR |
| X1 | 15 | 0 | 2 | INF | 1 |
| X2 | 15 | 0 | 1 | 1 | INF |
| FUNÇÃO OBJETIVO | 45 | | | | |

| | TOTAL DISPONÍVEL/ MÍNIMO | TOTAL USADO | FOLGA/ EXCESSO | PERMITIDO AUMENTAR | PERMITIDO REDUZIR | PREÇO SOMBRA |
|---|---|---|---|---|---|---|
| Restrição 1 | 10 | 15 | 5 | 5 | INF | 0 |
| Restrição 2 | 15 | 15 | 0 | 5 | 15 | -1 |
| Restrição 3 | 30 | 30 | 0 | INF | 5 | 2 |

8)

| VARIÁVEIS DE DECISÃO | VALOR ÓTIMO | CUSTO REDUZIDO | COEFICIENTE DA FUNÇÃO OBJETIVO |||
|---|---|---|---|---|---|
| | | | ATUAL | PERMITIDO AUMENTAR | PERMITIDO REDUZIR |
| X1 | 10 | 0 | 2 | INF | 2 |
| X2 | 15 | 0 | 1 | INF | 1 |
| FUNÇÃO OBJETIVO | 35 | | | | |

| | TOTAL DISPONÍVEL/ MÍNIMO | TOTAL USADO | FOLGA/ EXCESSO | PERMITIDO AUMENTAR | PERMITIDO REDUZIR | PREÇO SOMBRA |
|---|---|---|---|---|---|---|
| Restrição 1 | 10 | 10 | 0 | 5 | 10 | -2 |
| Restrição 2 | 15 | 15 | 0 | 5 | 15 | -1 |
| Restrição 3 | 30 | 25 | 5 | INF | 5 | 0 |

9)

| VARIÁVEIS DE DECISÃO | VALOR ÓTIMO | CUSTO REDUZIDO | COEFICIENTE DA FUNÇÃO OBJETIVO | | |
|---|---|---|---|---|---|
| | | | ATUAL | PERMITIDO AUMENTAR | PERMITIDO REDUZIR |
| X1 | 0 | 5 | 4 | 5 | INF |
| X2 | 18 | 0 | 9 | INF | 5 |
| FUNÇÃO OBJETIVO | 162 | | | | |

| | TOTAL DISPONÍVEL/ MÍNIMO | TOTAL USADO | FOLGA/ EXCESSO | PERMITIDO AUMENTAR | PERMITIDO REDUZIR | PREÇO SOMBRA |
|---|---|---|---|---|---|---|
| Restrição 1 | 10 | 0 | 10 | INF | 10 | 0 |
| Restrição 2 | 20 | 18 | 2 | INF | 2 | 0 |
| Restrição 3 | 15 | 18 | 3 | 3 | INF | 0 |
| Restrição 4 | 18 | 18 | 0 | 2 | 3 | 9 |

10)

| VARIÁVEIS DE DECISÃO | VALOR ÓTIMO | CUSTO REDUZIDO | COEFICIENTE DA FUNÇÃO OBJETIVO | | |
|---|---|---|---|---|---|
| | | | ATUAL | PERMITIDO AUMENTAR | PERMITIDO REDUZIR |
| X1 | 10 | 0 | 4 | 5 | INF |
| X2 | 5 | 0 | 9 | INF | 5 |
| FUNÇÃO OBJETIVO | 85 | | | | |

| | TOTAL DISPONÍVEL/ MÍNIMO | TOTAL USADO | FOLGA/ EXCESSO | PERMITIDO AUMENTAR | PERMITIDO REDUZIR | PREÇO SOMBRA |
|---|---|---|---|---|---|---|
| Restrição 1 | 10 | 10 | 0 | 5 | 10 | 5 |
| Restrição 2 | 20 | 5 | 15 | INF | 15 | 0 |
| Restrição 3 | 15 | 15 | 0 | 3 | 5 | -9 |
| Restrição 4 | 18 | 15 | 3 | INF | 3 | 0 |

# CAPÍTULO 7

1)

```
max = 3*x1+3.5*x2;

    6*x1+8*x2<=220;
    3*x1+5*x2<=300;
    x1>=0;
    x2>=0;
```

Objective value:                                110.0000
                         Variable        Value        Reduced Cost
                               X1     36.66667            0.000000
                               X2      0.000000           0.5000000

```
 1  Set        i    Variáveis de decisão    / 1, 2 /
 2             j    Recursos       / 1, 2/;
 3
 4  Parameter  c(i)      / 1 3, 2 3.5 /
 5             b(j)      / 1 220, 2 300 /;
 6
 7  Table      a(j,i)
 8                   1    2
 9  1             6    8
10  2             3    5 ;
11
12  Positive Variables x(i);
13  Variables          Z;
14
15  Equations          FO
16                     Restricoes(j) ;
17
18  FO..         Z =e= sum(i, (c(i))*x(i));
19  Restricoes(j)..  sum(i, a(j,i) *x(i))  =l=   b(j);
20
21  Model Ex7_1 /all/;
22  Solve Ex7_1 using LP maximizing Z;
23  Display x.l,Z.l;


----       23 VARIABLE x.L

1 36.667


----       23 VARIABLE Z.L          =      110.000
```

2)

```
max = 2*x1+3*x2;

    2*x1+x2<=10;
    2*x1+5*x2<=20;
    x1>=0;
    x2>=0;
```

```
Objective value:                              15.00000
                            Variable             Value      Reduced Cost
                                  X1          3.750000          0.000000
                                  X2          2.500000          0.000000
```

```
1   Set         i    Variáveis de decisão  / 1, 2 /
2               j    Recursos       / 1, 2/;
3
4   Parameter c(i)    / 1 2, 2 3 /
5             b(j)    / 1 10, 2 20 /;
6
7   Table      a(j,i)
8                    1    2
9   1                2    1
10  2                2    5 ;
11
12  Positive Variables x(i);
13  Variables          Z;
14
15  Equations          FO
16                     Restricoes(j) ;
17
18  FO..         Z =e= sum(i, (c(i))*x(i));
19  Restricoes(j)..   sum(i, a(j,i) *x(i))  =l=   b(j);
20
21  Model Ex7_2 /all/;
22  Solve Ex7_2 using LP maximizing Z;
23  Display x.l,Z.l;


----    23 VARIABLE x.L

1 3.750,    2 2.500


----    23 VARIABLE Z.L              =      15.000
```

3)

```
max = 2.5*x1+5*x2;

    0.5*x1+x2<=160;
    0.2*x1+x2<=2000;
    x1>=0;
    x2>=0;
```

```
Objective value:                          800.0000
                         Variable          Value         Reduced Cost
                               X1       0.000000             0.000000
                               X2     160.000000             0.000000
```

```
 1  Set         i    Variáveis de decisão    / 1, 2 /
 2              j    Recursos       / 1, 2/;
 3
 4  Parameter c(i)     / 1 2.5, 2 5 /
 5            b(j)     / 1 160,  2 2000 /;
 6
 7  Table     a(j,i)
 8                  1    2
 9       1        0.5    1
10       2        0.2    5 ;
11
12  Positive Variables x(i);
13  Variables          Z;
14
15  Equations          FO
16                     Restricoes(j) ;
17
18  FO..          Z =e= sum(i, (c(i))*x(i));
19  Restricoes(j).. sum(i, a(j,i) *x(i))  =l=   b(j);
20
21  Model Ex7_3 /all/;
22  Solve Ex7_3 using LP maximizing Z;
23  Display x.l,Z.l;

----      23 VARIABLE x.L

2 160.000


----      23 VARIABLE Z.L           =      800.000
```

4)

```
max = 8*x1+3*x2+4*x3;

    2*x1+1.5*x2+4*x3<=300;
    0.3*x1+0.1*x2+0.2*x3<=100;
    0.05*x1+0.04*x2+0.045*x3<=50;
    x1>=0;
    x2>=0;
    x3>=0;

Objective value:                              1200.000
                        Variable      Value           Reduced Cost
                              X1    150.0000              0.000000
                              X2      0.000000            3.000000
                              X3      0.000000           12.00000

 1  Set        i     Variáveis de decisão    / 1, 2, 3 /
 2             j     Recursos       / 1, 2, 3/;
 3
 4  Parameter c(i)       / 1 8, 2 3, 3 4 /
 5            b(j)       / 1 300, 2 100, 3 50 /;
 6
 7  Table      a(j,i)
 8                    1     2     3
 9  1                 2    1.5    4
10  2                0.3   0.1   0.2
11  3                0.05  0.04  0.045 ;
12
13  Positive Variables x(i);
14  Variables          Z;
15
16  Equations          FO
17                     Restricoes(j) ;
18
19  FO..          Z =e= sum(i, (c(i))*x(i));
20  Restricoes(j)..  sum(i, a(j,i) *x(i))  =l=    b(j);
21
22  Model Ex7_4 /all/;
23  Solve Ex7_4 using LP maximizing Z;
24  Display x.l,Z.l;

----      24 VARIABLE x.L

1 150.000


----      24 VARIABLE Z.L            =        1200.000
```

5)

```
max = 20*x1+30*x2;

    2*x1+x2<=15;
    3*x1+2*x2<=10;
    x1>=0;
    x2>=0;
```

Objective value:                                    150.0000
                            Variable       Value           Reduced Cost
                                  X1       0.000000        25.00000
                                  X2       5.000000         0.000000

```
 1  Set         i    Variáveis de decisão   / 1, 2 /
 2              j    Recursos      / 1, 2/;
 3
 4  Parameter c(i)      / 1 20, 2 30 /
 5            b(j)      / 1 15,  2 10 /;
 6
 7  Table     a(j,i)
 8                 1    2
 9  1              2    1
10  2              3    2    ;
11
12  Positive Variables x(i);
13  Variables          Z;
14
15  Equations          FO
16                     Restricoes(j) ;
17
18  FO..         Z =e= sum(i, (c(i))*x(i));
19  Restricoes(j)..  sum(i, a(j,i) *x(i))  =l=   b(j);
20
21  Model Ex7_5 /all/;
22  Solve Ex7_5 using LP maximizing Z;
23  Display x.l,Z.l;
```

----      23 VARIABLE x.L

2 5.000

----      23 VARIABLE Z.L           =      150.000

6)

```
max = 5*x1+6*x2;

    2*x1+10*x2<=15;
    6*x1+5*x2<=30;
    x1>=0;
    x2>=0;
```

Objective value:                                    26.10000
                            Variable                   Value            Reduced Cost
                                  X1                4.500000                0.000000
                                  X2                0.6000000               0.000000

```
 1  Set        i    Variáveis de decisão    / 1, 2 /
 2             j    Recursos      / 1, 2/;
 3
 4  Parameter  c(i)      / 1 5, 2 6 /
 5             b(j)      / 1 15, 2 30 /;
 6
 7  Table      a(j,i)
 8                        1         2
 9  1                     2        10
10  2                     6         5   ;
11
12  Positive Variables x(i);
13  Variables          Z;
14
15  Equations          FO
16                     Restricoes(j) ;
17
18  FO..          Z =e= sum(i, (c(i))*x(i));
19  Restricoes(j)..  sum(i, a(j,i) *x(i))  =l=   b(j);
20
21  Model Ex7_6 /all/;
22  Solve Ex7_6 using LP maximizing Z;
23  Display x.l,Z.l;


----     23 VARIABLE x.L

1 4.500,   2 0.600


----     23 VARIABLE Z.L          =       26.100
```

7)

```
max = 35*x1+25*x2;

    x1+3*x2<=800;
    2*x1+8*x2<=700;
    x1>=0;
    x2>=0;
```

Objective value:                              12250.00
                        Variable         Value        Reduced Cost
                              X1      350.0000            0.000000
                              X2        0.000000        115.0000

```
 1  Set        i     Variáveis de decisão   / 1, 2 /
 2             j     Recursos     / 1, 2/;
 3
 4  Parameter c(i)       / 1 35, 2 25 /
 5            b(j)       / 1 800, 2 700 /;
 6
 7  Table      a(j,i)
 8                    1     2
 9  1                 1     3
10  2                 2     8   ;
11
12  Positive Variables x(i);
13  Variables          Z;
14
15  Equations          FO
16                     Restricoes(j) ;
17
18  FO..           Z =e= sum(i, (c(i))*x(i));
19  Restricoes(j)..   sum(i, a(j,i) *x(i))  =l=   b(j);
20
21  Model Ex7_7 /all/;
22  Solve Ex7_7 using LP maximizing Z;
23  Display x.l,Z.l;

----      23 VARIABLE x.L

1 350.000

----      23 VARIABLE Z.L              =       12250.000
```

8)

```
max = 5*x1+7.5*x2;

    3*x1+7*x2<=350;
    5*x1+2*x2<=280;
    x1>=0;
    x2>=0;
```

```
Objective value:                              452.5862
                         Variable                Value       Reduced Cost
                               X1             43.44828           0.000000
                               X2             31.37931           0.000000

 1   Set          i    Variáveis de decisão    / 1, 2 /
 2                j    Recursos       / 1, 2/;
 3
 4   Parameter  c(i)        / 1 5, 2 7.5 /
 5              b(j)        / 1 350, 2 280 /;
 6
 7   Table      a(j,i)
 8                     1      2
 9        1            3      7
10        2            5      2    ;
11
12   Positive Variables x(i);
13   Variables          Z;
14
15   Equations          FO
16                      Restricoes(j) ;
17
18   FO..               Z =e= sum(i, (c(i))*x(i));
19   Restricoes(j)..    sum(i, a(j,i) *x(i))  =l=   b(j);
20
21   Model Ex7_8 /all/;
22   Solve Ex7_8 using LP maximizing Z;
23   Display x.l,Z.l;

----        23 VARIABLE x.L

1 43.448,   2 31.379


----        23 VARIABLE Z.L             =       452.586
```

9)

```
min = 34*x1+54*x2+88*x3;

    10*x1+15*x2+20*x3<=800;
    x1+x2+x3=50;
    x1>=10;
    x2+x3>=30;
    x1>=0;
    x2>=0;
```

```
Objective value:                          2300.000
                      Variable              Value      Reduced Cost
                            X1           20.00000          0.000000
                            X2           30.00000          0.000000
                            X3            0.000000         34.00000
```

```
 1  Set         i     Variáveis de decisão   / 1, 2, 3 /
 2              j     Recursos <=   / 1/
 3              w     Recursos >= / 1, 2/;
 4
 5  Parameter c(i)     / 1 34, 2 54, 3 88 /
 6            b(j)     / 1 800/
 7            e(w)    /1 10, 2 30/ ;
 8  Scalar f /50/;
 9
10  Table    a(j,i)
11                   1      2     3
12  1               10     15    20 ;
13
14  Table d(w,i)
15                   1      2     3
16  1                1
17  2                       1     1  ;
18
19
20  Positive Variables x(i);
21  Variables         Z;
22
23  Equations         FO
24                    Restricoes(j)
25                    Restricoes2(w)
26                    Restricoes3;
27
28  FO..          Z =e= sum(i, (c(i))*x(i));
29  Restricoes(j)..   sum(i, a(j,i) *x(i))  =l=   b(j);
30  Restricoes2(w)..  sum(i, d(w,i) *x(i))  =g=   e(w);
31  Restricoes3..     sum(i, x(i))          =e=   f;
32
33
34  Model Ex7_9 /all/;
35  Solve Ex7_9 using LP minimizing Z;
36  Display x.l,Z.l;


----       36 VARIABLE x.L

1 20.000,    2 30.000


----       36 VARIABLE Z.L            =        2300.000
```

10)

```
min = 0.5*x1+0.7*x2+0.8*x3;

     x1=30;
     x2>=10;
     x3<=50;
     x1>=0;x2>=0;x3>=0;
```

Objective value:                                22.00000
                              Variable    Value           Reduced Cost
                                    X1    30.00000        0.000000
                                    X2    10.00000        0.000000
                                    X3     0.000000       0.8000000

```
 1  Set         i    Variáveis de decisão  / 1, 2, 3 /;
 2
 3  Parameter c(i)    / 1 0.5, 2 0.7, 3 0.8 /;
 4
 5  Positive Variables x(i);
 6  Variables          Z;
 7
 8  Equations          FO
 9                     Restricao1
10                     Restricao2
11                     Restricao3;
12
13  FO..              Z =e= sum(i, (c(i))*x(i));
14  Restricao1..      x('1')  =e=  30;
15  Restricao2..      x('2')  =g=  10;
16  Restricao3..      x('3')  =l=  50;
17
18  Model Ex7_10 /all/;
19  Solve Ex7_10 using LP minimizing Z;
20  Display x.l,Z.l;


----      20 VARIABLE x.L

1 30.000,    2 10.000


----      20 VARIABLE Z.L           =      22.000
```

# CAPÍTULO 8

1)

| VARIÁVEL | VALOR |
|---|---|
| FO | 15 |
| $x_1$ | 1 |
| $x_2$ | 1 |
| $x_3$ | 0 |

2)

| VARIÁVEL | VALOR |
|---|---|
| FO | 45 |
| $x_1$ | 1 |
| $x_2$ | 1 |
| $x_3$ | 0 |
| $x_4$ | 1 |
| $x_5$ | 0 |

3)

| VARIÁVEL | VALOR |
|---|---|
| FO | 7 |
| $x_1$ | 0 |
| $x_2$ | 0 |
| $x_3$ | 1 |
| $x_4$ | 0 |
| $x_5$ | 0 |

4)

| VARIÁVEL | VALOR |
|---|---|
| FO | 90 |
| $x_1$ | 0 |
| $x_2$ | 0 |
| $x_3$ | 1 |
| $x_4$ | 0 |
| $x_5$ | 0 |

5)

| VARIÁVEL | VALOR |
|---|---|
| FO | 67.114,22 |
| A | 1 |
| B | 1 |
| C | 0 |
| D | 1 |
| E | 1 |
| F | 1 |
| G | 1 |
| H | 1 |

6)

| VARIÁVEL | FO | 67.114,22 |
|---|---|---|
|  | CONTÊINER 1 | CONTÊINER 2 |
| A | 1 | 0 |
| B | 1 | 0 |
| C | 0 | 0 |
| D | 0 | 1 |
| E | 0 | 1 |
| F | 1 | 0 |
| G | 0 | 1 |
| H | 1 | 0 |

7)

| VARIÁVEL | VALOR |
|---|---|
| FO | 109 |
| $x_1$ | 34 |
| $x_2$ | 2 |

8)

| VARIÁVEL | VALOR |
|---|---|
| FO | 109,75 |
| $x_1$ | 36 |
| $x_2$ | 0,5 |

9)

| VARIÁVEL | VALOR |
|---|---|
| FO | 200 |
| $x_1$ | 16 |
| $x_2$ | 8 |

10)

| VARIÁVEL | VALOR |
|---|---|
| FO | 20 |
| $x_1$ | 21,625 |
| $x_2$ | 3 |

# CAPÍTULO 9

1)

| VARIÁVEL | VALOR |
|---|---|
| FO | 505 |
| $x_{11}$ | 0 |
| $x_{12}$ | 15 |
| $x_{13}$ | 0 |
| $x_{14}$ | 30 |
| $x_{21}$ | 10 |
| $x_{22}$ | 0 |
| $x_{23}$ | 20 |
| $x_{24}$ | 0 |

2)

| VARIÁVEL | VALOR |
|---|---|
| FO | 13.800 |
| $x_{11}$ | 200 |
| $x_{12}$ | 0 |
| $x_{13}$ | 100 |
| $x_{21}$ | 0 |
| $x_{22}$ | 150 |
| $x_{23}$ | 0 |
| $x_{31}$ | 0 |
| $x_{32}$ | 100 |
| $x_{33}$ | 0 |

3) FO = 10.940

|  | FÁBRICA 1 | FÁBRICA 2 | CLIENTE 1 | CLIENTE 2 | CLIENTE 3 |
|---|---|---|---|---|---|
| Fornecedor 1 | 300 | | | | |
| Fornecedor 2 | 200 | | | | |
| Fornecedor 3 | | 500 | | | |
| Fábrica 1 | | | | | 500 |
| Fábrica 2 | | | 280 | 220 | |

4) FO = 9.340

|  | FÁBRICA 1 | FÁBRICA 2 | CLIENTE 1 | CLIENTE 2 | CLIENTE 3 |
|---|---|---|---|---|---|
| Fornecedor 1 | 500 | | | | |
| Fornecedor 2 | | 200 | | | |
| Fornecedor 3 | | 300 | | | |
| Fábrica 1 | | | | | 500 |
| Fábrica 2 | | | 280 | 220 | |

5) FO = 11.420

|  | FÁBRICA 1 | FÁBRICA 2 | CLIENTE 1 | CLIENTE 2 | CLIENTE 3 |
|---|---|---|---|---|---|
| Fornecedor 1 | 300 | | | | |
| Fornecedor 2 | | 200 | | | |
| Fornecedor 3 | | 500 | | | |
| Fornecedor 4 | 200 | 20 | | | |
| Fábrica 1 | | | | | 500 |
| Fábrica 2 | | | 500 | 220 | |

6) $x = 5{,}66$

$y = 5{,}75$

7) $x = 5{,}90$

$y = 6{,}48$

8) $A > B > F > H$

9) D > 4 > 7 > 5 > 2 > 3 > 1 > 6 > D

10) D > 6 > 1 > 3 > 2 > 5 > 4 > 7 > D

# CAPÍTULO 10

1) FO: 21,12

| CLIENTES | FORNECEDOR | | |
|---|---|---|---|
| | 1 | 7 | 9 |
| 1 | X | | |
| 2 | X | | |
| 3 | | | X |
| 4 | X | | |
| 5 | | X | |
| 6 | | | X |
| 7 | | X | |
| 8 | | | X |
| 9 | | | X |
| 10 | | | X |

2) FO: 21.740,69

| CLIENTES | FORNECEDOR | | |
|---|---|---|---|
| | 4 | 6 | 8 |
| 1 | X | | |
| 2 | X | | |
| 3 | | | X |
| 4 | X | | |
| 5 | X | | |
| 6 | | X | |
| 7 | | X | |
| 8 | | | X |
| 9 | | X | |
| 10 | X | | |

3) FO: 14.921

|  | CLIENTE 1 | CLIENTE 2 | CLIENTE 3 |
|---|---|---|---|
| Fornecedor 1 | 200 | 300 |  |
| Fornecedor 2 |  |  | 350 |
| Fornecedor 3 |  |  | 150 |

4) FO: 10.697

|  | CLIENTE 1 | CLIENTE 2 | CLIENTE 3 |
|---|---|---|---|
| Fornecedor 1 | x | x |  |
| Fornecedor 2 |  |  | x |
| Fornecedor 3 |  |  |  |

5) FO: 12.253

|  | CLIENTE 1 | | CLIENTE 2 | | CLIENTE 3 | |
|---|---|---|---|---|---|---|
|  | CAP.1 | CAP.2 | CAP.1 | CAP.2 | CAP.1 | CAP.2 |
| Fornecedor 1 | 200 |  | 100 |  |  |  |
| Fornecedor 2 |  |  |  | 200 |  | 500 |
| Fornecedor 3 |  |  |  |  |  |  |

6) FO: 128.000

|  | ATACADISTA | | | VAREJISTA | | CONSUMIDOR | | | |
|---|---|---|---|---|---|---|---|---|---|
|  | 1 | 2 | 3 | 1 | 2 | 1 | 2 | 3 | 4 |
| Fabricante 1 |  | 1.500 | 3.500 |  |  |  |  |  |  |
| Fabricante 2 | 3.500 |  | 1.500 |  |  |  |  |  |  |
| Atacadista 1 |  |  |  | 3.500 |  |  |  |  |  |
| Atacadista 2 |  |  |  | 1.500 |  |  |  |  |  |
| Atacadista 3 |  |  |  | 5.000 |  |  |  |  |  |
| Varejista 1 |  |  |  |  |  | 2.000 |  | 3.000 |  |
| Varejista 2 |  |  |  |  |  | 1.500 | 2.000 | 1.500 |  |

7) FO: 36.800

|  | ATACADISTA | | | VAREJISTA | | CONSUMIDOR | | | |
|---|---|---|---|---|---|---|---|---|---|
|  | 1 | 2 | 3 | 1 | 2 | 1 | 2 | 3 | 4 |
| Atacadista 1 |  |  |  |  |  | 1.500 | 2.000 |  |  |
| Atacadista 2 |  |  |  |  |  |  |  |  | 1.500 |
| Atacadista 3 |  |  |  | 3.000 |  | 2.000 |  |  |  |
| Varejista 1 |  |  |  |  |  |  |  |  | 3.000 |
| Varejista 2 |  |  |  |  |  |  |  |  |  |

8) FO: 42,48

1 > 2 > 5 > 7 > 6 > 9 > 3 > 8 > 10 > 4 > 1

9) FO: 21.321

|  | CLIENTE1 | | CLIENTE2 | | CLIENTE3 | |
|---|---|---|---|---|---|---|
|  | P1 | P2 | P1 | P2 | P1 | P2 |
| Fornecedor 1 | 200 | 300 | 300 | 200 |  | 400 |
| Fornecedor 2 |  |  |  | 300 | 350 |  |
| Fornecedor 3 |  |  |  |  | 150 | 600 |

10) FO: 22.123,05

|  | CLIENTE1 | | CLIENTE2 | | CLIENTE3 | |
|---|---|---|---|---|---|---|
|  | P1 | P2 | P1 | P2 | P1 | P2 |
| Fornecedor 1 | 200 | 300 | 300 | 200 |  | 400 |
| Fornecedor 2 |  |  |  | 300 | 350 |  |
| Fornecedor 3 |  |  |  |  | 150 | 600 |

# Índice

**A**

adição da restrição, 136

algoritmo Simplex, xvi

análise

　de redes, 2

　gráfica, 81

aprendizado de máquina, 2

arco, 236–237

**C**

cadeia de suprimentos, 226

capacidades, 279

ciência de dados, 2

cliente fantasma, 212, 214

código do modelo, 224

coeficientes das restrições, 133, 171

condição

　de fornecedor único, 273

　@GIN, 188

conjunto das restrições, 116

custo

　de estoque em trânsito, 283

　de transporte, 263

　reduzido, 117, 148

custos

　de estocagem, 283

　de transporte, 279

## D

demanda, 279

    dos clientes, 289

distância total percorrida, 241

## E

estrutura

    algorítmica, 225

    de distribuição, 291

    ótima de fornecimento, 286

## F

fluxo da distribuição, 219

fluxos da fábrica, 293

folga nas restrições, 162

fornecedora da cadeia de suprimentos, 264

fornecedor fantasma, 212, 216

função

    objetivo, 46, 77, 96

        avaliação da, 103

        coeficientes da, 167

    somarproduto(), 133

## G

Geogebra, software, 67–69

George

    Dantzig, matemático, 95

    Stigler, economista, 6

## H

heurística, 306–307

## I

intermediários, 286

investimento inicial, 281

itens fracionários, 184

## L

lead time, 283–284

limites de aumento ou diminuição, 164

localização de instalações, 226–229

logística, 201, 226

lucro variável, 172

## M

manipulação

de matrizes, 112–113

de tabelas, 100

matriz

aumentada, 85, 88

de coeficientes, 57

identidade, 84–85, 112

método

das p-medianas, 258, 260

de Gauss-Jordan, 81–82, 84–85, 91

de solução "GRG não linear", 229

gráfico, 20

Simplex, 81, 95, 113

modelagem, 27, 161, 186

de problemas, xvi, 165

matemática, 2

na forma algorítmica, 168

modelo

gravitacional, 226

não linear, 228

modelos de programação linear inteira mista, 205

múltiplas capacidades, 275

## N

nós, 236–237

números inteiros, 184

## O

operadores, 165

operador somatório, 165–166

## P

parametrização, 192

pivô, 86–87, 90, 125

planilhas eletrônicas, 153

plano cartesiano bidimensional, 47

plotagem das restrições, 96

ponto

de destino, 236

de fornecimento, 232

de origem, 236

pontos de consumo, 206, 264

preços sombra, 141-142, 146, 162

problema

    da mochila, 194-196

    de minimização, 61-63, 175

    de transbordo, 219-222, 286

    de transporte, 206-208

    do caixeiro viajante, 241-243

    do carregamento, 199

    do menor caminho, 235-239

problemas que envolvem escolhas, 201

programação

    binária, 190-192

    linear, xvi, 2-3, 26, 82

        inteira, 184-186, 191

        mista, 183

# R

rede de distribuição, 283

relatório de sensibilidade, 140, 148, 150, 163

restrição de valor binário, 197

restrições, 46, 135, 136

    de capacidade, 206

    de igualdade, 206

    de não negatividade, 185

    do problema, 238

resultado binário, 238

# S

script do modelo, 173

simulação, 2

Sociedade Brasileira de Pesquisa Operacional (SOBRAPO), 2

solução

    básica, 116

    de problemas mistos, 188

Solver, suplemento, 130-133

# T

tabela de coeficientes, 178

teoria

    das filas, 2

    dos jogos, 2, 7

tomada de decisão, 5, 13, 28, 306

trajeto do menor caminho, 238

## U

unidades de consumo, 226

uso excessivo de capacidade, 273

## V

valor ótimo nulo, 148

variações nos dados do modelo, 153

variáveis

  de decisão, 46, 83, 175, 238

    binárias, 183

    não negatividade das, 138

  de folga, 101–102, 104, 119

variável básica, 103

vetor de variáveis de decisão, 57

volume

  de entrega aos clientes, 263

  grande de dados, 165

## Projetos corporativos e edições personalizadas
dentro da sua estratégia de negócio. Já pensou nisso?

**Coordenação de Eventos**
Viviane Paiva
viviane@altabooks.com.br

**Assistente Comercial**
Fillipe Amorim
vendas.corporativas@altabooks.com.br

A Alta Books tem criado experiências incríveis no meio corporativo. Com a crescente implementação da educação corporativa nas empresas, o livro entra como uma importante fonte de conhecimento. Com atendimento personalizado, conseguimos identificar as principais necessidades, e criar uma seleção de livros que podem ser utilizados de diversas maneiras, como por exemplo, para fortalecer relacionamento com suas equipes/ seus clientes. Você já utilizou o livro para alguma ação estratégica na sua empresa?

Entre em contato com nosso time para entender melhor as possibilidades de personalização e incentivo ao desenvolvimento pessoal e profissional.

## PUBLIQUE SEU LIVRO

Publique seu livro com a Alta Books.
Para mais informações envie um e-mail para: autoria@altabooks.com.br

/altabooks   /alta-books   /altabooks   /altabooks

## CONHEÇA OUTROS LIVROS DA ALTA BOOKS

Todas as imagens são meramente ilustrativas.

ALTA BOOKS Editora   ALTA LIFE Editora   ALTA NOVEL   ALTA/CULT Editora   ALTA BOOKS GRUPO EDITORIAL
ALTA GEEK   TORDESILHAS   Editora ALAÚDE

**ROTAPLAN**
GRÁFICA E EDITORA LTDA
Rua Álvaro Seixas, 165
Engenho Novo - Rio de Janeiro
Tels.: (21) 2201-2089 / 8898
E-mail: rotaplanrio@gmail.com